高职高专建筑工程技术专业系列教材

高层建筑施工

曹洪滨　主编

中国建材工业出版社

图书在版编目（CIP）数据

高层建筑施工/曹洪滨主编. —北京：中国建材工业出版社，2011.4（2014.2 重印）

高职高专建筑工程技术专业系列教材

ISBN 978-7-80227-886-8

Ⅰ.①高… Ⅱ.①曹… Ⅲ.①高层建筑-工程施工-高等学校：技术学校-教材 Ⅳ.①TU974

中国版本图书馆 CIP 数据核字(2010)第 243437 号

内 容 简 介

本书内容主要包括概述、高层建筑施工机具、基坑支护工程施工、基础工程施工以及主体结构施工。

本书尽量编入各种新材料、新工艺和新技术，具有很强的针对性、实用性、先进性和可操作性，可作为高职院校建筑工程技术专业及其他相关专业的教材，也可作为从事建筑工程技术专业及其他相关专业工作人员的参考用书。

高层建筑施工
曹洪滨　主编

出版发行：中国建材工业出版社
地　　址：北京市西城区车公庄大街 6 号
邮　　编：100044
经　　销：全国各地新华书店
印　　刷：北京鑫正大印刷有限公司
开　　本：787mm×1092mm　1/16
印　　张：13
字　　数：328 千字
版　　次：2011 年 4 月第 1 版
印　　次：2014 年 2 月第 3 次
书　　号：ISBN 978-7-80227-886-8
定　　价：**30.00** 元

本社网址：www.jccbs.com.cn
本书如出现印装质量问题，由我社发行部负责调换。联系电话：(010)88386906

《高职高专建筑工程技术专业系列教材》编委会

丛书顾问： 赵宝江　徐占发　杨文锋

丛书编委：（按姓氏笔画排序）

马怀忠　于榕庆　王旭鹏

刘满平　李文利　杜庆斌

张保兴　林　立　盖卫东

曹洪滨　黄　梅

《高层建筑施工》编委会

主　编： 曹洪滨

副主编： 张　芳

参　编： 王晓东　刘晓伟　孙明月

张　彤　张　芳

序　言

2009 年 1 月，温家宝总理在常州科教城高职教育园区视察时深情地说："国家非常重视职业教育，我们也许对职业教育偏心，去年（2008 年）当把全国助学金从 18 亿增加到 200 亿的时候，把相当大的部分都给了职业教育，职业学校孩子的助学金比例，或者说是覆盖面达到 90%以上，全国平均 1500 元到 1600 元，这就是国家的态度！国家把职业学校、职业教育放在了一个重要位置，要大力发展。在当前应对金融危机的情况下，其实我们面临两个最重要的问题，这两个问题又互相关联。一个问题就是如何保持经济平稳较快发展而不发生大的波动；第二就是如何保证群众的就业而不致造成大批的失业，解决这两个问题的根本是靠发展，因此我们采取了一系列扩大内需，促进经济发展的措施。但是，我们还要解决就业问题，这就需要在全国范围内开展大规模培训，培养适用人才，提高他们的技能，适应当前国际激烈的产业竞争和企业竞争，在这个方面，职业院校就承担着重要任务。"

大力发展高等职业教育，培养一大批具有必备的专业理论知识和较强的实践能力，适应生产、建设、管理、服务岗位等第一线急需的高等职业应用型专门人才，是实施科教兴国战略的重大决策。高等职业教育院校的专业设置、教学内容体系、课程设置和教学计划安排均应突出社会职业岗位的需要、实践能力的培养和应用型的教学特色。其中，教材建设是基础和关键。

《高职高专建筑工程技术专业系列教材》是根据最新颁布的国家规范和行业标准、规范，按照高等职业教育人才培养目标及教材建设的总体要求、课程的教学要求和大纲，由中国建材工业出版社组织全国部分有多年高等职业教育教学体会与工程实践经验的老师编写而成。

本套教材是按照 3 年制（总学时 1600～1800）、兼顾 2 年制（总学时 1100～1200）的高职高专教学计划和经反复修订的各门课程大纲编写的。共计 11 个分册，主要包括：《建筑材料与检测》、《建筑识图与构造》、《建筑力学》、《建筑结构》、《地基与基础》、《建筑施工技术》、《建筑工程测量》、《建筑施工组织》、《高层建筑施工》、《建筑工程计量与计价》工程项目招标投标与合同管理》。基础理论课程以应用为目的，以必需、够用为度，以讲清概念、强化应用为重点；专业课以最新颁布的国家和行业标准、规范为依据。反映国内外先进的工程技术和教学经验，加强实用性、针对性和可操作性，注意形象教学、实验教学和现代教学手段的应用，加强典型工程实例分析。

本套教材适用范围广泛，努力做到一书多用。在内容的取舍上既可作为高职高专教材，又可作为电大、职大、业大和函大的教学用书，同时，也便于自学。本套教材在内容安排和体系上，各教材之间既是有机联系和相互关联的，又具有各自的独立性和完整性。因此，各地区、各院校可根据自己的教学特点择优选用。

本套教材参编的教师均为教学和工程实践经验丰富的双师型教师，经验丰富。为了突出高职高专教育特色，本套教材在编写体例上增加了“上岗工作要点”，特别是引导师生关注岗位工作要求，架起了“学习”和“工作”的桥梁。使得学生在学习期间就能关注工作岗位的能力要求，从而使学生的学习目标更加明确。

我们相信，由中国建材工业出版社出版发行的这套《高职高专建筑工程技术专业系列教材》一定能成为受欢迎的、有特色的、高质量的系列教材。

赵宝江

2009 年 7 月

前　言

近年来，随着我国国民经济的快速发展和人民生活水平的提高，各项建设工程以前所未有的规模和速度发展，高层建筑作为城市经济繁荣、科学发展和社会进步的重要标志，建造业主实力雄厚的象征，受到广泛关注。针对高层建筑的施工特点，我国在高层建筑施工实践中摸索了很多经验，积累了丰富的工艺技术，创造了许多先进水平的成果。为适应目前高层建筑结构的发展需要，我们根据国家最新颁布实施的相关规范、规程及行业标准，并结合有关方面的著述，编写了本书。

本书内容主要包括概述、高层建筑施工测量、高层建筑施工用起重运输机械、高层建筑施工用脚手架、深基坑支护结构施工、深基坑土方开挖、深基坑降水、高层建筑基础施工、高层建筑主体结构施工等。书中尽量编入了各种新材料、新工艺和新技术，具有很强的针对性、实用性、先进性和可操作性。

本书由曹洪滨主编，张芳副主编。具体的编写章节为：王晓东编写第1章，刘晓伟编写第2章，孙明月编写第3章，曹洪滨编写第4章，张芳、张彤编写第5章。本书在编写过程中，得到了高层建筑施工方面的专家和技术人员的大力支持和帮助，在此一并致谢。

由于作者的学识和经验有限，书中不免有疏漏之处，恳请广大读者热心指点，以便进一步修改和完善。

2010年10月

目　录

第1章 概 述

> **重 点 提 示**
>
> 1. 熟悉高层建筑的概念。
> 2. 了解国内外高层建筑的发展概况。
> 3. 了解高层建筑的施工特点，把握高层建筑施工技术的发展方向。

1.1 高层建筑的概念

随着社会的进步，城市工商业迅速发展，国际交往日趋频繁，促进了我国高层建筑的发展。同时，建筑领域的一些新结构、新材料、新工艺的出现也为高层建筑的发展提供了条件。高层建筑的兴建，解决了日益增多的人口和有限的城市用地之间的矛盾，也丰富了城市的面貌，成为城市实力的象征和现代化的标志。

世界各国对多少层或多么高的建筑物算是高层建筑没有固定的划分标准，随着高层建筑的发展，划分标准也随之相应调整。1972 年召开的国际高层建筑会议，建议高层建筑按照层数和高度划分为以下四类：

①第一类高层建筑：9～16 层（最高到 50m）。

②第二类高层建筑：17～25 层（最高到 75m）。

③第三类高层建筑：26～40 层（最高到 100m）。

④超高层建筑：40 层以上（高度 100m 以上）。

我国规范中对于高层建筑的规定如下：

1)《高层建筑混凝土结构技术规程》（JGJ 3—2010）中规定，“高层建筑”一词适用于 10 层及 10 层以上或房屋高度大于 28m 的住宅建筑和房屋高度大于 24m 的其他高层民用建筑。

2)《高层民用建筑设计防火规范》（2005 版）（GB 50045—1995）中规定，“高层民用建筑”一词适用于建筑高度大于 27m 的住宅建筑和 2 层及 2 层以上，建筑高度超过 24m 的公共建筑。

3)《民用建筑设计通则》（GB 50352—2005）明确了民用建筑层数的划分。

①住宅建筑按层数划分为四类，即 1～3 层为低层；4～6 层为多层；7～9 层为中高层；10 层以上为高层。

②公共建筑及综合性建筑总高度超过 24m 者为高层（不包括高度超过 24m 的单层主体建筑）。

③建筑物高度超过 100m 时，不论住宅或公共建筑均视为超高层。

在实际工作中，对高层建筑进行统计时，很难做到对公共建筑进行逐一检查，核实其建筑总高度是否超过 24m，进而判明其是否为高层建筑，所以，为简化统计，一律以 10 层作为高层建筑统计的起点。

1.2　国内外高层建筑的历史和现状

1.2.1　古代高层建筑

我国的塔是古代多层和高层建筑的典型代表。与埃及金字塔相比，我国古代的塔在建筑形式和结构上已有了相当高的水平，大都采用木与砖结构。有一些塔经受住了上千年风吹雨打，甚至经受了强烈地震而保留至今，足见其结构合理，工艺精良。但是，古代高层建筑主要是宗教和权力的象征，是纪念性建筑，其实用空间很小，墙壁厚度大，高度也受到限制。

1.2.2　现代高层建筑

现代高层建筑是随着社会生产的发展和人类活动的需要而发展起来的，是商业化、工业化和城市化的结果。现代高层建筑不仅要满足各种使用功能，而且要求节省材料，又要美观。只有科学技术的进步、轻质高强材料的出现以及机械化、电气化、计算机在建筑中的广泛应用，才能为多层及高层建筑的发展提供物质和技术条件。

1. 国外现代高层建筑

现代高层建筑的出现是在19世纪，1884～1885年美国芝加哥建成了11层的家庭保险大楼（Home Insurance Building），是用铸铁和钢建造的框架结构。1931年，在纽约建成了著名的帝国大厦（Empire State Building），102层，381m高，成为当时的奇迹，享有“世界最高建筑”的美誉长达40年之久，如图1-1所示。1960年以后，建筑材料和技术的不断发展，开始进入大量建造50层以上高层建筑的时代，美国相继建成了110层、402m高的世界贸易中心双塔（World Trade Center Twin Towers，1972年建成，在2001年“9·11”事件中被毁）和110层、443m高的西尔斯大厦（SearsTower，1973年建成）。近年来，亚太地区经济迅速发展，1998年，在马来西亚吉隆坡建成目前世界最高建筑——石油双塔（Petronas Twin Towers），88层、452m高，如图1-2所示。

图1-1　帝国大厦

图1-2　吉隆坡石油双塔

2. 国内现代高层建筑

我国的现代高层建筑起步较晚，解放前我国高层建筑很少，解放后，在 20 世纪 50 及 60 年代陆续建成了一些，20 世纪 70 年代才开始大批建造。我国各阶段有代表性的高层建筑见表 1-1。

表 1-1　我国各阶段有代表性的高层建筑

时　间	层数与高度	代表性建筑	竣工时间
20 世纪 50 年代	12 层、47.4m	北京民族饭店	1959 年
20 世纪 60 年代	27 层、88m	广州宾馆	1968 年
20 世纪 70 年代	19 层、87.15m	北京饭店东楼	1974 年
	33 层、114.05m	广州白云宾馆	1976 年
20 世纪 80 年代	50 层、158.65m	深圳国际贸易中心大厦	1985 年
20 世纪 90 年代	81 层、高 325m	深圳地王大厦（图 1-3）	1996 年
	88 层、高 420m	上海金茂大厦（图 1-4）	1998 年

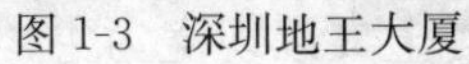

图 1-3　深圳地王大厦

图 1-4　上海金茂大厦

据 2002 年美国高层建筑协会统计，我国（包括香港）已有 5 幢建筑进入世界最高建筑的前 10 名。

如今，高层建筑已经进入高水平、深层次的发展阶段。台北 101 大厦（原名台北国际金融中心），高 508m，2004 年落成，如图 1-5 所示。上海环球金融中心，高 492m，2008 年落成，如图 1-6 所示。广州国际金融中心（简称广州西塔），位于广州珠江新城核心商务区，建筑总高度 438m，2009 年落成，如图 1-7 所示。相信在不久的将来，还会有更多的高层建筑出现。

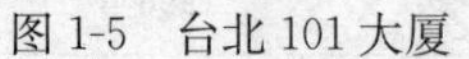

图 1-5　台北 101 大厦　　图 1-6　上海环球金融中心　　图 1-7　广州西塔

1.3　高层建筑施工技术的发展

1.3.1　高层建筑的施工特点

1）工程量大、造价高。据统计资料分析，多层建筑平均每栋建筑面积约为 2000m²，高层建筑约为 12000m² 左右，相当于多层建筑的 6 倍。高层建筑较多层建筑造价平均增加 60%左右。

2）工期长、季节性施工（冬、雨期）不可避免。据统计资料分析，多层建筑单栋工期平均为 10 个月左右，高层建筑平均为 2 年左右。因此，必须充分利用全年的时间，合理部署，才能缩短工期。

3）高空作业要解决好材料、制品、机具设备和人员垂直运输的问题，要解决好高空安全保护、防火、用水、用电、通风、临时厕所等问题，要防止物体坠落发生事故等。

4）高层建筑基础一般较深，地基处理复杂。基础方案有多种选择，但其对造价和工期影响很大。另外还需要研究解决各种深基础开挖支护技术。

5）一般在市区施工，施工用地紧张，要尽量压缩现场暂设工程，减少现场材料、制品、设备存储量，根据现场条件合理选择机械设备，充分利用工厂化、商品化成品。

6）高层建筑多以钢筋混凝土和钢为主，钢筋混凝土又以现浇为主，需要着重研究解决各种工业化模板、钢筋连接、高强度等级的混凝土、建筑制品、结构安装等施工技术问题。

7）防水、装饰、设备要求较高。深基础、地下室、墙面、屋面、厨房、卫生间的防水和管道冷凝水要处理好。设备繁多，高级装饰多，从施工前期就要安排好加工订货，在结构施工阶段就要提前插入装饰施工，保证施工工期。

8）标准层占主体工程的主要部分，设计基本相同，便于组织逐层循环流水作业。层数多，工作面大，可充分利用时间和空间，进行平行流水立体交叉作业。

9）工程项目多、工种多、涉及单位多、管理复杂。对于一些大型复杂的高层建筑，往往是边设计、边准备、边施工，总、分包涉及许多单位，协作关系涉及许多部门，必须精心组织，加强集中管理。

1.3.2 高层建筑施工技术的发展

1. 基础施工技术的发展

在基础工程方面，主要有基础结构、深基坑支护、大体积混凝土浇筑、深层降水等施工。

高层建筑多采用桩基础、筏形基础、箱形基础、桩基与箱形基础或桩基与筏板基础的复合基础这几种结构形式。

桩基础方面，混凝土方桩、预应力混凝土管桩、钢管桩等预制打入桩皆有应用，有的桩长已超过70m。近年来，混凝土灌注桩有很大发展，在钻孔机械、桩端压力注浆、成孔扩孔、动力试验、扩大桩径等方面都有很大提高，大直径钻孔灌注桩的应用愈来愈多，并在软土、淤泥质土的地区也成功应用。

筏形基础、箱形基础、桩基与箱形基础或桩基与筏板基础的复合基础方面，能形成空间大底盘，很好地利用地下空间，结构刚度好，在20世纪90年代以后被大量应用。

近年来，由于深基坑的增多，支护技术发展很快，多采用钢板桩、混凝土灌注桩、地下连续墙、深层搅拌水泥土桩、土钉支护等；施工工艺有很大改进，支撑方式有传统的内部钢管（或型钢）支撑，也有在坑外用土锚拉固；内部支撑形式也有多种，包括十字交叉支撑、环状（拱状）支撑、混凝土支撑以及“中心岛”式开挖的斜撑，与此同时，土锚的钻孔、灌浆、预应力张拉工艺也有很大提高。

大体积混凝土裂缝控制的计算理论日益完善，为减少或避免产生温度裂缝，各地都采用了一些有效措施。由于商品混凝土和泵送技术的推广，万余立方米以上的大体积混凝土浇筑也不再困难，在测温技术和信息化施工方面也积累了丰富的经验。

在深基坑施工降低地下水位方面，已能利用轻型井点、喷射井点、真空深井泵和电渗井点技术进行深层降水，而且在预防因降水而引起附近地面沉降方面亦有一些有效措施。

2. 结构施工技术的发展

在结构工程方面主要有现浇钢筋混凝土结构和钢结构。

现浇钢筋混凝土结构以其结构整体性好、抗震性强、用钢量少、防火性能好和造价较低的优点得到了很大的发展，从而促进了模板技术、钢筋连接技术、混凝土技术的发展。

在模板方面，从以前的木模板、钢模板发展到塑料模板、胶合板、竹胶板模板等新型模板，并形成大模板、爬升模板和滑升模板的成套工艺。大模板工艺在剪力墙结构和筒体结构中已广泛应用，已形成“全现浇”、“内浇外挂”、“内浇外砌”成套工艺，且已向大开间建筑方向发展。楼板除各种预制、现浇板外，还应用了各种配筋的薄板叠合楼板；爬升模板首先用于上海，工艺已成熟，不但用于浇筑外墙，亦可内、外墙皆用爬升模板浇筑，在提升设备方面已有手动、液压和电动提升设备，有带爬架的，也有无爬架的，尤其与升降脚手架结合应用，优点更为显著；滑模工艺也有很大提高，可施工高耸结构、剪力墙或筒体结构的高层建筑，亦可施工框架结构和一些特种结构。

在钢筋连接技术方面除了采用传统的绑扎、手工焊接外，对于一些大直径钢筋的连接采用了电渣压力焊、气压焊、冷挤压、锥螺纹、直螺纹连接技术。尤其是冷挤压、锥螺纹、直螺纹属于机械连接，能够节省电能、钢材，不受季节气候变化影响，施工简便，接头质量易于控制，有很好的发展前景。

在混凝土方面，高强、轻质、高性能混凝土是当前混凝土的发展方向，高强混凝土即强度等级在C50及其以上的混凝土。目前，我国C50～C60混凝土在工程中应用较多，世界上已有强度达到138N/mm² 的混凝土在工程上应用。近几年来，商品混凝土在大中城市有了很大的发展，同时泵送技术也显示出其运送混凝土所特有的优越性，泵送高度达到几百米。

钢结构高层建筑由于重量轻、抗震性能好、施工速度快等优点，在我国得到一定的发展，高层钢结构制造、安装、防火等技术都有很大的提高，钢-钢筋混凝土结构也会在今后有更多的应用。

上岗工作要点

1. 通读国内外高层建筑的历史和现状，对高层建筑的发展进程有更深入的了解。

2. 为适应高层建筑多样化及高度不断增加的要求，高层建筑施工技术有了巨大发展，上岗前，应充分了解高层建筑结构的材料、设计与施工技术的发展。

思 考 题

1. 什么是高层建筑？我国规范有何界定？
2. 简述国内外高层建筑的历史和现状。
3. 高层建筑的施工特点有哪些？
4. 简述高层建筑施工技术的发展。

第2章 高层建筑施工机具

重 点 提 示

介绍高层建筑施工用起重运输机械及脚手架，了解施工机械并掌握应用要点，会选择起重运输机械及脚手架。

2.1 塔式起重机

2.1.1 概述

塔式起重机简称塔吊，其主要拥有吊臂长、工作幅度大、吊钩高度高、起重能力强、效率高等特点，并因此成为高层建筑吊装施工和垂直运输的主要机械设备。

1. 塔式起重机的分类

(1) 按行走机构划分。分为自行式塔式起重机和固定式塔式起重机。

①自行式塔式起重机能够在固定的轨道上、地面上开行。其具有能靠近工作点，转移方便，机动性强等特点。常见的有轨道行走式、轮胎行走式、履带行走式等。

②固定式塔式起重机没有行走机构，但它能够附着在固定的建筑物或建筑物的基础上，随着建筑物或构筑物的上升不断地上升。

(2) 按起重臂变幅方法划分。分为起重臂变幅式塔式起重机（图 2-1）和起重小车变幅式塔式起重机（图 2-2）。

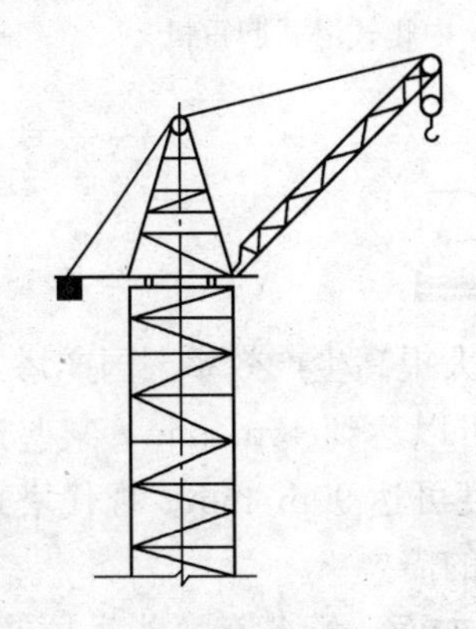

图 2-1 起重臂变幅式塔式起重机

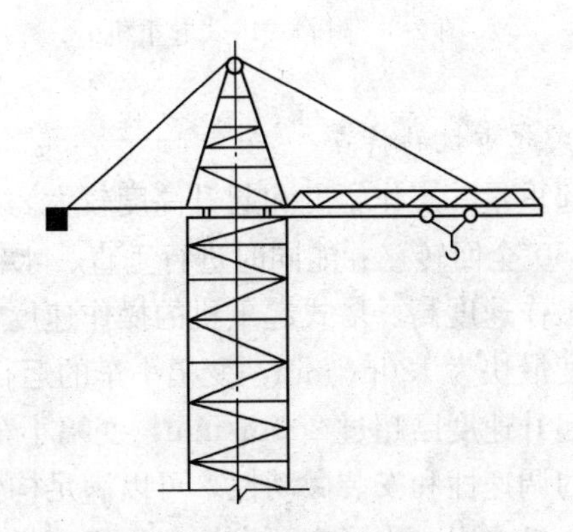

图 2-2 起重小车变幅式塔式起重机

①起重臂变幅式塔式起重机的起重臂与塔身铰接，变幅时可调整起重臂的仰角，常见的变幅结构有电动和手动两种。

②起重小车变幅式塔式起重机的起重臂是不变（或可变）横梁，下弦装有起重小车，变幅简单，操作方便，并能负载变幅。

(3) 按回转方式划分。分为上塔回转塔式起重机和下塔回转塔式起重机。上塔回转塔式起重机的塔尖回转，塔身不动，回转机构在顶部，结构简单，但起重机重心偏高，塔身下部要加配重，操作室位置较低，不利于高层建筑施工；下塔回转塔式起重机的塔身与起重臂同时旋转，回转机构在塔身下部，便于维修，操作室位置较高，便于施工观测，但回转机构较复杂。

(4) 按起重能力划分。分为轻型塔式起重机、中型塔式起重机和重型塔式起重机。通常情况下，以起重量0.5～3.0t为轻型塔式起重机，起重量为3.0～15t的为中型塔式起重机，起重量为15～40t的起重机为重型塔式起重机。

(5) 按塔式起重机使用架设的要求划分。分为四种：固定式、轨道式、附着式和内爬式。

①固定式塔式起重机将塔身基础固定在地基基础或结构物上，塔身不能行走。

②轨道式塔式起重机又称轨道行走式塔式起重机，简称为轨行式塔式起重机，在轨道上可以负荷行驶。

③附着式塔式起重机每隔一定距离通过支撑将塔身锚固在构筑物上，如图2-3所示。

④内爬式塔式起重机设置在建筑物内部（如电梯井、楼梯间等），利用支撑在结构物上的爬升装置，使整机随着建筑物的升高而升高，如图2-4所示。

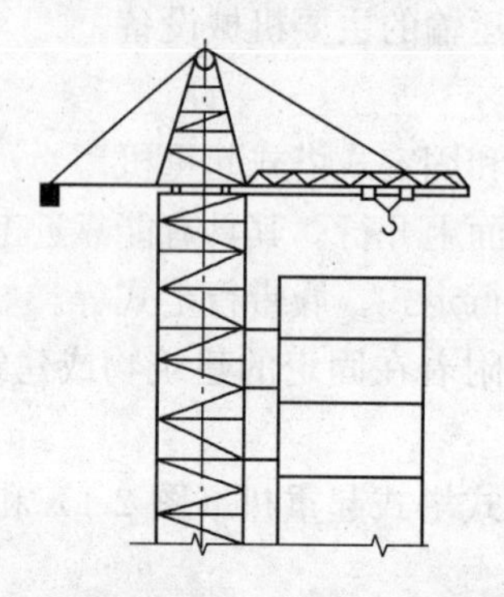

图2-3 附着式塔式起重机

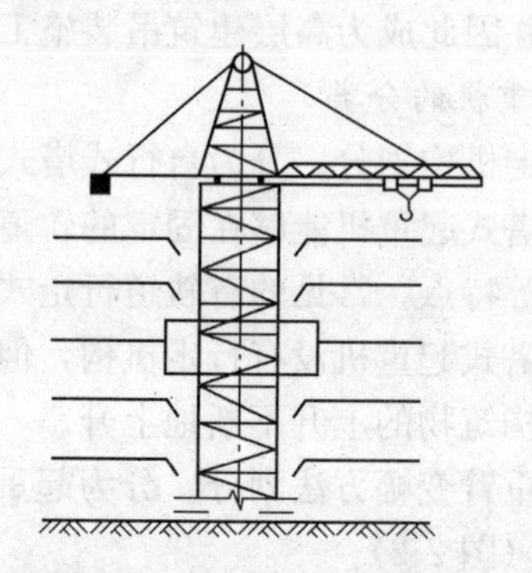

图2-4 内爬式塔式起重机

2. 塔式起重机的特点

(1) 起重量、工作幅度和起升高度较大。

(2) 360°全回转，并能同时进行垂直、水平运输作业。

(3) 工作速度高。塔式起重机的操作速度快，可以大大提高生产效率。国产塔式起重机的起升速度最快为120m/min，变幅小车的运行速度最快可以达到45m/min；某些进口塔式起重机的起升速度已超过200m/min，变幅小车的运行速度可达90m/min。现代塔式起重机具有良好的调速性和安装微动性，可以满足构件安装就位的需要。

(4) 一机多用。为了充分发挥起重机的性能，在装置方面，配备有抓斗、拉铲等装置，能够做到一机多用。

(5) 起重高度能随安装高度的升高而增高。

(6) 机动性能好，不需其他辅助稳定设施（如缆风绳），可以自行或自升。

(7) 驾驶室（操纵室）位置较高，操纵人员能直接（或间接）看到作业全过程，有利于安全生产。

3. 塔式起重机的主要参数

（1）幅度

幅度又称为回转半径或工作半径，即塔吊回转中心线至吊钩中心线的水平距离。幅度包含最大幅度与最小幅度两个参数。高层建筑施工选择塔式起重机时，应考察该塔吊的最大幅度是否能满足施工需要。

（2）起重量

起重量是指塔式起重机在各种工况下安全作业所容许的起吊重物的最大重量。起重量包括所吊重物和吊具的重量。起重量是随着工作半径的加大而减少的。

（3）起重力矩

初步确定起重量和幅度参数后，还必须按照塔吊技术说明书中给出的资料，核查是否超过额定起重力矩。所谓起重力矩（单位 kN·m）指的是塔式起重机的幅度同与其相应的幅度下的起重量的乘积，能比较全面和确切地反映塔式起重机的工作能力。

（4）起升高度

起升高度是指自轨面或混凝土基础顶面至吊钩中心的垂直距离。起升高度的大小与塔身高度及臂架构造形式有关。通常应根据构筑物的总高度、预制构件或部件的最大高度、脚手架构造尺寸及施工方法等综合确定起升高度。

2.1.2 附着式自升塔式起重机

附着式自升塔式起重机是高层建筑施工中常用的塔式起重机。它能较好地适应建筑体型和层高变化的需要，不影响建筑物内部施工安排，安装拆卸比较方便，不妨碍司机视线，便于司机操作。

（1）附着式自升塔式起重机的构造及顶升过程

1）构造。附着式自升塔式起重机是由塔身、套架、转塔、起重杆、平衡臂、起重小车及起升、变幅、回转、配重、移位、液压顶升等机构组成，如图 2-5 所示。

2）顶升过程。这种起重机在顶升前，首先要确定顶升高度，将所需数量的标准节吊到塔吊悬臂引进小车一侧起重臂的下方（每次接高一个标准节，即 2.5m）；使起重臂就位，并朝向与引进小车方向相同的位置，予以锁定；再将一个标准节吊到引进小车上。

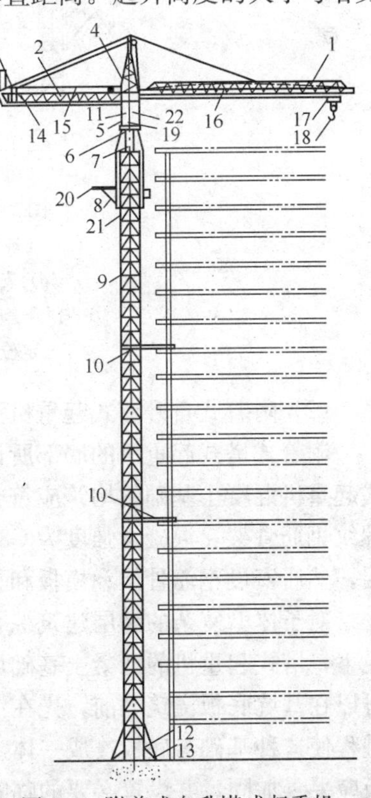

图 2-5 附着式自升塔式起重机

1—起重臂；2—平衡臂；3—配重；4—操作室；5—转塔；6—旋转支承装置；7—液压缸；8—套塔；9—塔身；10—拉撑；11—电缆卷筒；12—塔身底座；13—地脚螺栓；14—起重卷扬；15—起重位移绞车；16—小车运行绞车；17—起重小车；18—吊钩；19—旋转机构；20—悬臂和安装小车；21—油压顶升操纵机构；22—中央集电环

为使液压顶升时上部旋转机构的重心接近塔吊中心，即接近油压中心，以保证在顶升时的不平衡弯矩最小，应将当平衡重移到规定位置上然后进行顶升，其顶升过程如图 2-6 所示。

图 2-6（a）为准备顶升。将标准节吊到摆渡小车上，并把过渡节与塔身标准节相连的螺栓松开。

图 2-6（b）为顶升塔顶。开动液压千斤顶，首先将塔吊上部结构包括顶升套架向上顶升到超过一个标准节

的高度，然后用定位销将套架固定，由此塔吊上部结构的重量就通过定位销传递到塔身。

图 2-6（c）为推入塔身标准节。液压千斤顶回缩，形成引进空间，这时把装有标准节的摆渡小车开到引进空间内。

图 2-6（d）为安装塔身标准节。使用液压千斤顶稍微提起标准节，退出摆渡小车，然后将标准节平稳地落在下面的塔身上，并使用螺栓加以连接。

图 2-6（e）为塔顶与塔身连成整体。拔出定位销，下降过渡节，使之与接高的塔身连成整体。当一次要接高若干节塔身标准节时，则可重复以上工序。

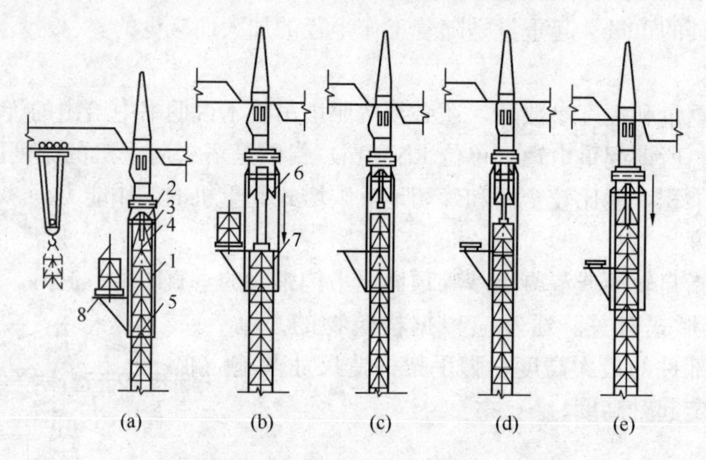

图 2-6　附着式自升塔式起重机顶升过程

（a）准备顶升；（b）顶升塔顶；（c）推入塔身标准节；
（d）安装塔身标准节；（e）塔顶与塔身连成整体
1—顶升套架；2—液压千斤顶；3—承座；4—顶升横梁；
5—定位销；6—过渡节；7—标准节；8—摆渡小车

（2）附着式自升塔式起重机混凝土基础的构筑

附着式塔式起重机的底部所设钢筋混凝土基础的形式可分为分离式和整体式。附着式塔式起重机混凝土基础的构筑应符合使用说明书或有关技术文件的规定。混凝土基础采用二级螺纹钢筋骨架，混凝土强度为 C30 或 C35。施工时，首先将基底夯实，有时需先打桩再做垫层，然后安设钢筋骨架、模板和预埋件，再浇筑混凝土。

对于体型复杂的高层建筑综合体，常常需要将塔式起重机直接安装在基坑中，在这种情况下，塔式起重机的混凝土基础可单独构筑或采用墩柱式结构与施工建筑结构连成一体。也可以在基坑底板浇筑之前，先在混凝土垫层上构筑混凝土基础，安装塔吊，然后再结合施工进程使这种基础与底板连成一体。如果必须将塔式起重机固定于裙房顶板结构上时，该处顶板应妥善加固，并设置必要的临时支撑。在深基础基坑旁安装塔式起重机时，塔式起重机基础位置的确定必须十分谨慎，一定要留出足够的边坡。按照土质情况和地基承载能力、塔式起重机结构自重及负荷大小，确定基础构造尺寸。一般说来，在基坑旁架立塔式起重机，采用灌注桩承台式基础较好。在回填砂卵石基坑中构筑塔吊混凝土基础时，一定要对基底进行分层压实，以避免不均匀的沉降。

（3）附着式塔式起重机的附着

附着式塔式起重机的自由高度超过一定限度时，就需要与建筑结构拉结附着。自由高度的限值与塔式起重机的额定起重能力和塔身结构强度相关，通常中型自升塔吊的起始附着高度为25～30m，而重型的自升塔式起重机的起始附着高度一般为40～50m。第一道附着与第二道附着的间距，轻、中型附着式自升塔式起重机为16～20m，而重型附着式自升塔式起重机则为20～35m。施工时，可依据高层建筑结构特点、塔式起重机安装基础高程以及塔身结构特点进行适当调整。一般情况下，附着式塔式起重机装设2～3道附着即可满足要求。

附着式塔式起重机的附着装置由锚固环、附着杆以及柱箍、固定耳板（墙箍）、紧固件、连接销轴和连固螺栓等部件组成。锚固环套装在塔身标准节的水平腹杆处或塔身标准节对接处，是由钢板或型钢组焊成的箱形断面空腹结构。锚固环通过卡板、楔紧件、连接螺栓和顶丝等部件同塔身结构主弦杆联固。柱箍通常都固定于柱的根部，固定耳板则通过预埋件和连接螺栓装设在混凝土板墙的下部。附着杆可用无缝钢管制成，也可采用槽钢拼焊而成，或用型钢焊接成空间桁架结构。附着杆的一端与套装在塔身结构的锚固环相连接，另一端通过销轴固定在柱箍上，或与固定耳板联固。锚固环构造如图2-7所示。附着杆布置方式有很多种，可参照工程对象结构特点和塔式起重机的具体安装位置，选用一种比较合适的布置。

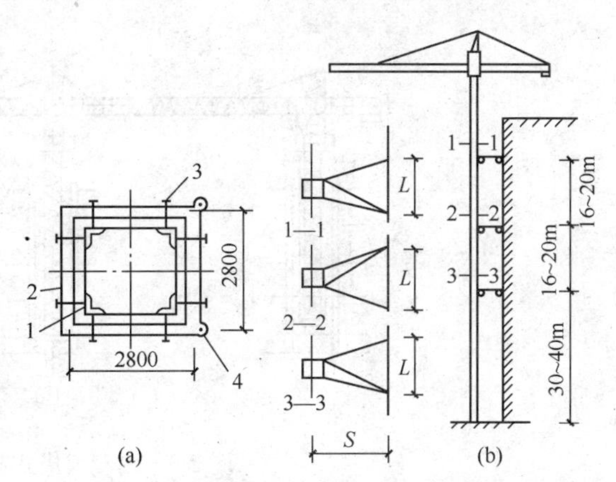

图2-7　附着装置

（a）锚固环；（b）附着装置安装方式

1—塔身；2—锚固环；3—螺旋千斤顶；4—耳板

塔身中心到建筑物外墙皮的水平距离称为附着距离。塔吊的附着距离一般规定为4～6.5m，有时增大至10～15m，两锚固点的水平距离为5～8m。附着杆在建筑结构上的锚固点应尽量设在柱的根部或混凝土墙板的下部，以距离混凝土楼板300mm左右为宜。附着杆锚固点区段（上、下各1m左右）应加设配筋并将混凝土强度等级提高一级。

2.1.3　内爬式塔式起重机

这种起重机是一种安装在建筑物内部（电梯井或特设空间）结构上，依靠爬升机构随建筑物向上建造而向上爬升的起重机，通常每隔两个楼层爬升一次。对于高度在100m以上的超高层建筑，可优先采用内爬式塔式起重机，这类起重机的外形如图2-8所示。

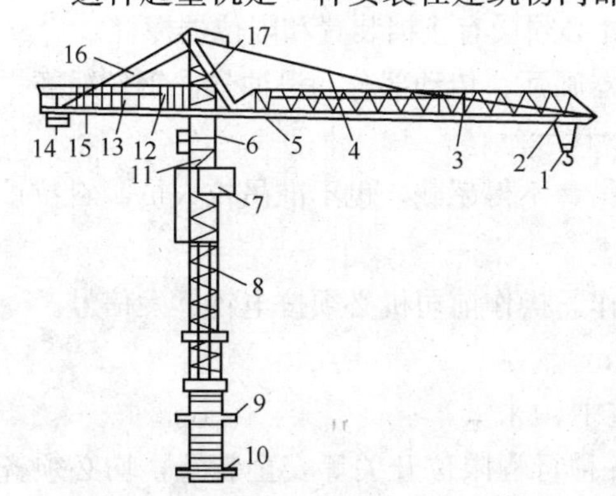

图2-8　内爬式自升塔式起重机外形

1—吊钩；2—起重小车；3—起重臂；4—起重臂拉绳；5—小车牵引机构；6—司机室；7—回转支承；8—塔身；9—套架；10—底座；11—回转机构；12—电气系统；13—平衡臂；14—配重；15—起升机构；16—平衡臂拉绳；17—塔帽

内爬式塔式起重机的爬升过程如图2-9所示。

准备状态如图2-9（a）所示。将起重机小车收回到最小幅度处，下降吊钩，吊住套架并松开固定套架的地脚螺栓，收回活动支腿，做好爬升准备。

提升套架如图2-9（b）所示。先开动起升机构将套架提升至两层楼高度时停止，然后摇出套架四角活动支腿并用地脚螺栓固定，最后松开吊钩升高至适当高度并开动起重小车到最大幅度处。

提升起重机如图 2-9（c）所示。先松开底座地脚螺栓，收回底座活动支脚，然后开动爬升机构将起重机提升至二层楼高度停止，最后摇出底座四角的活动支腿，并用预埋在建筑结构上的地脚螺栓固定。至此，爬升过程结束。

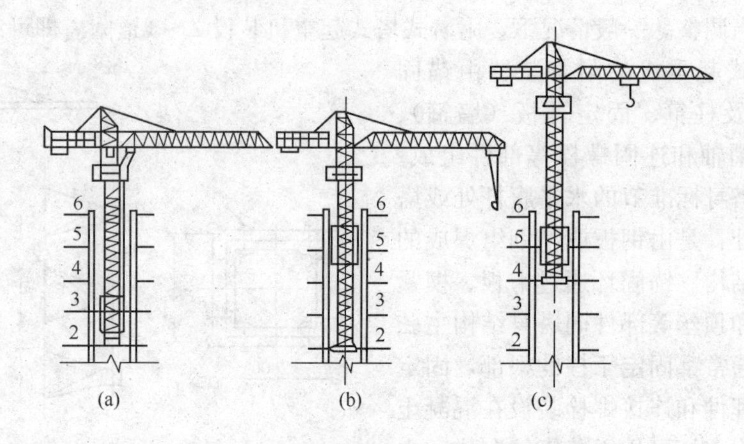

图 2-9　内爬式塔式起重机的爬升过程

（a）准备状态；（b）提升套架；（c）提升起重机

2.1.4　塔式起重机的操作要点

（1）塔式起重机应有专职司机操作，司机必须受过专业训练。

（2）塔式起重机一般准许工作的气温为－20～40℃，风速小于六级。风速大于六级及雷雨天，禁止操作。

（3）塔式起重机在作业现场安装后，必须遵照《塔式起重机》（GB/T 5031—2008）进行试验和试运转。

（4）起重机必须有可靠接地，所有设备外壳都应与机体妥善连接。

（5）起重机安装好后，应重新调节各种安全保护装置和限位开关。如夜间作业，必须有充足的照明。

（6）起重机行驶轨道不得有障碍或下沉现象。轨道面应水平，轨距公差不得超过 3mm。直轨要平直，弯轨应符合弯道要求，轨道末端 1m 处必须设有止挡装置和限位器撞杆。

（7）工作前应检查各控制器的转动装置、制动器闸瓦、传动部分润滑油量、钢丝绳磨损情况及电源电压等，如不符合要求，应及时修整。

（8）起重机工作时必须严格按照额定起重量起吊，不得超载，也不准吊拉人员、斜拉重物或拔除地下埋物。

（9）司机必须在得到指挥信号后，方可进行操作。操作前司机必须按电铃、发信号。

（10）吊物上升时，吊钩距起重臂端不得小于 1m。

（11）工作休息或下班时，不得将重物悬挂在空中。

（12）起重机的变幅指示器、力矩限制器以及各种行程限位开关等安全装置，均必须齐全完整、灵敏可靠。

（13）作业后，尚须做到下列几点：

①起重臂杆转到顺风方向并放松回转制动器，小车及平衡重应移到非工作状态位置，吊钩提升到离臂杆顶端 2～3m 处。

②将每个控制开关拨至零位，依次断开各路开关，切断电源总开关，打开高空指示灯。

③锁紧夹轨器，如有八级以上大风警报，应另拉缆风绳与地面或建筑物固定。

2.2 施工电梯

2.2.1 概述

施工电梯又称人货两用电梯，是高层建筑施工设备中唯一可运送人员上下的垂直运输工具。若不采用施工电梯，高层建筑中的净工作时间会损失30%左右，所以施工电梯是高层建筑提高生产率的关键设备之一，如图2-10所示。

1. *施工电梯的分类*

施工电梯按施工电梯的动力装置可分为两种：电动与电动-液压。电机驱动电梯工作速度没有电动-液压驱动电梯工作速度快，电动-液压驱动电梯工作的速度可达96m/min。

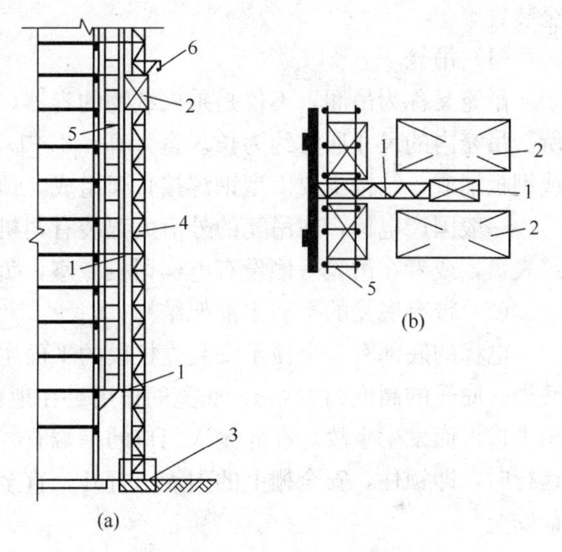

图2-10 无配置双梯笼

(a) 立面图；(b) 平面图

1—附着装置；2—梯笼；3—缓冲机构；4—塔架；5—脚手架；6—小吊杆

施工电梯按用途可划分为三种：载货电梯、载人电梯和人货两用电梯。载货电梯一般起重能力较大，起升速度快，而载人电梯或人货两用电梯对安全装置要求高一些。目前，在实际工程中人货两用电梯是用得比较多的一种。

施工电梯按其驱动形式可分为钢索曳引、齿轮齿条曳引和星轮滚道曳引三种形式。其中，钢索曳引是早期产品，星轮滚道曳引是较新的产品，其传动形式较新颖，但载重能力较小，目前用得比较多的是齿轮齿条曳引这种结构形式。

施工电梯按吊厢数量可分为两种：单吊厢式和双吊厢式。

施工电梯按承载能力，可分为两级，其中一级能载重物1t或人员11～12人，另一级载重量为2t或载乘员24名。我国施工电梯用得比较多的是前一级。

施工电梯按塔架多少分为单塔架式和双塔架式。目前，双塔架桥式施工电梯很少用。

2. *施工电梯的选择和使用*

(1) 选择

现场施工经验表明，为减少施工成本，20层以下的高层建筑，使用绳轮驱动施工电梯，25～30层以上的高层建筑采用齿轮齿条驱动施工电梯。高层建筑施工电梯的机型选择，应依据建筑体型、建筑面积、运输总量、工期要求以及施工电梯的造价与供货条件等进行确定。

(2) 使用

1) 确定施工电梯位置。施工电梯安装的位置应尽可能满足以下几点：

①有利于人员和物料的集散。

②各种运输距离最短。

③方便附墙装置安装和设置。

④接近电源，有良好的夜间照明，便于司机观察。

2）加强施工电梯的管理。施工电梯全部运转时间中，输送物料的时间只占运送时间的30%～40%，在高峰期，尤其在上下班时刻，人流集中，施工电梯运量达到高峰。如何解决好施工电梯人货矛盾，是一个关键问题。

2.2.2 齿轮齿条驱动式施工电梯

施工电梯的主要部件为吊笼、带有底笼的平面主框架结构、立柱导轨架、驱动装置、安全装置等。

（1）吊笼

吊笼又称为吊厢，不仅是乘人载物的容器，而且是安装驱动装置和架设或拆卸支柱的场所。吊笼内的尺寸通常约为长×宽×高＝3×1.3×2.7（m^3）。吊笼底部由浸过桐油的硬木或钢板铺成，结构主要由型钢焊接骨架组成，顶部和周壁由方眼编织网围护结构组成。

一般国产电梯，在吊笼的外沿大都装有司机专用的驾驶室，内部有电气操纵开关和控制仪表盘，或者在吊笼一侧设有电梯司机专座，负责操纵电梯。

（2）带有底笼的平面主框架结构

电梯的底部有一个便于安装立柱段的平面主框架，在主框架上立有带镀锌铁网状护围的底笼。底笼的高度约为2m，底笼的作用是在地面把电梯整个围起来，以避免在电梯升降时闲人进出而发生事故。在底笼入门口的一端有一个带机械和电气的连锁装置，当吊厢在上方运行时，即锁住，安全栅上的门无法打开，直至吊厢降至地面后，连锁装置才能解脱，以保证安全。

（3）立柱导轨架

通常立柱由无缝钢管焊接成桁架结构并且带有齿条的标准节组成，标准节长为1.5m，标准节之间采用套柱螺栓连接，并在立柱杆内装有导向楔。

（4）驱动装置

驱动装置是使吊笼上下运行的一组动力装置，其齿轮齿条驱动机构可为单驱动、双驱动，甚至三驱动。

（5）安全装置

1）限速制动器

国产的施工外用载人电梯一般配用两套制动装置，其中一套就是限速制动器。它能在紧急的情况下失灵，机械损坏或严重过载和吊笼在超过规定的速度约15%时，使电梯马上停止工作。常见的限速器是锥鼓式限速器，按照功能不同，分为单作用和双作用两种形式。所谓单作用限速器只能沿工作吊厢下降方向起制动作用。

锥鼓式限速器的结构如图2-11所示，主要由两部分组成，分别是锥形制动器部分和离心限速。

锥鼓式限速器有以下三种工作状态：

①当电梯运行时，小齿轮与齿条啮合驱动，离心块在弹簧的作用下，随齿轮轴一起转动。

②当电梯运行超过限定速度时，离心块克服弹簧力向外飞出与制动鼓内壁的齿啮合，使

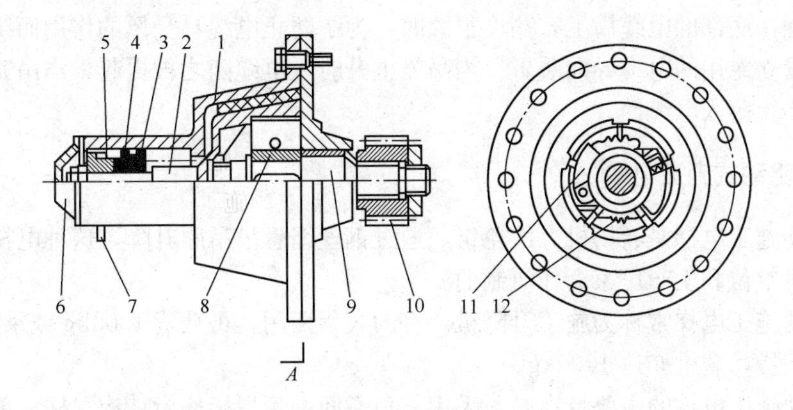

图 2-11　限速器

1—制动毂；2—锥面制动轮；3—碟形弹簧组；4—轴承；5—螺母；6—端益；7—导板；
8—组成心块支架；9—传动轴；10—从动齿轮；11—离心块；12—拉伸弹簧

制动鼓旋转而被拧入壳体。

③随着内外锥体的压紧，制动力矩逐步增大，吊厢能平缓制动。

锥鼓式限速器具有减少中间传力距离，在齿条上实现柔性直接制动，安全可靠性大，冲击力小等特点。制动行程可以预调。在限速制动的同时，电器主传动部分自动切断，在预调行程内实现制动。可有效地避免上升时“冒顶”和下降时出现“自由落体”坠落现象。由于限速器是独立工作，所以不会对驱动机构和电梯结构产生破坏。

2）制动装置

①限位装置。设在立柱顶部的为最高限位装置，可避免冒顶，主要是由限位碰铁和限位开关构成。设在楼层的为分层停车限位装置，可以实现准确停层。设在立柱下部的限位器可不使吊笼超越下部极限位置。

②电机制动器，有内抱制动器和外抱电磁制动器等。

③紧急制动器，有手动楔块制动器和脚踏液压紧急刹车等，在紧急的情况下，当限速和传动机构都发生故障时，可实现安全制动。

3）缓冲弹簧

底笼的底盘上装有缓冲弹簧，在下限位装置失灵时，可以减小吊笼落地震动。

（6）平衡重

平衡重的重量约等于吊笼自重加 1/2 的额定载重量，是用来平衡吊笼的一部分重量的。平衡重通过绕过主柱顶部天轮的钢丝绳，与吊笼连接，并且装有松绳限位开关。每个吊笼可配用平衡重，也可以不配平衡重。与不配平衡重的吊笼相比，其优点是保持荷载的平衡和立柱的稳定，并在电动机功率不变的情况下，提高承载能力，进而达到节能的目的。

（7）电气控制与操纵系统

电梯的电器装置（接触器、过载保护、电磁制动器或晶闸管等电器组件）装在吊笼内壁的箱内，为了确保电梯运行安全，所有电气装置都重复接地。通常在地面、楼层和吊厢内的三处设置了上升、下降和停止的按钮开关箱，以防万一。在楼层上，开关箱放在靠近平台栏栅或入门口处。在吊笼内的传动机械座板上，除了有上升与下降的限位开关以外，还在中间装有一个主限位开关，当吊笼超速运行，该开关可切断所有的三相电源，下次在电梯重新运行之前，应将限位开关手动复位。利用电缆可将控制信号和电动机的电力传送到电梯吊笼内，电缆卷绕在底部的电缆筒上，高度很大时，为了防止电缆易受风的作用而绕在主柱导轨上，为此应设立专用的电缆导向装置。当吊笼上升时，电缆随之被提起，当吊笼下降时，电缆经由导向装置落入电缆筒。

2.2.3 绳轮驱动式施工电梯

绳轮驱动施工电梯是卷扬机、滑轮组，通过钢丝绳悬吊吊厢升降，这种电梯是近年来我国的一些科研单位和生产厂家合作研制的。

绳轮驱动施工电梯常称为施工升降机。有的人货两用，可载货 1000kg 或乘员 8～10 人，有的只用以运货，载重亦达 1000kg。

绳轮驱动施工电梯的主要特点是：采用三角断面钢管焊接格桁结构立柱，单吊厢，无平衡重，设有限速和机电联锁安全装置，附着装置比较简单；其结构比较轻巧，能自升接高，构造较简单，用钢量少，造价仅为齿轮齿条施工电梯的 2/5，附着装置费用也比较省，适用于建造 20 层以下的高层建筑。

2.2.4 施工电梯的安全操作

1）电梯在每班首次载重运行时，一定要从最低层上升，严禁自上而下。当梯笼升离地面 1～2m 时要停车试验制动器的可靠性，如果发现制动器不正常，在修复后方可运行。

2）梯笼内乘人或载物时，应使载荷均匀分布，防止偏重，严禁超载荷运行。

3）操作人员应与指挥人员密切配合，按照指挥信号操作，作业前必须鸣声示意。在电梯未切断总电源开关前，操作人员不应离开操作岗位。

4）电梯运行中如发现机械有异常情况，应立即停机检查，排除故障后方可继续运行。

5）电梯在大雨、大雾和六级及六级以上大风时，应停止运行，并将梯笼降到底层，切断电源。暴风雨后，应对电梯各有关安全装置进行一次检查。

6）电梯运行到最上层和最下层时，一定不能以行程限位开关自动停车来代替正常操纵按钮的使用。

7）作业后，将梯笼降到底层，各控制开关拨到零位，切断电源，锁好电闸箱，闭锁梯笼门和围护门。

2.3 泵送混凝土施工机械

2.3.1 混凝土搅拌运输车

混凝土搅拌输送车简称搅拌车，是一种长距离运送混凝土的专用车辆。在汽车底盘上安置一个可以自行转动的搅拌筒，搅拌车在行驶的过程中混凝土仍能进行搅拌，所以它是具有运输与搅拌双重功能的专用车辆，如图 2-12 所示。

（1）混凝土搅拌输送车的形式

搅拌车可按照汽车底盘、搅拌筒的驱动力及其传动形式进行分类。按汽车底盘的结构形式可分为普通汽车底盘和专用挂式底盘；按搅拌筒的驱动力可分为从汽车发动机引出动力与单独设发动机供给动力；按搅拌车的传动形式可分为液压式与机械式。

随着搅拌车生产的规格化，目前市场上的搅拌车底盘一般都是专用汽车底盘，半挂式的汽车底盘已被淘汰；搅拌筒不再采用独立发动机带动，一般都采用汽车发动机通过变速器分

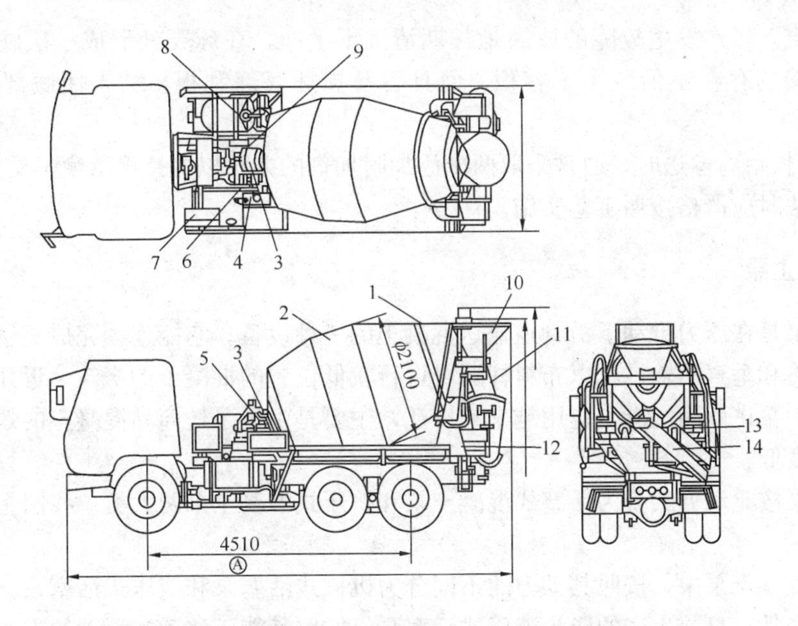

图 2-12　搅拌输送车结构图

1—滚道；2—搅拌筒；3—轴承座；4—油箱；5—减速器；6—液压马达；7—散热器；
8—水箱；9—油泵；10—漏斗；11—卸料槽；12—支架；13—托滚；14—滑槽

动轴驱动油泵，再通过液压进行动力传递。机械式的传动方式也已被淘汰。采用液压传动具有工作平稳，可无级变速的优点，容易实现正转进料搅拌、反转出料的要求。

目前，市场上常见的搅拌输送车的搅拌筒容积为 8.9～10.5m^3，8.9m^3 的搅拌筒可装拌合料 6m^3，10.5m^3 的搅拌筒可装拌合料 7m^3。

在特殊情况下，搅拌车也可作为混凝土搅拌机用。这类搅拌车称为干式搅拌车。这时将配好的生料从料斗灌入，搅拌筒正转。安装在搅拌车上的供水装置按照要求定量供水。一边运输，一边对干料进行加水搅拌，既代替了一台搅拌机，又可以进行输送，但因为干料是松散的，所以进行干料搅拌时搅拌筒的工作容积应进行折减，通常为正常拌合料的三分之二，而且在进行干料混合搅拌时，对搅拌筒的磨损较为严重，会较大幅度地折减使用寿命，所以除极特殊情况外一般不采用干料搅拌。

(2) 混凝土搅拌输送车使用注意事项

1) 在运输行驶的过程中，搅拌筒的转速不要超过 3r/min，一般在 1.5～2r/min 即可。在灌注前的强迫搅拌过程中，搅拌筒的转速不要超过 10r/min，一般可在 7～8r/min 进行强迫搅拌。需要注意的是，宁可搅拌时间长一些，也不要在过高的转速下进行强迫搅拌，避免可能造成汽车其他部件的损坏。

2) 作为商品混凝土输送，通常要求输送距离不超过 20km，时间不超过 40min。过长的运输时间会引起坍落度较大的损失。

3) 如果在灌注之前发现坍落度损失过大，在没有值班工程师批准之前，严禁擅自加水进行搅拌。如果需加水搅拌，至少应强迫搅拌 30r。

4) 干拌混凝土时，搅拌速度可以控制在 6～8r/min，但最大不应超过 10r/min，从加水时间计起，总的搅拌转数可以控制在 100r 内。

5) 应随时注意检查分动箱输出轴、万向节搅拌筒支承、滚轮，注意加油保养。

6) 搅拌车使用完毕应立即清洗，除去各部分粘上的混凝土，尤其是搅拌筒内靠近球面底部的混凝土。经常发生故障的原因是长期清洗不干净，在球壳处形成一层硬结的混凝土层，由于它们的存在不但减小了容积，而且容易损坏底部刮板，结果使底部混凝土越积越厚。

7）在超长距离输送时，通常采取两次添加附加剂的办法以保持坍落度不受较大的损失。采用这种做法时应严格按照工艺实施。

2.3.2 混凝土泵

混凝土泵是在压力推动下沿管道输送混凝土的一种设备。它能连续完成高层建筑的混凝土的水平运输和垂直运输，配以布料杆还可进行较低位置的混凝土的浇筑。近几年来，在高层建筑施工中泵送商品混凝土应用越来越广泛，主要是由于泵送商品混凝土的效率高，质量好，劳动强度低。

混凝土泵按驱动方式分为活塞式混凝土泵和挤压式混凝土泵两大类。我国主要利用活塞式混凝土泵。

活塞式混凝土泵中，按照其动力的不同分为机械式活塞泵和液压式活塞泵。机械式活塞泵为过去的产品，目前生产的皆为液压式活塞泵。按照其能否移动和移动的方式，分为固定式、拖式和汽车式（泵车）。高层建筑施工所用的混凝土泵主要是后两种。拖式混凝土泵，它的工作机构装在可移动的底盘上，由其他运输工具拖动转移工作地点。汽车式混凝土泵，它的工作机构装在汽车底盘上，且都带有布料杆，移动方便，机动灵活，移至新的工作地点不需要进行很多准备工作即可进行混凝土浇筑，所以是目前大力发展的机种。

1. 活塞式混凝土泵的工作原理

液压活塞式混凝土泵的工作原理如图 2-13 所示。它主要由料斗、液压缸和活塞、混凝土缸、阀门、Y 形管、冲洗设备、液压系统、动力系统等组成。在工作时，由混凝土搅拌机卸出的或由混凝土搅拌运输车卸出的混凝土拌合物倒入料斗 6，在阀门操纵系统作用下，阀门 7 开启，阀门 8 关闭，液压活塞 4 在液压作用下通过活塞杆 5 带动活塞 2 后移，料斗内的混凝土拌合物在自重和吸力作用下进入混凝土缸 1。然后，液压系统中的压力油进出反向，活塞 2 向前推压，同时阀门 7 关闭、阀门 8 开启，混凝土缸中的混凝土拌合物在压力作用下通过 Y 形管进入输送管而被输送至浇筑地点。因为两个缸交替进料和出料，所以使混凝土泵能连续稳定的进行输送。

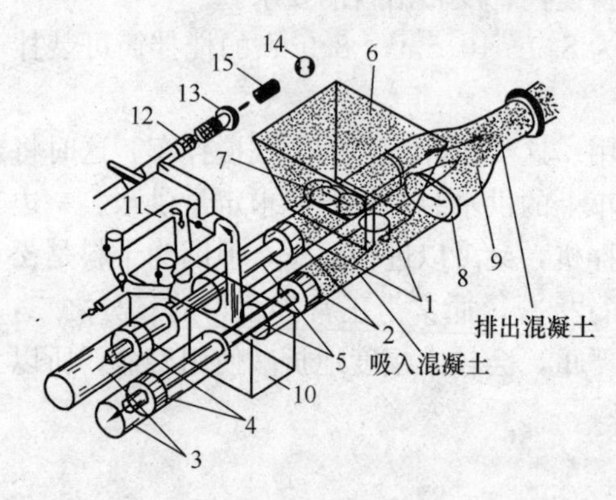

图 2-13 液压活塞式混凝土泵的工作原理图
1—混凝土缸；2—推压混凝土的活塞；3—液压缸；4—液压活塞；5—活塞杆；6—料斗；7—吸入阀门；8—排出阀门；9—Y 形管；10—水箱；11—水洗装置换向阀；12—水洗用高压软管；13—水洗用法兰；14—海绵球；15—清洗活塞

2. 活塞式混凝土泵的主要特点

（1）运距远

液压活塞式混凝土泵的工作压力，通常可达 5MPa，最大可达 19MPa，水平运距达 600m，垂直运距最大可达 250m，排量为 10～80m³/h。活塞式混凝土泵可排送坍落度为 5～20cm 的混凝土，集料最大粒径为 50mm，混凝土缸筒的使用寿命达 50000m³。

（2）结构简单

泵的输送冲击小而且稳定，排量可以自由调节，使用此类泵的关键在于混凝土缸的活塞与缸体的磨损以及阀体的工作可靠性。

2.3.3 混凝土泵车

混凝土泵车是将混凝土泵安装在汽车底盘上，利用柴油发动机的动力，通过动力分动箱将动力传给液压泵，然后带动混凝土泵进行工作。混凝土通过布料杆，可送到一定高程与距离。对于普通的建筑物施工这种泵车有独特的优越性。它移动方便，输送幅度与高度适中，可节省一台起重机，在施工中很受欢迎。

混凝土泵车如图 2-14 所示。

2.3.4 混凝土布料杆

混凝土布料杆是完成输送、布料、摊铺混凝土浇筑入模的一种设备。混凝土布料杆大致可分为两大类：汽车式布料杆（亦称混凝土泵车布料杆）和独立式布料杆。

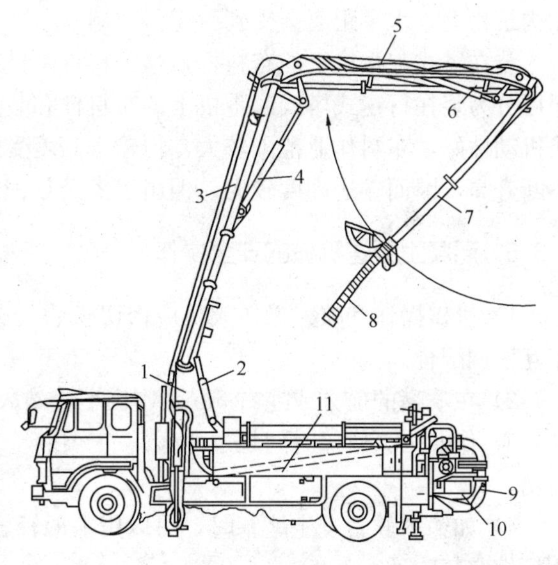

图 2-14 混凝土泵车

1—回转支承装置；2—变幅液压缸；3—第 1 节臂架；4—伸缩液压缸；5—第 2 节臂架；6—伸缩液压缸；7—第 3 节臂架；8—软管；9—输送管；10—泵体；11—输送管

汽车式布料杆是由折叠式臂架与泵送管道组成。施工时通过布料杆各节臂架的俯、仰、屈、伸，能将混凝土泵送到臂架有效幅度范围内的任意一点。泵车的臂架形式主要有 3 种：连接式、伸缩式和折叠式。连接式臂架由 2～3 节组合而安置在汽车上，当到达施工现场时再进行组装。伸缩式臂架不需另行安装，可以由液压力一节节顶出，这种布料杆的优点是特别适应在狭窄施工场地上施工，缺点是只能进行回转和上下调幅运动。折臂式最大的特点是运动幅度和作业范围大，使用方便，应用得最广泛，但其成本较高，如图 2-15 所示。

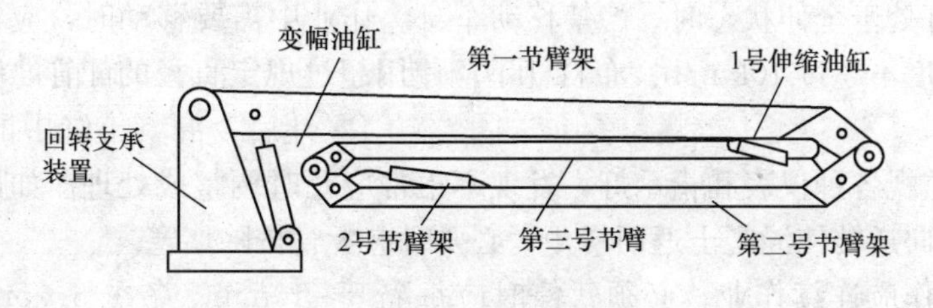

图 2-15 折臂式泵车臂架

独立式布料杆根据其支承结构形式大致上有 3 种形式：移置式布料杆、管柱式机动布料杆、装在塔式起重机上的布料杆。

移置式布料杆由底架支腿、转台、平衡臂、平衡重、臂架、水平管、弯管等组成。泵送混凝土主要是通过两根水平管送到浇筑地点，整个布料杆可以使用人力推动围绕回转中心转动 360°，而且第二节泵管还可以使用人推动，以第一节管端弯管为轴心回转 300°。这种移置式布料杆的优点是构造简单、加工容易、安装方便、操作灵活、造价低、维修简便；转移迅速，甚至可以用塔吊随着楼层施工升运和转移，也可自由地在施工楼面上流水作业段转移；独立性强，无须依赖其他的构件。缺点是工作幅度、有效作业面积较小，上楼要借助于塔式起重机，不便施工。

管柱式机动布料杆由多节钢管组成的立柱、三节式臂架、泵管、转台、回转机构、操作平台、爬梯、底座等构成。在钢管立柱的下部设有液压爬升机构，借助爬升套架梁，可以在楼层电梯井、楼梯间或预留孔筒中逐层向上爬升。管柱式机动布料杆可作360°回转，最大工作幅度为17m，最大垂直输送高度为16m，有效作业面积为900m²；通常情况下，管柱式机动布料杆适合于塔形高层建筑和筒仓式建筑施工，受高度限制较少，但由于立管固定依附在构筑物上，水平距离会受到一定的限制。

装在塔式起重机上的布料杆，最大特点是借助于塔式起重机。根据塔式起重机的形式不同可分为装在行走式塔式起重机上的布料杆和装在爬升式塔式起重机上的布料杆两类。行走式机动性好，布料作业范围较大，但输送高度受限制，装在爬升式可随塔式起重机的上升而不断升高，因而输送高度较大，但由于塔身是固定的，所以使用的幅度受到限制。

2.3.5 混凝土泵送机械的安全操作

1）机械操作和喷射操作人员应密切联系，送风、加料、停机、停风以及发生堵塞等应相互协调配合。

2）在喷嘴的前方或左右5m范围内不应站人，工作停歇时，喷嘴不应对向有人方向。

3）作业中，暂停时间超过1h，一定要将仓内及输料管内的干混合料（不加水）全部喷出。

4）如输料软管发生堵塞时，可以用木棍轻轻敲打外壁，如敲打无效，可以将胶管拆卸用压缩空气吹通。

5）转移作业面时，供风、供水系统也应随之移动，输料软管不应随地拖拉和折弯。

6）作业后，一定要将仓内和输料软管内的干混合料（不含水）全部喷出，再将喷嘴拆下清洗干净，并清除喷射机外部黏附的混凝土。

7）支腿应全部伸出并支固，未支固前不应启动布料杆。布料杆升离支架后方可以回转。布料杆伸出时应按顺序进行。严禁用布料杆起吊或拖拉物件。

8）当布料杆处于全伸状态时，严禁移动车身。作业中需要移动时，应将上段布料杆折叠固定，移动速度不超过10km/h。布料杆不应使用超过规定直径的配管，装接的软管应系防脱安全绳带。

9）应随时监视各种仪表和指示灯，发现不正常应及时调整或处理。如出现输送管道堵塞时，应进行逆向运转使混凝土返回料斗，必要时应拆管排除堵塞。

10）泵送工作应连续作业，必须暂停时应每隔5～10min（冬季3～5min）泵送一次。如果停止较长时间后泵送时，应逆向运转1～2个行程，然后顺向泵送。泵送时料斗内应保持一定量的混凝土，不应吸空。

11）应保持水箱内储满清水，如果发现水质浑浊并有较多砂粒时应及时检查处理。

12）泵送系统受压力时，不应开启任何输送管道和液压管道。液压系统的安全阀不应任意调整，蓄能器只能充入氮气。

13）作业后，必须先将料斗内和管道内的混凝土全部输出，然后对泵机、料斗、管道进行冲洗。用压缩空气冲洗管道时，管道出口端前方10m内不应站人，并应用金属网篮等收集冲出的泡沫橡胶及砂石粒。

14）严禁用压缩空气冲洗布料杆配管。布料杆的折叠收缩应按顺序进行。

15）将两侧活塞运转到清洗室并涂上润滑油。

16）各部位操纵开关、调整手柄、手轮、控制杆、旋塞等均应复位。液压系统卸荷。

2.4 脚 手 架

2.4.1 扣件式钢管脚手架

1. 基本架构

扣件式钢管脚手架的基本架构形式如图2-16所示。

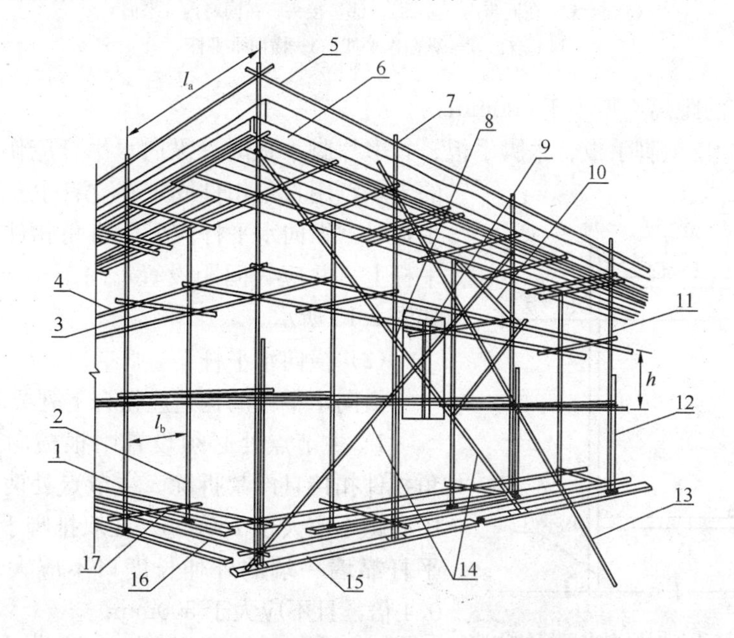

图2-16 扣件式钢管脚手架的基本构架形式

1—外立杆；2—内立杆；3—横向水平杆；4—纵向水平杆；5—栏杆；
6—挡脚板；7—直角扣件；8—旋转扣件；9—连墙件；10—横向斜撑；
11—主立杆；12—副立杆；13—抛撑；14—剪刀撑；
15—垫板；16—纵向扫地杆；17—横向扫地杆

2. 构造要求

（1）纵向水平杆

纵向水平杆的构造应符合下列要求：

1）纵向水平杆宜设置在立杆内侧，其长度不宜小于3跨。

2）纵向水平杆接长宜采用对接扣件连接，也可以采用搭接。对接、搭接应符合下列规定：纵向水平杆的对接扣件应交错布置；两根相邻纵向水平杆的接头不宜设置在同步或同跨内；不同步或不同跨两个相邻接头在水平方向错开的距离不应小于500mm；各接头中心至最近主节点的距离不宜大于纵距的1/3，如图2-17所示。

3）搭接长度不得小于1m，应等间距设置3个旋转扣件固定，端部扣件盖板边缘至搭接

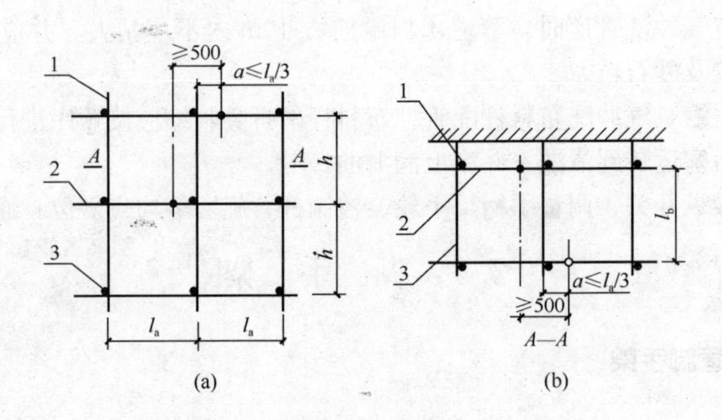

图 2-17　纵向水平杆对接接头布置

（a）接头不在同步内（立面）；（b）接头不在同跨内（平面）

1—立杆；2—纵向水平杆；3—横向水平杆

纵向水平杆杆端的距离不得小于 100mm。

4）当使用冲压钢脚手板、木脚手板、竹串片脚手板时，纵向水平杆应作为横向水平杆的支座，用直角扣件固定在立杆上；当使用竹笆脚手板时，纵向水平杆应采用直角扣件固定在横向水平杆上，并应等间距设置，间距不应大于 400mm，如图 2-18 所示。

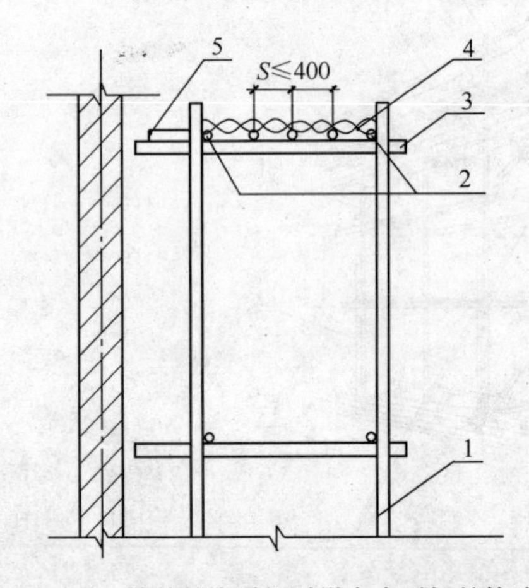

图 2-18　铺竹笆脚手板时纵向水平杆的构造

1—立杆；2—纵向水平杆；3—横向水平杆；

4—竹笆脚手板；5—其他脚手板

（2）横向水平杆

横向水平杆的构造应符合下列要求：

1）主节点处必须设置一根横向水平杆，用直角扣件扣接且严禁拆除。主节点处两个直角扣件的中心距不应大于 150mm。在双排脚手架中，横向水平杆靠墙一端的外伸长度口不应大于立杆横距的 0.4 倍，且不应大于 500mm。

2）作业层上非主节点处的横向水平杆，宜根据支承脚手板的需要等间距设置，最大间距不应大于纵距的 1/2。

3）当使用冲压钢脚手板、木脚手板、竹串片脚手板时，双排脚手架的横向水平杆两端均应采用直角扣件固定在纵向水平杆上；单排脚手架的横向水平杆的一端，应用直角扣件固定在纵向水平杆上，另一端应插入墙内，插入长度不应小于 180mm。

4）使用竹笆脚手板时，双排脚手架的横向水平杆两端，应用直角扣件固定在立杆上；单排脚手架的横向水平杆的一端，应用直角扣件固定在立杆上，另一端应插入墙内，插入长度亦不小于 180mm。

（3）脚手板

脚手板的设置应符合下列要求：

1）作业层脚手板应铺满、铺稳；

2）冲压钢脚手板、木脚手板、竹串片脚手板等，应设置在三根横向水平杆上。当脚手板长度小于 2m 时，可以采用两根横向水平杆支承，但应将脚手板两端与其可靠固定，严防倾翻。脚手板的铺设可采用对接平铺，也可搭接平铺。脚手板对接平铺时，接头处必须设两根横向水平杆，脚手板外伸长度应取130～150mm，两块脚手板外伸长度之和不应大于300mm；脚手板搭接铺设时，接头必须支在横向水平杆上，搭接长度不应小于200mm，其伸出横向水平杆的长度不应小于100m，如图2-19所示。

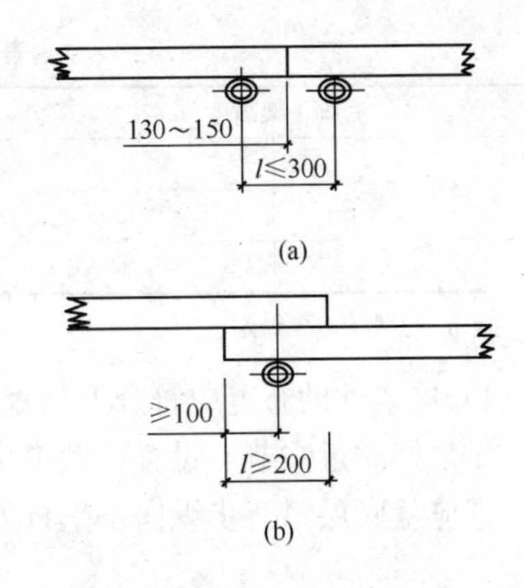

图2-19 脚手板对接、搭接构造
(a) 脚手板对接；(b) 脚手板搭接

(4) 立杆

每根立杆底部应设置底座或垫板。

脚手架必须设置纵、横向扫地杆。纵向扫地杆应采用直角扣件固定在距底座上皮不大于200mm处的立杆上。横向扫地杆也应采用直角扣件固定在紧靠纵向扫地杆下方的立杆上。当立杆基础不在同一高度上时，一定要将高处的纵向扫地杆向低处延长两跨与立杆固定，高低差不应大于1m。靠边坡上方的立杆轴线到边坡的距离不应小于500mm，脚手架底层步距不应大于2m，如图2-20所示。

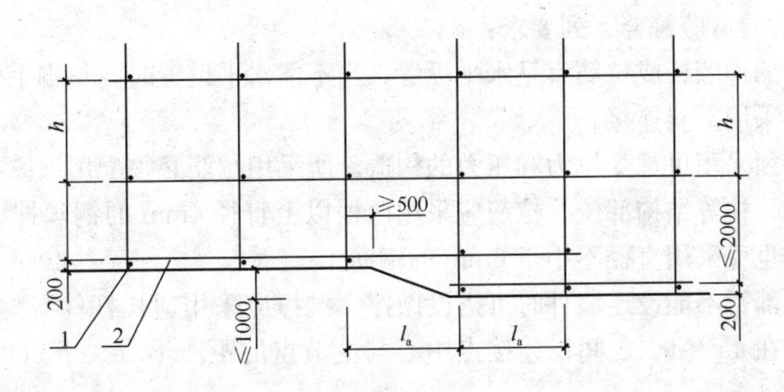

图2-20 纵、横向扫地杆构造（图中改为≤1000）
1—横向扫地杆；2—纵向扫地杆

立杆必须用连墙件与建筑物可靠连接，连墙件布置间距宜按规范构造要求采用。

立杆接头除顶层顶步可以采用搭接外，其余各层各步接头一定要采用对接扣件连接。对接、搭接应符合下列要求。

1) 立杆上的对接扣件应交错布置：两根相邻立杆的接头不应设置在同步内，同步内隔一根立杆的两个相隔接头在高度方向错开的距离不宜小于500mm；各接头中心至主节点的距离不宜大于步距的1/3。

2) 搭接长度不得小于1m，应采用不少于2个旋转扣件固定，端部扣件盖板的边缘至杆端距离不得小于100mm。

立杆顶端宜高出女儿墙上皮1m，高出檐口上皮1.5m。双管立杆中副立杆的高度不得低于3步，钢管长度不得小于6m。

(5) 连墙件

连墙件数量的设置除应满足规范计算要求外，应符合表2-1的规定。

表 2-1 连墙件布置最大间距

脚手架高度		竖向间距（m）	水平间距（m）	每根连墙件覆盖面积（m^2）
双　排	≤50m	$3h$	$3l_a$	≤40
	>50m	$2h$	$3l_a$	≤27
单　排	≤24m	$3h$	$3l_a$	≤40

注：h—步距，l_a—纵距。

1）连墙件的布置应符合下列规定：

①最好靠近主节点设置，偏离主节点的距离不得大于 300mm。

②应从底层第一步纵向水平杆处开始设置，当该处设置有困难时，应采用其他可靠措施固定。

③宜优先采用菱形布置，也可以采用方形、矩形布置。

④一字形、开口型脚手架的两端一定要设置连墙件，连墙件的垂直间距不应大于建筑物的层高，并不得大于 4m（2 步）。

对高度在 24m 以下的单、双排脚手架，最好采用刚性连墙件与建筑物可靠连接，也可采用拉筋和顶撑配合使用的附墙连接方式。严禁使用仅有拉筋的柔性连墙件。

对高度 24m 以上的双排脚手架，一定要采用刚性连墙件与建筑物可靠连接。

2）连墙件的构造应符合下列要求：

①连墙件中的连墙杆或拉筋宜呈水平设置，当不能水平设置时，与脚手架连接的一端应下斜连接，不应采用上斜连接。

②连墙件必须采用可承受拉力和压力的构造。所采用拉筋必须配用顶撑，顶撑应可靠地顶在混凝土圈梁、柱等结构部位。拉筋应采用两根以上直径 4mm 的钢丝拧成一股，使用时不应少于 2 股；也可采用直径不小于 6mm 的钢筋。

当脚手架下部暂不能设连墙件时可搭设抛撑。抛撑应采用通长杆件与脚手架可靠连接，与地面的倾角应在 45°～60°之间；连接点中心与主节点的距离不应大于 300mm。抛撑应在连墙件搭设后方可拆除。

架高超过 40m 且有风涡流作用时，应采取抗上升翻流作用的连墙措施。

（6）门洞

单、双排脚手架门洞最好采用上升斜杆、平行弦杆桁架结构型式，如图 2-21 所示，斜杆与地面的倾角 α 应在 45°～60°之间。

1）门洞桁架的型式最好按下列要求确定：

①当步距（h）小于纵距（l_a）时，应采用 A 型。

②当步距（h）大于纵距（l_a）时，应采用 B 型，并应符合下列要求：h=1.8m 时，纵距不应大于 1.5m；h=2.0m 时，纵距不应大于 1.2m。

2）单、双排脚手架门洞桁架的构造应满足下列要求：

①单排脚手架门洞处，应在平面桁架（如图 2-21 所示的 *ABCD*）的每一节间设置一根斜腹杆；双排脚手架门洞处的空间桁架，除下弦平面外，应在其余 5 个平面内的图示节间设置一根斜腹杆（如图 2-21 所示的 1—1、2—2、3—3 剖面）。

②斜腹杆最好采用旋转扣件固定在与之相交的横向水平杆的伸出端上，旋转扣件中心线至主节点的距离不宜大于 150mm。当斜腹杆在一跨内跨越 2 个步距（如图 2-22 所示的 A 型）时，最好在相交的纵向水平杆处，增设一根横向水平杆，将斜腹杆固定在其伸出端上。

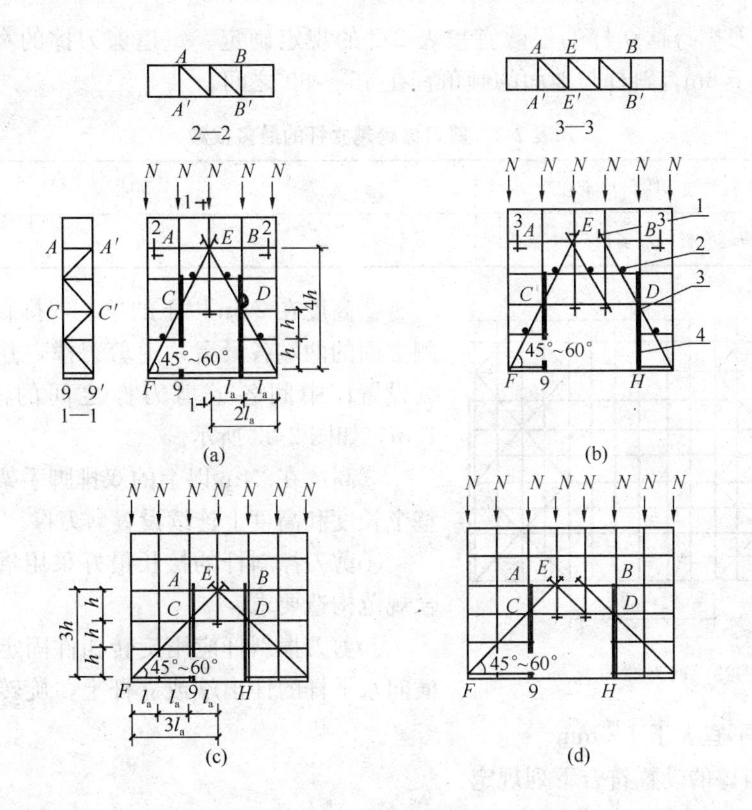

图 2-21　门洞处上升斜杆、平行弦杆桁架

1—防滑扣件；2—增设的横向水平杆；3—副立杆；4—主立杆

(a) 挑空一根立杆（A 型）；(b) 挑空二根立杆（A 型）；

(c) 挑空一根立杆（B 型）；(d) 挑空二根立杆（B 型）

③斜腹杆最好采用通长杆件，当必须接长使用时，最好采用对接扣件连接，也可采用搭接，搭接构造应符合规范的规定。

单排脚手架过窗洞时应增设立杆或增设一根纵向水平杆，如图 2-22 所示。

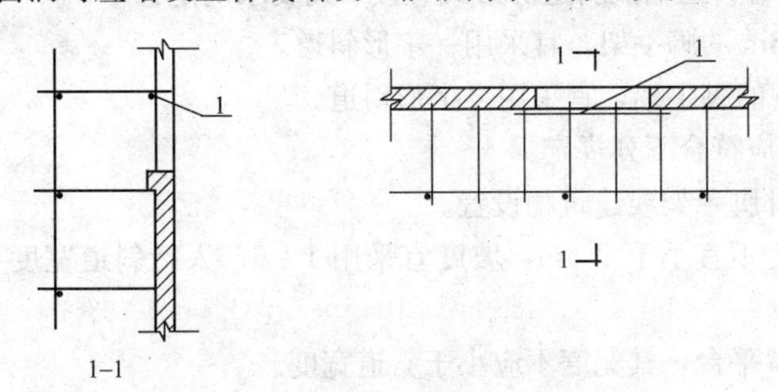

图 2-22　单排脚手架过窗洞构造

1—增设的纵向水平杆

门洞桁架下的两侧立杆应为双管立杆，副立杆高度应高于门洞口 1～2 步。

门洞桁架中伸出上下弦杆的杆件端头，均应增设一个防滑扣件，如图 2-22 所示，该扣件宜紧靠主节点处的扣件。

(7) 剪刀撑与横向斜撑

双排脚手架应设剪刀撑与横向斜撑，单排脚手架应设剪刀撑。

①每道剪刀撑跨越立杆的根数宜按表 2-2 的规定确定。每道剪刀撑的宽度不应小于 4 跨，且不得小于 6m，斜杆与地面的倾角宜在 45°～60°之间。

表 2-2　剪刀撑跨越立杆的最多根数

剪刀撑斜杆与地面的倾斜角 α（°）	45	50	60
剪刀撑跨越立杆的最多根数	7	6	5

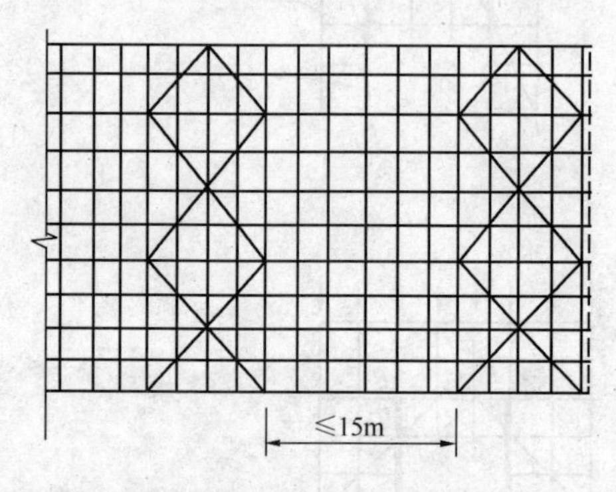

图 2-23　剪刀撑布置

②高度在 24m 以下的单、双排脚手架，应在外侧立面的两端各设置一道剪刀撑，并应由底至顶连续设置；中间各道剪刀撑之间的净距不应大于 15m，如图 2-23 所示。

③高度在 24m 以上的双排脚手架应在外侧立面整个长度和高度上连续设置剪刀撑。

④剪刀撑斜杆的接长最好采用搭接，搭接应符合规范构造要求。

⑤剪刀撑斜杆应用旋转扣件固定在与之相交的横向水平杆的伸出端或立杆上，旋转扣件中心线至主节点的距离不宜大于 150mm。

2）横向斜撑的设置符合下列规定：

①横向斜撑应在同一节间，由底至顶呈之字形连续设置，斜撑的固定应与门洞桁架斜腹杆要求相同。

②一字形、开口型双排脚手架的两端必须设置横向斜撑，中间宜每隔 6 跨设置一道。

③高度在 24m 以下的封闭型双排脚手架可不设横向斜撑，高度在 24m 以上的封闭型脚手架，除拐角应设置横向斜撑外，中间应每隔 6 跨设置一道。

（8）斜道

1）人行并兼作材料运输的斜道的形式宜按下列要求确定：

①高度不大于 6m 的脚手架，宜采用一字形斜道。

②高度大于 6m 的脚手架，宜采用之字形斜道。

2）斜道的构造应符合下列规定：

①斜道宜附着外脚手架或建筑物设置。

②运料斜道宽度不宜小于 1.5m，坡度宜采用 1∶6；人行斜道宽度不宜小于 1m，坡度宜采用 1∶3。

③拐弯处应设置平台，其宽度不应小于斜道宽度。

④斜道两侧及平台外围均应设置栏杆及挡脚板。栏杆高度应为 1.2m，挡脚板高度不应小于 180mm。

⑤运料斜道两侧、平台外围和端部均应按规范规定设置连墙件；每两步应加设水平斜杆；应按规范规定设置剪刀撑和横向斜撑。

3）斜道脚手板构造应符合下列规定：

①脚手板横铺时，应在横向水平杆下增设纵向支托杆，支托杆间距不应大于 500mm。

②脚手板顺铺时，接头宜采用搭接：下面的板头应压住上面的板头，板头的凸棱处宜采

用三角木填顺。

③人行斜道和运料斜道的脚手板上应每隔 250～300mm 设置一根防滑木条，木条厚度宜为 20～30mm。

(9) 模板支架

1) 模板支架立杆的构造应满足下列要求：

①模板支架立杆的构造应符合规范关于脚手架立杆底部、扫地杆、底层步距、立杆接长的规定。

②支架立杆应竖直设置，2m 高度的垂直允许偏差为 15mm。

③设在支架立杆根部的可调底座，当其伸出长度超过 300mm 时，应采取可靠措施固定。

④当梁模板支架立杆采用单根立杆时，立杆应设在梁模板中心线处，其偏心距不应大于 25mm。

2) 满堂模板支架的支撑设置应符合下列规定：

①满堂模板支架四边与中间每隔四排支架立杆应设置一道纵向剪刀撑，由底至顶连续设置。

②高于 4m 的模板支架，其两端与中间每隔 4 排立杆从顶层开始向下每隔 2 步设置一道水平剪刀撑。

③剪刀撑的构造应符合规范关于脚手架剪刀撑的构造规定。

2.4.2 碗扣式钢管脚手架

1. 基本构造

碗扣式钢管脚手架目前主构件采用用量最多的扣件式钢管脚手架 $\phi48\times3.5$ 焊接钢管，钢管上每隔一定距离安装一套碗扣接头制成。碗扣分上碗扣和下碗扣，下碗扣焊在钢管上，上碗扣对应地套在钢管上，其销槽对准焊在钢管上的限位销即能上下滑动。横杆是在钢管两端焊接横杆接头制成。连接时，只需将横杆接头插入下碗扣内，将上碗扣沿限位销扣下，并且顺时针旋转，靠上碗扣螺旋面使之与限位销顶紧，以便将横杆和立杆牢固地连在一起，形成框架结构。每个下碗扣内可同时装 4 个横杆接头，位置任意。接头构造如图 2-24 所示。

另外，碗扣式钢管脚手架还配套设计了多种功用的辅助构件，如可以调底座，可以调托撑、脚手板、架梯、挑梁、悬挑架、提升滑轮、安全网支架等。

2. 主要功能特点

(1) 多功能

能组成不同组架尺寸、形状和承载能力的单排和双排脚手架、支撑架、物料提升架、爬升脚手架、悬挑架等，也可用于搭设施工棚、料棚、灯塔等构筑物。

(2) 高功效

该脚手架常用杆件中最长为 3130mm，重约 17kg。横杆与立杆的拼拆快速省力，工人用一把铁锤即可完成全部作业。

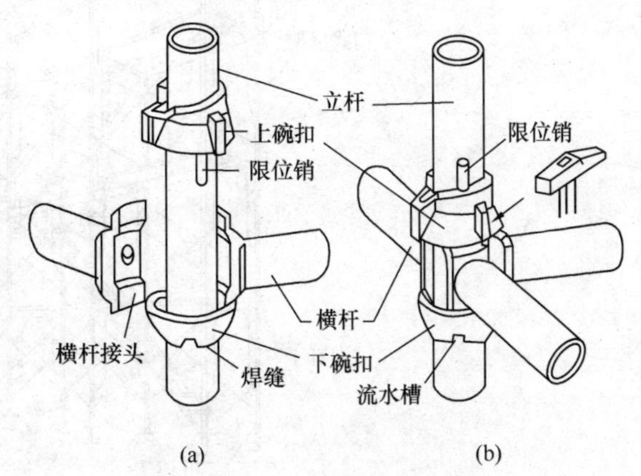

图 2-24　碗扣接头构造

(a) 连接前；(b) 连接后

（3）承载力大

立杆连接是同轴心承插；横杆同立杆靠碗扣接头连接，各杆件轴心线交于一点，节点在框架平面内，接头具有可靠的抗弯、抗剪、抗扭力学性能。所以，结构稳固可靠，承载力大。

（4）安全可靠

接头设计时，考虑到上碗扣螺旋摩擦力和自重力作用，使接头具有可靠的自锁能力。作用于横杆上的荷载通过下碗扣传递给立杆，下碗扣具有很强的抗剪能力。上碗扣即使没被压紧，横杆接头也不致脱出而造成事故。同时配备有安全网支架、脚手板、挡脚板、架梯、挑梁、连墙撑杆等配件，使用安全可靠。

（5）加工容易

主构件用 $\phi48\times3.5$ 焊接钢管，制造工艺简单，成本适中，可直接对现有扣件式脚手架进行加工改造，不需要复杂的加工设备。

（6）不丢失

该脚手架无零散易丢失扣件，把构件丢失减少到最小程度。

（7）维修少

试脚手架没有螺栓连接，耐碰磕，一般锈蚀不影响拼拆作业，不需特殊养护、维修。

2.4.3 门式脚手架

1. 基本构造

门式脚手架可以用于高层外脚手架，也可用作模板支架和工具式里脚手架。门式脚手架由千斤顶底座、门式框架、腕臂锁扣、十字撑、承插连接扣、梯子、脚手板、脚手板托梁框架、扶手拉杆、桁架式托梁等部件组成，如图 2-25 所示。

2. 搭设要求

门式脚手架尺寸为：高 1700～1950mm，宽 914～1219mm，搭设高度通常为 25m，最

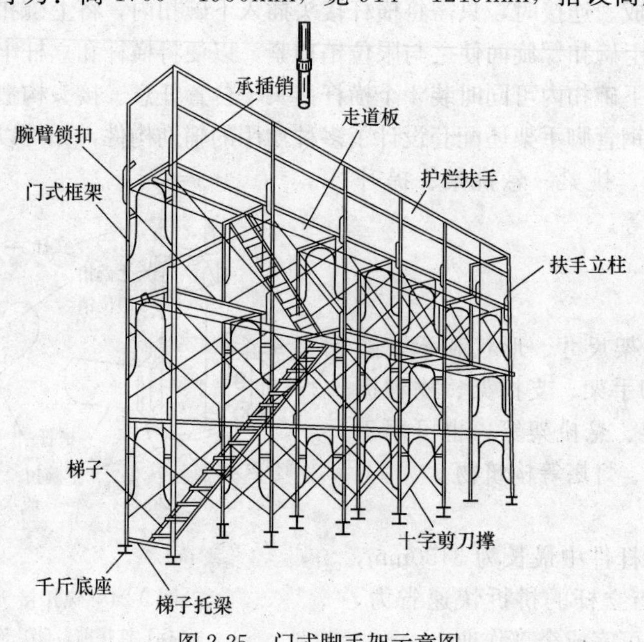

图 2-25　门式脚手架示意图

高不得超过 45m。垂直和水平方向每隔 4～6m 应设一扣墙管与外墙连接，整幅脚手架的转角应用钢管通过扣件扣紧在相邻两个门架上。当门型架架设超过 10 层应加设辅助支撑，通常在高 8～11 层门型架之间，宽在 5 个门型架之间，加设一组，使部分荷载由墙体承受。当脚手架高度超过 45m 时，可以在两步架子上同时作业；当总高度为 19～38m 时，可以在 3 步架子上作业；当高度为 17m 时，允许在 4 步架子上同时作业。

3. 组装与维护

(1) 组装前的准备工作

组装门架之前，场地一定要整平，在下层立框的底部要安装底座，基础有高差时，应使用可调底座。门架部件运到现场，应逐个检查，如有质量不符要求，应及时修整或调换。组装前还必须做好施工设计，并讲清操作要求。

(2) 组装方法和要求

立框组装要保持垂直，相邻立框间应保持平行，立框两侧要设置交叉斜撑。要求使用时，斜撑不会松动。在最上层立框和每隔三层以内立框必须设置横框或钢脚手板，横框或钢脚手板的锁紧器应与立框的横杆锁固住。用连接管进行立框之间的高度连接，并要求立框连接能保持垂直度。

(3) 使用要求

立框的每个立杆容许荷重为 25kN，每一单元的容许荷重为 100kN。横框在承受中心集中荷重时，容许荷重为 2kN，承受均布荷重时为每横框 4kN。可调底座的容许荷载为 50kN，连墙杆的容许荷重为 5kN，在使用过程中，要增加施工荷载时，必须先经过核算，要经常清扫脚手板上的积雪、雨水、砂浆及垃圾等杂物。对电线、电灯的架设需要采取安全措施。同时每隔 30m 应接装一组地线，安上避雷针。在钢脚手板上搁放预制构件或设备时，必须铺设垫木，避免荷载集中，压坏脚手板。

(4) 拆除和维护管理要求

拆除门式脚手架时，应用滑轮或绳索吊下，严禁从高处向下摔。拆除的部件应及时清理，如果因碰撞等造成变形、开裂等情况，应及时校正、修补或加固，使各部件保持完好。拆除的门架部件应按规格分类堆放，不可任意交叉堆放。门架尽可能放在场棚内。如露天堆放时，应选地势平坦干燥之处，地下用砖垫平，同时盖上雨布，以防生锈。

门式脚手架作为专用施工工具，应切实加强管理责任制，尽量建立专职机构，进行专职管理和维修，积极推行租赁制，制定使用管理奖惩办法，从而利于提高周转使用次数和减少损耗。

2.4.4 附着式升降脚手架

附着式升降脚手架是一种用于高层和超高层建筑施工的工具式外脚手架。这种脚手架采用各种形式的架体结构和附着支承结构，依靠设置于架体上或工程结构上的专用升降设备实现脚手架本身的升降。目前使用的附着升降脚手架，适用于高度小于 150m 的高层和超高层建筑或高耸构筑物，而且不携带施工用外模板。如果使用高度超过 150m 或携带施工用外膜板时，则需要在设计时对风荷载取值、架体结构等进行专门研究。

1. 套筒（管）式附着升降脚手架

套筒（管）式附着升降脚手架是由提升机具、操作平台、爬杆、套管（套筒或套架）、横梁、吊环和附墙支座等部件组成，如图 2-26 所示。

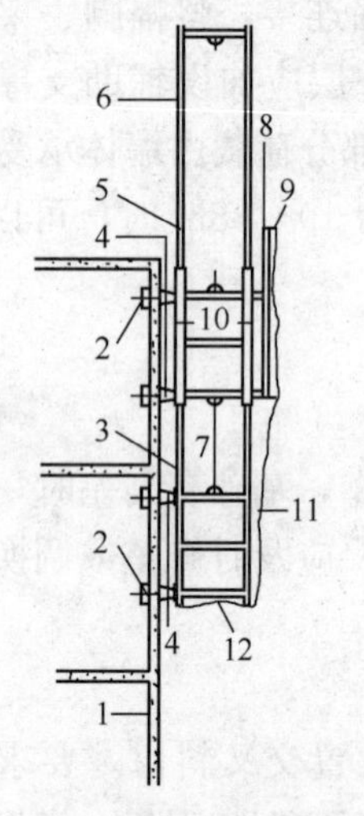

图 2-26 套筒式附着升降脚手架示意图

1—剪力墙；2—穿墙连固螺栓；3—下操作平台；4—附墙支座；5—上操作平台；6—立杆（爬杆）；7—吊环；8—上操作平台护栏；9—钢丝网；10—套筒；11—细眼安全网；12—兜底安全网

提升机具应采用起重量为 1.5～2t 的手拉葫芦（倒链）。

操作平台是脚手架的主体，又分为上操作平台（也称小爬架）和下操作平台（也称大爬架）。下操作平台焊装有细而长的立杆起着爬杆的作用。上操作平台与套管或套筒联结成一体，可以沿爬杆爬升或下降，套管或套筒在爬架升降过程中起着导向作用。在爬杆顶部横梁上，上、下操作平台顶部横梁以及上操作平台底部横梁上均焊装有安装手拉葫芦用的吊环。此外各操作平台面向混凝土墙体的一侧均焊装有 4 个附墙支座，其中两个在上，两个在下，通过穿墙螺栓联结作用，使爬架牢固地附着在混凝土墙体上。

在这种爬升脚手架的上操作平台上，工人可以进行钢筋绑扎、大模板安装与校正，在预留孔处安装穿墙钢管、浇灌混凝土以及拆除大模板等作业。

套筒式附着升降脚手架的爬升有以下几个过程：

1）首先拔出爬架上操作平台的 4 个穿墙螺栓。

2）将手拉葫芦挂在爬杆顶端横梁吊环上。

3）启动手拉葫芦，提升上操作平台。

4）使上操作平台向上爬升到预留孔位置，插好穿墙螺栓，拧紧螺母，将上操作平台固定牢靠。

5）将手拉葫芦挂在上操作平台的横梁吊环上。

6）松动下操作平台附墙支座的穿墙螺栓。

7）启动手拉葫芦，将下操作平台提升到上操作平台原所在的预留孔位置处。

8）安装穿墙螺栓并加以紧固，使下操作平台牢固地附着在混凝土墙体上，爬升脚手架至此完成向上爬升一个楼层的全过程，如此反复进行，爬升到顶层完成混凝土浇筑作业，如图 2-27 所示。

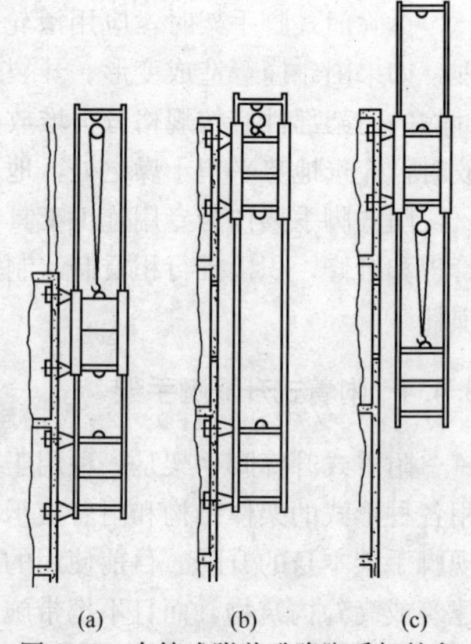

图 2-27 套筒式附着升降脚手架的爬升过程示意图

(a) 爬升脚手架爬升；(b) 用手拉葫芦提升上操作平台；(c) 用手拉葫芦提升下操作平台

套筒式附着升降脚手架的下降过程是爬升的逆过程。工人可以登上操作平台进行外墙粉刷及其他装饰作业。

2. 整体式附着升降脚手架

整体式附着升降脚手架或称整体提升脚手架，其具有省工、省料、结构简单、提升时间短等特点，并且能够满足高层建筑结构、装修阶段施工要求，主要用于框架结构。

整体式附着升降脚手架由承力架、承重桁架、悬挑钢梁、吊架、电控升降系统、脚手架、防外倾装置、导向轮、附墙临时拉结、安全挡板、安全拉杆、安全网、兜底网、防雷装置、脚手板、抗风浮力拉杆及手拉葫芦等组成，如图 2-28 所示。

整体式附着升降脚手架的提升有以下几个步骤：

1）检查电动葫芦是否挂妥，挑梁安装是否牢固。

2）撤出架体所有人员及杂物（包括材料、施工机具等）。

3）试开动电动葫芦，使电动葫芦与吊架（承力托）之间的吊链拉紧，且处于初始受力状态。

4）拆除（松开）与建筑物的拉结，检查是否有阻碍脚手架体向上升的物件。

5）松解承力托与建筑物相连的螺栓和斜拉杆，观察架体稳定状态。

6）开动电动葫芦开始爬升，爬升过程中指定专人负责观察机具运行以及架体同步情况，如果发现有异常或不同步情况，应立即暂时停机进行检查和调整，整体式附着升降脚手架的提升速度一般为80～100mm/min，每爬升一个层高平均约需1～2h。

7）在架体爬升到位后，应立即安装承力托与混凝土边梁的紧固螺栓，并将承力托的斜拉杆固定于上层混凝土的边梁，然后再安装架体上部与建筑物的各拉节点。

8）检查脚手板及相应的安全措施，切断电动葫芦电源，即可开始使用，进行上一层结构施工。

9）将电动葫芦及悬挑钢梁摘下，用手动葫芦及滑轮组将其倒置上一层相应部位重新安装好，准备下一层爬升。

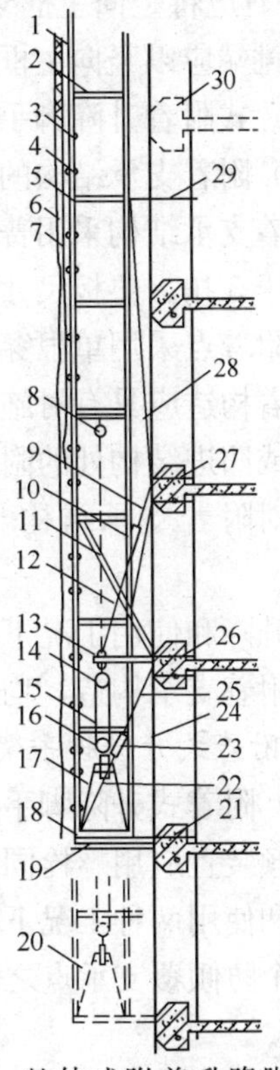

图2-28　整体式附着升降脚手架构造示意图

1—立杆；2—横杆；3—扶手；4—护栏扶手；5—纵向水平杆；6—细眼安全网；7—钢丝网；8—手拉葫芦；9—挑梁拉杆上节；10—挑梁拉杆中节；11—临时固定钢管；12—挑梁拉杆下节；13—挑梁；14—电动葫芦；15—提升链条；16—提升机动滑轮；17—承力架吊架；18—承力架；19—兜底安全网；20—起始提升位置；21—承力架穿梁螺栓；22—承力架拉杆下节；23—承力架拉杆中节；24—导向轮；25—承力架拉杆上节；26—挑梁穿梁螺栓；27—穿梁承重螺栓；28—防外倾装置；29—临时固定钢管；30—待浇筑混凝土梁

3. 附着式升降脚手架的构造要求

（1）附着式升降脚手架架体的尺寸

架体高度不得大于5倍楼层层高；架体宽度不得大于1.2m；直线布置的架体支承跨度不得大于8m；折线或曲线布置的架体支承跨度不得大于5.4m；整体式附着升降脚手架架体的悬挑长度不得大于1/2水平支承跨度和3m；单片式附着升降脚手架架体的悬挑长度不得大于1/4水平支承跨度。升降和使用工况下，架体悬臂高度均不得大于6.0m和2/5架体高度，架体全高与支承跨度的乘积不得大于110m^2。

（2）附着式升降脚手架架体的结构

架体必须在附着支承部位沿全高设置定型加强的竖向主框架，竖向主框架应采用焊接或螺栓连接的片式框架或格构式结构，并且能与水平梁架和架体构架整体作用，且不得使用钢管扣件或碗扣架等脚手架杆件组装。竖向主框架与附着支承结构之间的导向构造不应采用钢管扣件、碗扣架或其他普通脚手架连接方式。

架体水平梁架应满足承载和与其余架体整体作用的要求，采用焊接或螺栓连接的定型桁架梁式结构；当用定型桁架构件不能连续设置时，局部可以采用脚手架杆件进行连接，但其长度不能大于2m，并必须采取加强措施，保证其连接刚度和强度不低于桁架梁式结构。主框架、水平梁架的各节点中，各杆件的轴线应汇交于一点。

架体外立面必须沿全高设置剪刀撑，剪刀撑跨度不应大于6.0m；其水平夹角为45°～

60°，并且应将竖向主框架、架体水平梁架和构架连成一体。

悬挑端应以竖向主框架为中心成对设置对称斜拉杆，其水平夹角应不小于45°。

单片式附着升降脚手架必须采用直线形架体。

（3）附着支承结构的构造

附着支承结构采用普通穿墙螺栓与工程结构连接时，应采用双螺母固定，螺杆露出螺母应不少于3扣。垫板尺寸应按设计确定，且不应小于80mm×80mm×8mm。

当附着点采用单根穿墙螺栓锚固时，应具有防止扭转的措施。

附着构造应具有对施工误差的调整功能，以避免出现过大的安装应力和变形；位于建筑物凸出或凹进结构处的附着支承结构应单独进行设计，确保相应工程结构和附着支承结构的安全；对附着支承结构与工程结构连接处混凝土的强度要求应按计算确定，并不得小于C10。

在升降和使用工况下，确保每一架体竖向主框架能够单独承受该跨全部设计荷载和倾覆作用的附着支承构造，均不应少于两套。

4. 附着式升降脚手架的防护装置

（1）附着式升降脚手架的防倾装置

防倾装置应用螺栓同竖向主框架或附着支承结构连接，不应采用钢管扣件或碗扣方式；在升降和使用两种工况下，位于在同一竖向平面的防倾装置均不应少于两处，并且其最上和最下一个防倾覆支承点之间的最小间距不应小于架体全高的1/3；防倾装置的导向间隙应小于5mm。

（2）附着式升降脚手架的防坠落装置

防坠落装置应设置在竖向主框架部位，且每一竖向主框架提升设备处一定要设置一个；防坠装置必须灵敏、可靠，其制动距离对于整体式附着升降脚手架不应大于80mm，对于单片式附着升降脚手架不应大于150mm；防坠装置应有专门详细的检查方法和管理措施，以保证其工作可靠、有效；防坠装置与提升设备必须分别设置在两套附着支承结构上，如果有一套失效，另一套必须能独立承担全部坠落荷载。

（3）附着式升降脚手架的安全防护

架体外侧必须用密目安全网（≥800目/100cm^2）围挡；密目安全网必须可靠固定在架体上；架体底层的脚手板必须铺设严密，且应用平网及密目安全网兜底。应设置架体升降时底层脚手板可折起的翻板构造，保持架体底层脚手板与建筑物表面在升降和正常使用中的间隙，避免物料坠落；在每一作业层架体外侧必须设置上、下两道防护栏杆（上杆高度1.2m，下杆高度0.6m）和挡脚板（高度180mm）；单片式和中间断开的整体式附着升降脚手架，在使用情况下，其断开处必须封闭并加设栏杆；在升降工况下，架体开口处必须有可靠的避免人员及物料坠落的措施。

附着式升降脚手架在升降过程中，必须保证升降平稳。升降吊点超过两点时，不可以使用手拉葫芦。同步及荷载控制系统应通过控制各提升设备间的升降差和控制各提升设备的荷载来控制各提升设备的同步性，并且应具备超载报警停机、欠载报警等功能。

遇五级及五级以上大风和大雨、大雪、浓雾和雷雨等恶劣天气时，禁止进行升降和拆卸作业，并且应预先对架体采取加固措施。夜间禁止进行升降作业。当附着升降脚手架预计停用超过一个月时，停用前应采取加固措施。当附着式升降脚手架停用超过一个月或遇六级以上大风后复工时，一定要进行安全检查。

2.4.5 其他脚手架

1. 悬挑式脚手架

悬挑式脚手架是从建筑物外缘悬挑出承力构件，并且在其上搭设脚手架，是高层建筑常采用的一种脚手架。这种脚手架可以减轻钢管扣件脚手架底部荷载，较好地适应钢管脚手架稳定性和强度要求，并且可以节约钢管材料的用量，如图 2-29 所示。

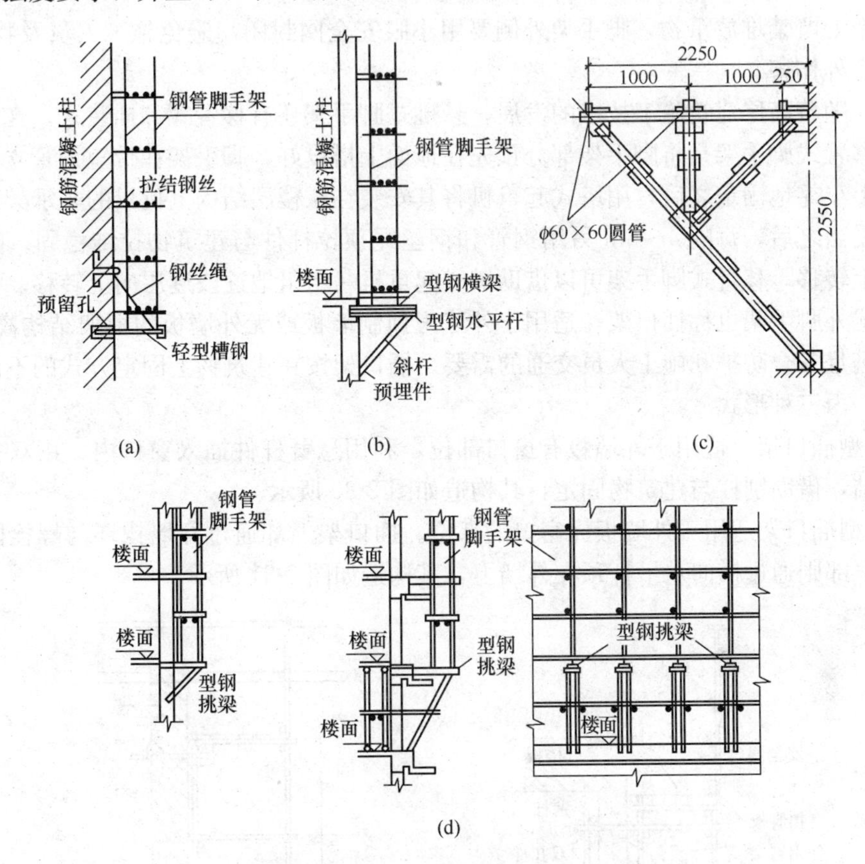

图 2-29　悬挑式钢管扣件脚手架示意图

（a）上挂式外挑脚手架；（b）下撑式外挑脚手架；

（c）三角形悬挑桁架构造；（d）按立柱纵距布设的外挑脚手架

悬挑式脚手架主要由支承架、钢底梁、脚手架支座、脚手架这几部分组成。

支承架大致有以下四种不同的做法：

1）以重型工字钢或槽钢作为挑梁。

2）以轻型型钢为托梁和以钢丝绳为吊杆组成的上挂式支承架。

3）以型钢为托梁和以钢管或角钢为斜撑组成的下撑式支承架。

4）三角形桁架结构支承架。

支承架的布置视柱网而定，最大间距不宜超过 6m。支承架可通过预埋件固定在楼层结构上，或利用杆件和连接螺栓与建筑结构柱联固。支承架的上弦杆可选用［12 或［14，斜撑可用 ϕ89×3mm、ϕ95×3.5mm 或 2L75×5mm 制作，吊杆可选用 6×37-14 钢丝绳。在支承架上用螺栓固定两根Ⅰ20 或Ⅰ24 做成的底梁，工字钢上焊有插装脚手架立杆的钢管底座，其间距为 1.5～2m。

外挑式脚手架为双排外脚手架，并且分段搭设，每段搭设高度一般约 12 步架，每步脚手架间距按 1.8m 计，总高不宜超过 21.6m。脚手架与建筑物外皮的距离为 20cm，每三步脚手架设置一道附着，与建筑物拉结。外挑式脚手架底层应满铺厚木脚手板，其上各层脚手架可满铺薄钢板冲压成型穿孔轻型脚手板。各层脚手架均应备齐护栏、扶手、踢脚板和扶梯马道。

脚手架上严禁堆放重物，脚手架外侧要用小眼安全网封闭，避免施工人员及物料坠落，从而造成意外伤害。

另外，随着高层建筑施工技术的发展，悬挑式脚手架还有移置式和插装式，在工程中均有应用。移置式脚手架是将脚手架部分预先在地面上搭设好，脚手架在带短钢管立柱插座的型钢纵梁上牢靠地固定之后，用塔式起重机将其安装在从楼层结构上挑出的支承架上。待脚手架就位妥当之后，每隔 4～6m 另用钢管和钢丝绳顶拉杆件与建筑物拉结稳固。随着施工作业面向上转移，移置式脚手架可以借助塔式起重机一组组地逐段逐层向上转移。

插装式外脚手架也称插口架，适用于外墙为预制墙板或无外墙板的框架结构高层建筑，它能充分满足安全防护和施工人员交通的需要。插口架按在建筑物上固定方式的不同，可分为甲、乙、丙三种形式。

1）甲型插口架，适用于外墙板有窗口部位，利用悬臂杆件插入窗口内，用双扣件与室内立柱联结，借助别杠与建筑物固定，其构造如图 2-30 所示。

2）乙型插口架适用于外墙板无窗口的部位。插口架上部通过穿墙钩环与螺栓固定在建筑物上，下部则通过横向水平杆顶在外墙上，其构造如图 2-31 所示。

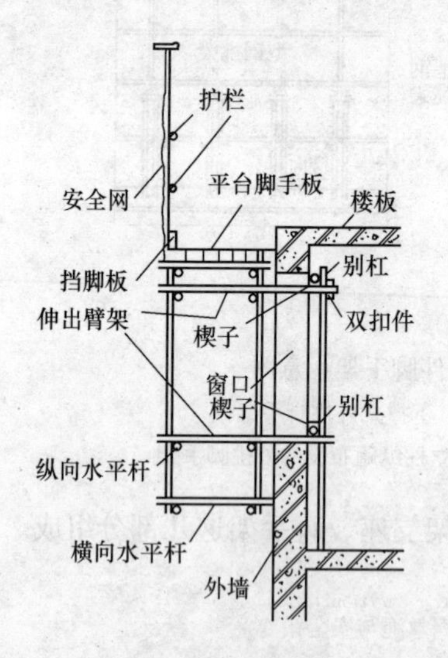

图 2-30　甲型插口架构造示意图

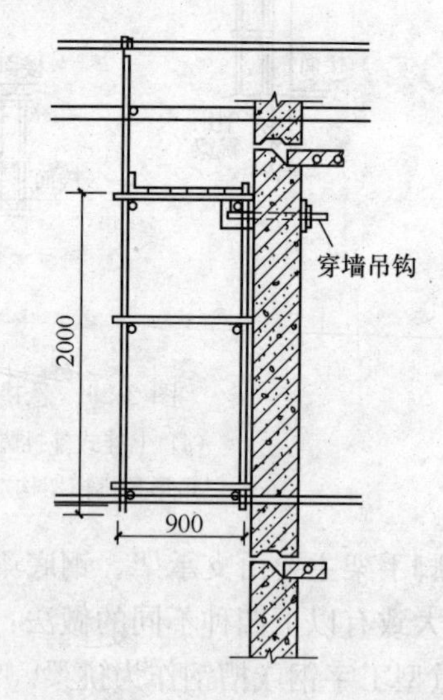

图 2-31　乙型插口架构造示意图

3）丙型插口架可用于无外墙板的钢筋混凝土框架结构高层建筑。插口架底部伸出的横向水平杆支承在楼板上，并且与楼板预埋件连接牢固。插口架的上部则用钢丝绳和花篮螺栓与楼板拉结。钢丝绳花篮拉杆的间距应不大于 2m，其构造如图 2-32 所示。

2. 外挂脚手架

（1）手动吊篮

手动吊篮如图 2-33 所示。

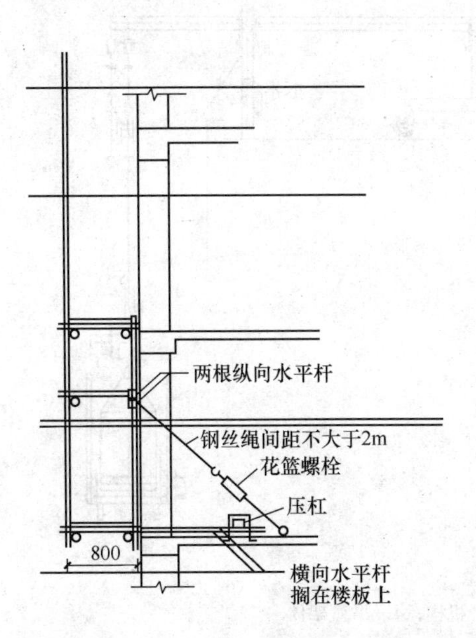

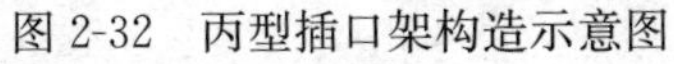
图 2-32　丙型插口架构造示意图

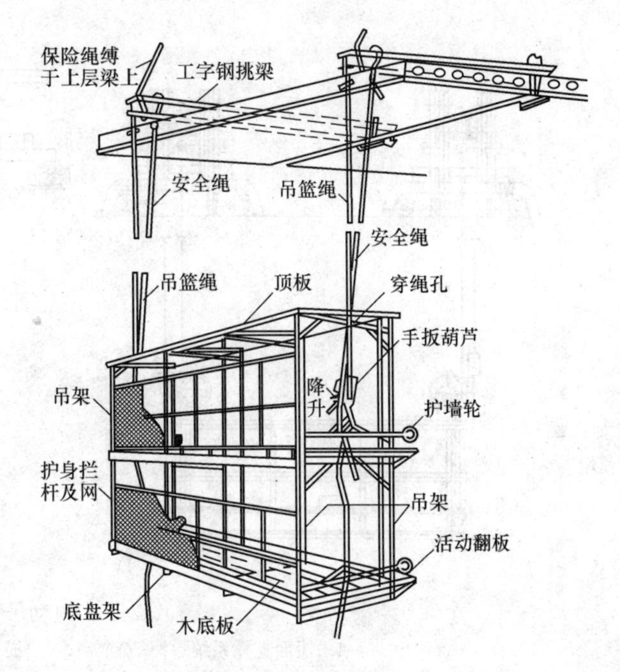

图 2-33　吊篮

安全绳（或称保险绳）与吊篮的连接方式有钢丝绳兜住底部、钢丝绳与安全锁连接两种，如图 2-34 所示。

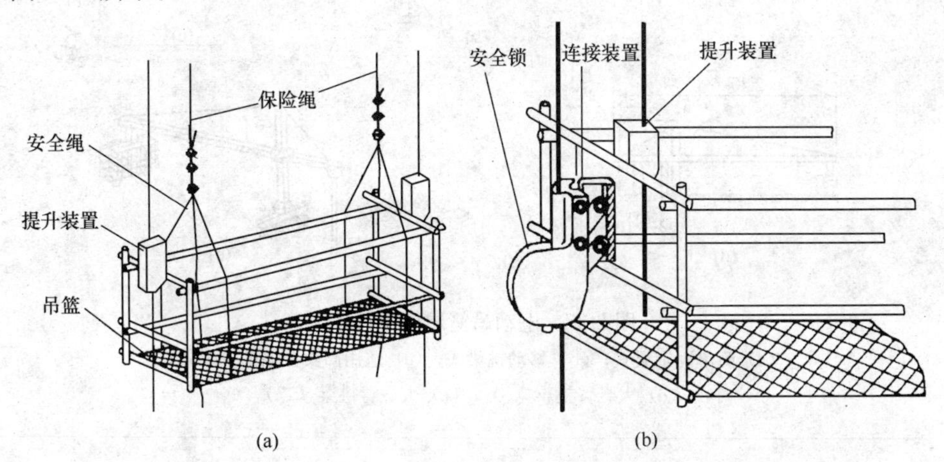

图 2-34　安全绳（或称保险绳）与吊篮的连接方式
(a) 钢丝绳兜住底部；(b) 钢丝绳与安全锁连接

挑梁构造举例如图 2-35 所示。

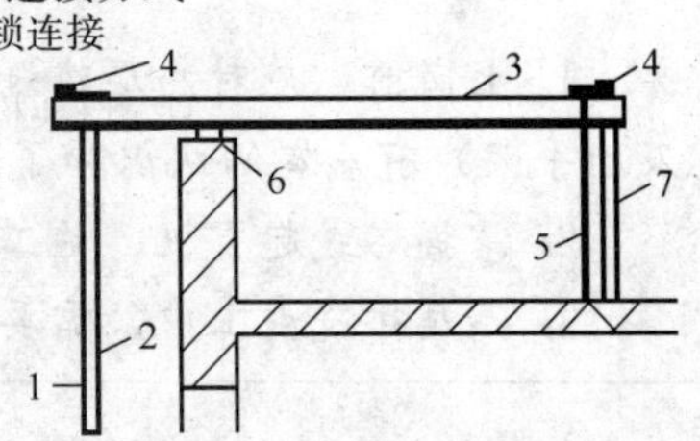

图 2-35　挑梁构造举例
1—钢丝绳；2—安全绳；3—挑梁；4—连接挑梁的水平杆；5—拉杆；6—垫木；7—支柱

(2) 电动吊篮

电动吊篮如图 2-36 所示。

吊篮邻墙一侧设滚轮，底部设脚轮，顶部设护头棚。吊篮可按照需要用标准单元组装成不同长度，如 4～10m。

电动吊篮屋面支撑系统如图 2-37 所示。挑梁可通过脚轮移动，如图 2-37 (e) 所示。

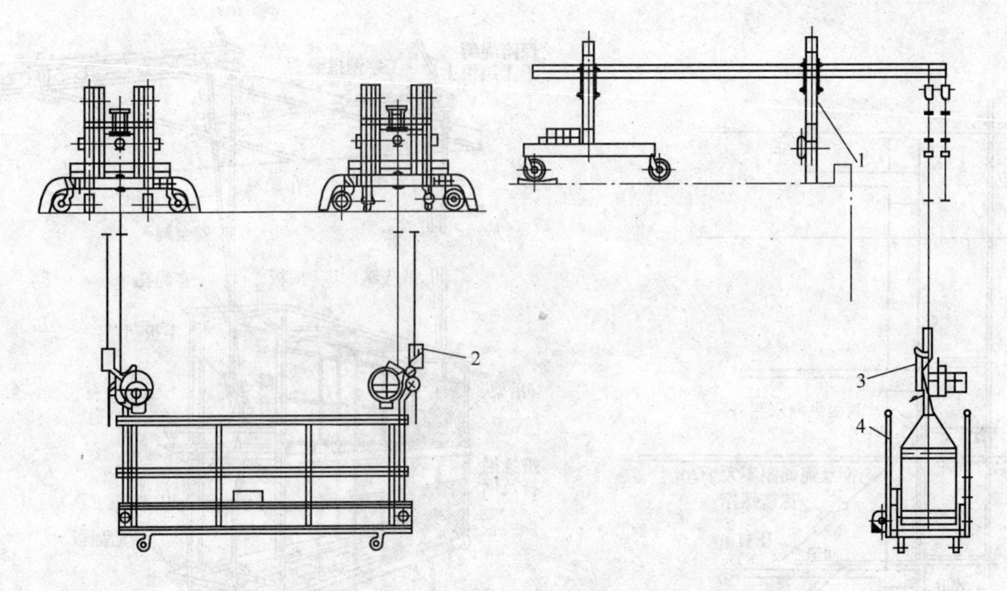

图 2-36　电动吊篮

1—屋面支撑系统；2—安全锁；3—提升机构；4—吊篮架体

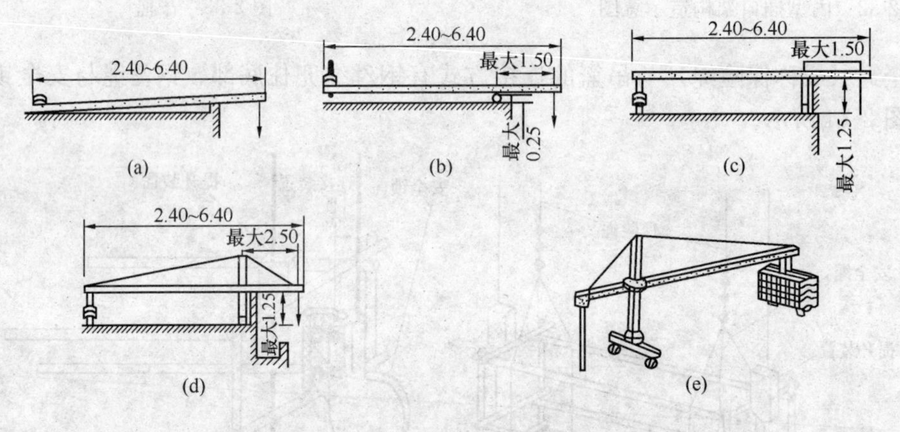

图 2-37　电动吊篮屋面支撑系统

(a) 简单固定梁式；(b) 移动挑梁式；(c) 适用高女儿墙的挑梁式；

(d) 大悬臂挑梁（一）；(e) 大悬臂挑梁（二）

上岗工作要点

1. 上岗前，应对高层建筑施工机具（塔式起重机、施工电梯、泵送混凝土施工机械及脚手架）有基本的认识和了解。

2. 掌握塔式起重机、施工电梯、泵送混凝土施工机械及脚手架的操作要点。

3. 高层建筑施工中，需要使用起重运输机械及脚手架时，能够做出合理的选择。

思　考　题

1. 塔式起重机有什么特点？

2. 塔式起重机的操作要点有哪些？

3. 如何选择施工电梯？

4. 施工电梯应遵循哪些安全方法操作？

5. 混凝土泵送机械的安全操作有哪些？

6. 扣件式钢管脚手架的构造要求有哪些？

7. 碗扣式钢管脚手架的主要功能及特点有哪些？

8. 门式脚手架有哪些搭设要求？

9. 门式脚手架在组装前，应做好哪些准备工作？

10. 附着式升降脚手架应做好哪些安全防护工作？

第3章 基坑支护工程施工

重点提示

1. 了解土钉墙支护，土层锚杆支护，地下连续墙支护，钢管、型钢内撑式支护，轻型井点降水施工，大口井降水施工的施工准备工作。

2. 掌握土钉墙支护，土层锚杆支护，地下连续墙支护，钢管、型钢内撑式支护，轻型井点降水施工，大口井降水施工的施工工艺与质量标准。

3. 了解井点回灌的构造与井点回灌技术。

3.1 土钉墙支护

土钉墙由密集的土钉群、被加固的原位土体、喷射的混凝土面层和必要的防水系统组成，如图3-1所示。

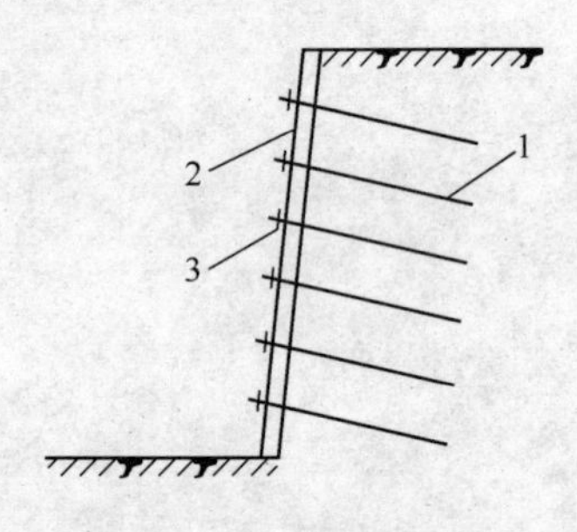

图3-1 土钉墙支护
1—土钉；2—喷射混凝土面层；3—垫板

土钉墙支护工程的适用范围如下：

(1) 适用于可塑、硬塑或坚硬的黏性土，胶结或弱胶结(包括毛细水粘结)的粉土、砂土和角砾，填土、风化岩层等。

(2) 深度不大于12m的基坑支护或边坡加固，一般应用期限不宜超过18个月。

(3) 基坑侧壁安全等级为二、三级。

3.1.1 施工准备

1. 材料要求

(1) 土钉钢筋宜采用HRB335、HRB400钢筋，钢筋直径宜为16～32mm。使用前应调直、除锈、除油。

(2) 优先使用强度等级为P·O32.5的普通硅酸盐水泥。

(3) 采用干净的中粗砂，含泥量应小于5%。

(4) 使用速凝剂时，应做与水泥的相容性试验及水泥浆凝结效果试验。

(5) 钢筋网，钢筋直径宜为6～10mm，间距宜为150～300mm。

2. 作业条件

(1) 有齐全的技术文件和完整的施工方案，并已进行技术交底。

(2) 进行场地平整，拆迁施工区域内的报废建筑物和挖除工程部位地面以下3m内的障碍物，施工现场应有可使用的水源和电源。在施工区域内已设置临时设施并修建施工便道及排水沟，各种施工机具已运到现场，且安装维修试运转正常。

(3) 已进行施工放线，土钉孔位置、倾角已确定；各种备料和配合比及焊接强度经试验可满足设计要求。

3. 土钉墙设计及构造

（1）土钉墙墙面坡度不宜大于1∶0.2。

（2）土钉必须和面层有效连接，应设置承压板或加强钢筋等构造措施，承压板或加强钢筋应与土钉螺栓连接或钢筋焊接连接。

（3）土钉的长度宜为开挖深度的0.5～1.2倍，间距宜为1～2m，呈梅花形或正方形布置，与水平面夹角宜为5°～20°。

（4）土钉钢筋宜采用HRB335、HRB400级钢筋，钢筋直径宜为16～32mm，钻孔直径宜为70～160mm。

（5）注浆材料宜采用水泥浆或水泥砂浆，其强度等级不宜低于20MPa。

（6）喷射混凝土面层宜配置钢筋网，钢筋直径宜为6～10mm，间距宜为150～250mm，喷射混凝土强度等级不宜低于C20，面层厚度不宜小于80mm。

（7）坡面上下段钢筋网搭接长度应不小于一个网格边长或300mm，如为搭接焊则焊接长度单面不小于网片钢筋直径的10倍。

（8）当地下水位高于基坑底面时，应采取降水或截水措施；土钉墙墙顶应采用砂浆或混凝土护面，坡顶和坡脚应设排水措施，坡面上可根据具体情况设置泄水孔。

3.1.2 施工工艺

1. 工艺流程

排水设施的设置 → 基坑开挖 → 边坡处理 → 钻孔 → 插入土钉 → 钢筋 → 注浆 → 铺钢筋网 → 喷射面层混凝土 → 土钉现场测试 → 施工检测

2. 排水设施的设置

（1）水是土钉支护结构最为敏感的问题，不但要在施工前做好降排水工作，还要充分考虑土钉支护结构工作期间地表水及地下水的处理，设置排水构造措施。

（2）基坑四周地表应加以修整并构筑明沟排水和水泥砂浆或混凝土地面，严防地表水向下渗流。

（3）基坑边壁有透水层或渗水土层时，混凝土面层上要做泄水孔，按间距1.5～2.0m均布插设长0.4～0.6m、直径40mm的塑料排水管，外管口略向下倾斜。

（4）为了排除积聚在基坑内的渗水和雨水，应在坑底设置排水沟和集水井。排水沟应离开坡脚0.5～1.0m，严防冲刷坡脚。排水沟和集水井宜采用砖砌并用砂浆抹面以防止渗漏。坑内积水应及时排除。

3. 基坑开挖

（1）基坑要按设计要求严格分层分段开挖，在完成上一层作业面土钉与喷射混凝土面层达到设计强度的70%以前，不得进行下一层土层的开挖。每层开挖最大深度取决于在支护投入工作前土壁可以自稳而不发生滑移破坏的能力，实际工程中常取基坑每层挖深与土钉竖向间距相等。每层开挖的水平分段也取决于土壁自稳能力，且与支护施工流程相互衔接，一般多为10～20m长。当基坑面积较大时，允许在距离基坑四周边坡8～10m的基坑中部自由开挖，但应注意与分层作业区的开挖相协调。

（2）挖土要选用对坡面土体扰动小的挖土设备和方法，严禁边壁出现超挖或造成边壁土体松动。坡面经机械开挖后要采用小型机械或人工进行切削清坡，以使坡度与坡面平整度达到设计要求。

4. 边坡处理

为防止基坑边坡的裸露土体塌陷，对于易塌的土体可采取下列措施：

（1）对修整后的边坡，立即喷上一层薄的混凝土，强度等级不宜低于C20，凝结后再进行钻孔。

（2）在作业面上先构筑钢筋网喷射混凝土面层，钢筋保护层厚度不宜小于20mm，面层厚度不宜小于80mm，而后进行钻孔和设置土钉。

（3）在水平方向上分小段间隔开挖。

（4）先将作业深度上的边壁做成斜坡，待钻孔并设置土钉后再清坡。

（5）在开挖前，沿开挖面垂直击入钢筋或钢管，或注浆加固土体。

5. 设置土钉

（1）若土层地质条件较差时，在每步开挖后应尽快做好面层，即对修整后的边壁立即喷上一层薄混凝土或砂浆；若土质较好的话，可省去该道面层。

（2）土钉设置通常做法是先在土体上成孔，然后置入土钉钢筋并沿全长注浆，也可以是采用专门设备将土钉钢筋击入土体。

6. 钻孔

（1）钻孔前应根据设计要求定出孔位并标记和编号，钻孔时要保证位置正确（上下左右及角度），防止高低参差不齐和相互交错。

（2）钻进时要比设计深度多钻进100～200mm，以防止孔深不够。

（3）采用的机具应符合土层的特点，满足设计要求，在进钻和抽钻杆过程中不得引起土体坍孔。在易坍孔的土体中钻孔时宜采用套管成孔或挤压成孔。

7. 插入土钉钢筋

插入土钉钢筋前要进行清孔检查，若孔中出现局部渗水、塌孔或掉落松土，应立即处理。土钉钢筋置入孔中前，要先在钢筋上安装对中定位支架，以保证钢筋处于孔位中心且注浆后其保护层厚度不小于25mm。支架沿钉长的间距可为2～3m左右，支架可为金属或塑料件，以不妨碍浆体自由流动为宜。

8. 注浆

（1）注浆材料宜选用水泥浆、水泥砂浆。注浆用水泥砂浆的水灰比不宜超过0.4～0.45，当用水泥净浆时水灰比不宜超过0.45～0.5，并宜加入适量的速凝剂等外加剂以促进早凝和控制泌水。

（2）注浆前要验收土钉钢筋安设质量是否达到设计要求。

（3）一般可采用重力、低压（0.4～0.6MPa）或高压（1～2MPa）注浆，水平孔应采用低压或高压注浆。压力注浆时应在孔口或规定位置设置止浆塞，注满后保持压力3～5min。重力注浆以满孔为止，但在浆体初凝前需补浆1～2次。

（4）对于向下倾角的土钉，注浆采用重力或低压注浆时宜采用底部注浆方式，注浆管端部至孔底的距离不宜大于200mm，在注浆同时将导管匀速缓慢地撤出。注浆过程中注浆导管口应始终埋在浆体表面以下，以保证孔中气体能全部逸出。

（5）注浆时要采取必要的排气措施。对于水平土钉的钻孔，应用孔口部压力注浆或分段压力注浆，此时需配排气管并与土钉钢筋绑扎牢固，在注浆前与土钉钢筋同时送入孔中。

（6）向孔内注入浆体的充盈系数必须大于1。每次向孔内注浆时，宜预先计算所需的浆体体积并根据注浆泵的冲程数计算出实际向孔内注入的浆体体积，以确认实际注浆量超过孔内容积。

（7）注浆材料应拌合均匀，随拌随用，一次拌合的水泥浆、水泥砂浆应在初凝前用完。

（8）注浆前应将孔内残留或松动的杂土清除干净。注浆开始或中途停止超过30min时，应用水或稀水泥浆润滑注浆泵及其管路。

（9）为提高土钉抗拔能力，还可采用二次注浆工艺。

9. 铺钢筋网

（1）在喷混凝土之前，先按设计要求绑扎、固定钢筋网。面层内钢筋网片应牢固固定在边壁上并符合设计规定的保护层厚度要求。钢筋网片可用插入土中的钢筋固定，但在喷射混凝土时不应出现振动。

（2）钢筋网片可焊接或绑扎而成，网格允许偏差为±10mm。铺设钢筋网时每边的搭接长度应不小于一个网格边长或300mm，如为搭接焊则单面焊接长度不小于网片钢筋直径的10倍。网片与坡面间隙不小于20mm。

（3）土钉与面层钢筋网的连接可通过垫片、螺帽及土钉端部螺纹杆固定。垫片钢板厚8～10mm，尺寸为200mm×200mm～300mm×300mm。垫板下空隙需先用高强水泥砂浆填实，待砂浆达到一定强度后方可旋紧螺帽以固定土钉。土钉钢筋也可通过井字加强钢筋直接焊接在钢筋网上。

（4）当面层厚度大于120mm时宜采用双层钢筋网，第二层钢筋网应在第一层钢筋网被混凝土覆盖后铺设。

10. 喷射面层

（1）喷射混凝土的配合比应通过试验确定，粗集料宜选用粒径不大于20mm的级配砾石，水灰比宜取0.4～0.45，并应通过外加剂来调节所需工作度和早强时间。当采用干法施工时，应事先对操作人员进行技术考核，以保证喷射混凝土的水灰比和质量达到设计要求。

（2）喷射混凝土前，应对机械设备、风、水管路和电路进行全面检查和试运转。

为保证喷射混凝土厚度达到均匀的设计值，可在边壁上隔一定距离打入垂直短钢筋段作为厚度标志。喷射混凝土的射距宜保持在0.6～1.0m范围内，并使射流垂直于壁面。在有钢筋的部位可先喷钢筋的后方以防止钢筋背面出现空隙。喷射混凝土的路线可从壁面开挖层底部逐渐向上进行，但底部钢筋网搭接长度范围以内先不喷混凝土，待与下层钢筋网搭接绑扎之后再与下层壁面同时喷射混凝土。混凝土面层接缝部分做成45°角斜面搭接。当设计面层厚度超过100mm时，混凝土应分两层喷射，一次喷射厚度不宜小于40mm，且接缝错开。混凝土接缝在继续喷射混凝土之前应清除浮浆碎屑，并喷少量水润湿。

（3）面层喷射混凝土终凝后2h应喷水养护，养护时间宜在3～7d，养护视当地环境条件可采用喷水、覆盖浇水或喷涂养护剂等方法。

（4）喷射混凝土强度可用边长为100mm的立方体试块进行测定。制作试块时，将试模底面紧贴边壁，从侧向喷入混凝土，每批至少留取3组（每组3块）试件。

11. 土钉现场测试

土钉支护施工必须进行土钉的现场抗拔试验，应在专门设置的非工作钉上进行抗拔试验。

12. 施工监测

（1）土钉的施工监测应包括下列内容：

1）支护位移、沉降的观测；地表开裂状态（位置、裂宽）的观察。

2）附近建筑物和重要管线等设施的变形测量和裂缝宽度观测。

3）基坑渗漏水和基坑内外地下水位的变化。

在支护施工阶段，每天监测不少于1～2次；在支护施工完成后、变形趋于稳定的情况下每天1次。监测过程应持续至整个基坑回填结束为止。

(2) 观测点的设置：每个基坑观测点的总数不宜少于3个，间距不宜大于30m。其位置应选在变形量最大或局部条件最为不利的地段。观侧仪器宜用精密水准仪和精密经纬仪。

(3) 当基坑附近有重要建筑物等设施时，也应在相应位置设置观测点，在可能的情况下，宜同时测定基坑边壁不同深度位置处的水平位移，以及地表距基坑边壁不同距离处的沉降。

(4) 应特别加强雨天和雨后的监测，以及对各种可能危及支护安全的水害来源（如场地周围生产、生活用水，上下水管、贮水池罐、化粪池漏水，人工井点降水的排水，因开挖后土体变形造成管道漏水等）进行观察。

(5) 在施工开挖过程中，基坑顶部的侧向位移与当时的开挖深度之比超过3‰（砂土中）和4‰（一般黏性土）时应密切加强观察，分析原因并及时对支护采取加固措施，必要时增用其他支护方法。

3.1.3 质量标准

1. 主控项目

土钉的长度应符合设计要求。

2. 一般项目

(1) 土钉工程所用原材料、钢材、水泥浆、水泥砂浆性能必须符合设计要求。

(2) 土钉的直径、标高、深度和倾角必须符合设计要求。

(3) 土钉的试验和监测必须符合设计和施工规范的规定。

(4) 土钉墙支护工程质量检验标准见表3-1。

表3-1 土钉墙支护工程质量检验标准

项	序	检查项目	允许偏差或允许值		检查方法
			单位	数值	
主控项目	1	土钉长度	mm	±30	钢尺量
	2	土钉抗拔试验	设计要求		现场测试
一般项目	1	土钉位置	mm	±100	钢尺量
	2	钻孔倾斜度	°	±1	测钻孔机具倾角
	3	浆体强度	设计要求		试样送检
	4	注浆量	大于理论计算浆量		检查计量数据
	5	土钉墙面厚度	mm	±10	钢尺量
	6	面层混凝土强度	设计要求		试样送检

3.2 土层锚杆支护

锚杆支护结构是挡土结构与外拉系统相结合的一种深基坑组合式支护结构，主要由挡土支护结构、腰梁和锚杆三部分组成。

3.2.1 深基坑干作业成孔锚杆支护

1. 施工准备

（1）材料要求

1）预应力杆体材料宜选用钢绞线、高强度钢丝或高强螺纹钢筋。当预应力值较小或锚杆长度小于20m时，预应力筋也可采用HRB335级或HRB400级钢筋。

2）水泥浆体材料：水泥应选用普通硅酸盐水泥，必要时可采用抗硫酸盐水泥，不得使用高铝水泥。细集料应选用粒径小于2mm的中细砂。采用符合要求的水质，不得使用污水，不得使用pH值小于4.5的酸性水。

3）外加剂：外加剂的加入应保证水泥浆拌合后，水泥浆中的氯化物总含量不超过水泥重量的0.1%。

4）润滑脂：不得将不同材质的润滑脂混合使用。

5）隔离架应由钢、塑料或其他对杆体无害的材料制作，不得使用木质隔离架。

6）防腐材料：在锚杆服务年限内，应保持其耐久性，在规定的工作温度内或张拉过程中不开裂、变脆或成为流体，不得与相邻材料发生不良反应，应保持其化学稳定性和防水性，不得对锚杆自由段的变形产生约束。

（2）作业条件

1）在锚杆施工前，应根据设计要求、土层条件和环境条件，制定施工方案，合理选择施工设备、器具和工艺方法。

2）根据施工方案的要求和机器设备的规格、型号，平整出保证安全和足够施工的场地。

3）开挖边坡，按锚杆尺寸取2根进行钻孔、穿筋、灌浆、张拉、锚定等工艺试验，并做抗拔试验，检验锚杆质量及施工工艺和施工设备的适应性。

4）在施工区域内设置临时设施，修建施工便道及排水沟，安装临时水电线路，搭设钻机平台，将施工机具设备运进现场，并安装维修试运行，检查机械、钻具、工具等是否完好安全。

5）施工前，要认真检查原材料型号、品种、规格及锚杆各部件的质量，并检查原材料的主要技术性能是否符合设计要求。

6）进行施工放线，定出挡土墙、桩基线和各个锚杆孔的孔位及锚杆的倾斜角。

7）锚杆施工前护坡桩已施工完毕，护坡桩工艺参见第4章中4.1桩基施工的相关内容。

8）在土方施工的同时，留设张拉锚杆工作面（一般为锚位以下50cm）。

2. 施工工艺

（1）工艺流程

确定孔位 → 钻机就位 → 调整角度 → 钻孔并清孔 → 安装锚索 → 一次注浆 → 二次高压灌浆 → 安装钢腰梁及锚头 → 张拉 → 锚头锁定 ……→ 下一层锚杆施工

（2）确定孔位

钻孔位置直接影响到锚杆的安装质量和力学效果，钻孔前应由技术人员按施工方案要求定出孔位，标注醒目的标志，不可由钻机机长目测定位，要随时注意调整好锚孔位置（上下左右及角度），防止高低参差不齐和相互交错。

（3）钻机就位

确定孔位后，将钻机移至作业平台，调试检查。

（4）调整角度

钻机就位后，由机长调整钻杆钻进角度，并经现场技术人员用量角仪检查合格后，方可正式开钻。另外，要特别注意检查钻杆左右倾斜度。

（5）钻孔并清孔

1）锚杆机就位前应先检查钻杆端部的标高、锚杆的间距是否符合设计要求。就位后必须调整钻杆，符合设计的水平倾角，并保证钻杆的水平投影垂直于坑壁，经检查无误后方可钻进。

2）钻进时应根据工程地质情况，控制钻进速度，防止憋钻。遇到障碍物或异常情况应及时停钻，待情况清楚后再钻进或采取相应措施。

3）钻至设计要求深度后，空钻慢慢出土，以减少拔钻杆时的阻力，然后拔出钻杆。

4）清孔、锚杆组装和安放：安放锚杆前，干式钻机应采用洛阳铲等手工方法将附在孔壁上的土屑或松散土清除干净。

（6）安装锚索

1）每根钢绞线的下料长度＝锚杆设计长度＋腰梁的宽度＋锚索张拉时端部最小长度（与选用的千斤顶有关）。

2）钢绞线自由段部分应涂满黄油并套入塑料管，两端绑牢，以保证自由段的钢绞线能伸缩自由。

3）捆扎钢绞线隔离架，沿锚杆长度方向每隔1.5m设置一个。

4）锚索加工完成，经检查合格后，小心运至孔口。入孔前将ϕ15mm镀锌管（做注浆管）平行并入一起，然后将锚索与注浆管同步送入孔内，直到孔口外端剩余最小张拉长度为止。如发现锚索安插入孔内困难，说明钻孔内有黏土堵塞，不要再继续用力插入，使钢绞线与隔离架脱离，应拔出并清除出孔内的黏土，重新安插到位。

（7）一次注浆

1）宜选用灰砂比1∶1～1∶2，水灰比为0.38～0.45的水泥砂浆或水灰比为0.45～0.50的纯水泥浆，必要时可加入一定的外加剂或掺合料。

2）在灌浆前将管口封闭，接上压浆管，即可进行注浆，浇筑锚固体，灌浆是土层锚杆施工中的一道关键工序，必须认真执行并作好记录。

3）一次灌浆法只用一根灌浆管，利用泥浆泵进行灌浆，灌浆管端距孔底300～500mm处，待浆液流出孔口时，用水泥袋纸等捣塞入孔口，并用湿黏土封堵孔口，严密捣实，再以2～4MPa的压力进行补灌，要稳压数分钟灌浆才告结束。

4）第一次灌浆，其压力为0.3～0.5MPa，流量为100L/min。水泥砂浆在上述压力作用下流向钻孔。第一次灌浆量根据孔径和锚固段的长度而定。第一次灌浆后可将灌浆管拔出以重复使用。

（8）二次高压灌浆

1）宜选用水灰比0.45～0.55的纯水泥浆。

2）待第一次灌注的浆液初凝后，进行第二次灌浆，控制压力为2.5～5MPa左右，并稳压2min，浆液冲破第一次灌浆体，向锚固体与土的接触面之间扩散，使锚固体直径扩大，增加径向压应力。由于压力注浆使锚固体周围的土受到压缩，孔隙比减小，含水量减少，也提高了土的内摩擦角，因此，二次灌浆法可以显著提高土层锚杆的承载能力。

3）二次灌浆法要用两根灌浆管，第一次灌浆用灌浆管的管端距离锚杆末端50cm左右，管底出口处用黑胶布等封住，以防沉放时土进入管口。第二次灌浆用灌浆管的管端距离锚杆末端100cm左右，管底出口处亦用黑胶布封住，且从管端50cm处开始向上每隔2m左右做出1m长的花管，花管的孔眼为ϕ8mm，花管段数视锚固段长度而定。

4）注浆前用水引路，润湿，检查输浆管道；注浆后及时用水清洗搅浆、压浆设备和灌浆管等，在灌浆体硬化之前，不能承受外力或由外力引起的锚杆位移。

（9）安装钢腰梁及锚头

1）根据现场测量挡土结构的偏差，加工异型支撑板，进行调整，使腰梁承压面在同一平面上，使腰梁受力均匀。

2）将工字钢组装焊接成箱型腰梁，用吊装机械进行安装。

3）安装时，根据锚杆角度，调整腰梁的受力面，保证与锚杆作用力方向垂直。

（10）张拉

1）张拉前要校核千斤顶，检查锚具硬度，清擦孔内油污、泥浆，还要处理好腰梁表面锚索孔口使其平整，避免张拉应力集中，加垫钢板，然后用0.1～0.2轴向拉力设计值N_t对锚杆预张拉1～2次，使杆体完全平直，各部位接触紧密。

2）张拉力要根据实际所需的有效张拉力和张拉力的可能松弛程度而定，一般按设计轴向力的75%～85%进行控制。

3）当锚固段的强度大于15MPa并达到设计强度等级的75%后方可进行张拉。

4）张拉时宜先使横梁与托架紧贴，然后再用千斤顶进行整排锚杆的正式张拉，宜采用跳拉法或往复式张拉法以保证钢筋或钢绞线与横梁受力均匀。

5）张拉过程中，按照设计要求张拉荷载分级及观测时间进行，每级加荷等级观测时间内，测读锚头位移不应少于3次。当张拉等级达到设计拉力时，保持10min（砂土）至15min（黏性土）3次，每次测读位移值不大于1mm才算变位趋于稳定，否则继续观察其变位，直至趋于稳定方可。

（11）锚头锁定

1）考虑到设计要求张拉荷载要达到设计拉力而锁定荷载为设计拉力的70%，张拉时的锚头处不放锁片，张拉荷载达到设计拉力后，卸荷到0，然后在锚头安插锁片，再张拉到锁定荷载。

2）张拉到锁定荷载后，锚片锁紧或拧紧螺母，完成锁定工作。

（12）分层开挖并做支护，进入下一层锚杆施工

工艺同上。

3. 质量标准

（1）主控项目

1）锚杆工程所用原材料、钢材、水泥浆及水泥砂浆强度等级必须符合设计要求。

2）锚固体的直径、标高、深度和倾角必须符合设计要求。

3）锚杆的组装和安放必须符合《岩土锚杆（索）技术规程》（CECS 22—2005）的要求。

4）锚杆的张拉、锁定和防锈处理必须符合设计和施工规范的要求。

5）土层锚杆的试验和监测必须符合设计和施工规范的规定。

（2）一般项目

1）水泥、砂浆及接驳器必须经过试验并符合设计和施工规范的要求，有合格的试验资料。

2）在进行张拉和锁定时，台座的承压面应平整，并与锚杆的轴线方向垂直。

3）进行基本试验时，所施加最大试验荷载（Q_{max}）不应超过钢丝、钢绞线、钢筋强度标准值的0.8倍。

4）锚具应有防腐措施。

5）土层锚杆施工质量检验标准应符合表3-2的规定。

表3-2　土层锚杆施工质量检验标准

项　　目	检查项目	允许偏差或允许值	检查方法
主控项目	锚杆长度（mm）	±30	钢尺量
	锚杆锁定力	符合设计要求	测力计
一般项目	锚杆位置（mm）	±100	钢尺量
	钻孔倾斜度（°）	±1	测钻机倾角
	注浆量（m^3）	大于理论计算浆量	检查计量数据

3.2.2　深基坑湿作业成孔锚杆支护

1. 施工准备

（1）材料要求

1）预应力杆体材料宜选用钢绞线、高强度钢丝或高强螺纹钢筋。当预应力值较小或锚杆长度小于20m时，预应力筋也可采用HRB335级或HRB400级钢筋。

2）水泥浆体材料：水泥应选用普通硅酸盐水泥，必要时可采用抗硫酸盐水泥，不得使用高铝水泥。细集料应选用粒径小于2mm的中细砂。采用符合要求的水质，不得使用污水，不得使用pH值小于4的酸性水。

3）外加剂、润滑脂。

4）隔离架应由钢、塑料或其他杆体无害的材料制作，不得使用木质隔离架。

5）防腐材料：在锚杆服务年限内，应保持其耐久性，在规定的工作温度内或张拉过程中不开裂、不变脆或成为流体，不得与相邻材料发生不良反应，应保持其化学稳定性和防水性，不得对锚杆自由段的变形产生约束。

6）塑料套管材料：应具有足够的强度，保证其在加工和安装过程中不致损坏，具有抗水性和化学稳定性，与水泥砂浆和防腐剂接触无不良反应。

（2）作业条件

1）在锚杆施工前，应根据设计要求、土层条件和环境条件，制定施工方案，合理选择施工设备、器具和工艺方法。

2）根据施工方案要求和机器设备的规格、型号，平整出保证安全和足够施工的场地。

3）开挖边坡，按锚杆尺寸取2根进行钻孔、穿筋、灌浆、张拉、锚定等工艺试验，并做抗拔试验，检验锚杆质量，以检验施工工艺和施工设备的适应性。

4）在施工区域内设置临时设施，修建施工便道及排水沟，安装临时水电线路，搭设钻机平台，将施工机具设备运进现场，并安装维修试运行，检查机械、钻具、工具等是否完好安全。

5）施工前，要认真检查原材料型号、品种、规格及锚杆各部件的质量，并检查原材料的主要技术性能是否符合设计要求。

6）进行施工放线，定出挡土墙、桩基线和各个锚杆孔的孔位及锚杆的倾斜角。

7）施工时，要挖好排水沟、沉淀池、集水坑；准备好潜水泵，使成孔时排出的泥水通过排水沟排到沉淀池，再入集水坑用水泵抽出，同时准备好钻孔用水。

8）锚杆施工前护坡桩已施工完毕，护坡桩工艺参见桩基础施工工艺相关内容。

9）在土方施工的同时，留设张拉锚杆工作面（一般为锚位以下50cm）。

2. 施工工艺

（1）工艺流程

钻机就位 → 校正孔位调整角度 → 打开水源 → 钻孔 → 反复提内钻杆冲洗 → 接内套管钻杆及外套管 → 继续钻进至设计孔深 → 清孔 → 停水，拔内钻杆 → 插放钢绞线束及注浆管 → 压注水泥浆 → 用拔管机拔外套管并二次注浆 → 养护 → 安装钢腰梁及锚头 → 预应力张拉 → 锁定 …… → 下一层锚杆施工

（2）钻机就位

确定孔位后，将钻机移至作业平台，调试检查。

（3）校正孔位，调整角度

1）钻孔位置直接影响到锚杆的安装质量和力学效果，因此，钻孔前应由技术人员按施工方案要求定出孔位，标注醒目的标志，不可由钻机机长目测定位。因此要随时注意调整好锚孔位置（上下左右及角度），防止高低参差不齐和相互交错。

2）钻机就位后，由机长调整钻杆钻进角度，并经现场技术人员用量角仪检查合格后，方可正式开钻。另外，要特别注意检查钻杆左右倾斜度。

（4）打开水源、钻孔

1）先启动水泵注水钻进。

2）钻孔采用带有护壁套管的钻孔工艺，套管外径为150mm。严格掌握钻孔的方位，调正钻杆，符合设计的水平倾角，并保证钻杆的水平投影垂直于坑壁，经检查无误后方可钻进。

3）钻进时应根据工程地质情况，控制钻进速度。遇到障碍物或异常情况应及时停钻，待情况清楚后再钻进或采取相应措施。钻孔深度大于锚杆设计长度200mm。

4）钻孔达到设计要求深度后，应用清水冲洗套管内壁，不得有泥砂残留。

5）护壁套管应在钻孔灌浆后方可拔出。

（5）反复提内钻杆冲洗

每节钻杆在接杆前，一定要反复冲洗外套管内泥水，直到清水溢出。

（6）接内套管钻杆及外套管

1）接装内套管。

2）安外套管时要停止供水，把丝扣处泥砂清除干净，抹上少量黄油，要保证接的套管与原有套管在同一轴线上。

（7）继续钻进至设计孔深

(8) 清孔

湿式钻机应采用清水将孔内泥土冲洗干净。

(9) 停水、拔内钻杆

待冲洗干净后停水，然后退出内钻杆，逐节拔出后，用测量工具测深并作记录。

(10) 插放钢绞线束及注浆管

1) 每根钢绞线的下料长度＝锚杆设计长度＋腰梁的宽度＋锚索张拉时端部最小长度(与选用的千斤顶有关)。

2) 钢绞线自由段部分应涂满黄油，并套入塑料管，两端绑牢，以保证自由段的钢绞线能自由伸缩。

3) 捆扎钢绞线隔离架，沿锚杆长度方向按设计间距设置。

4) 锚索加工完成，经检查合格后，小心运至孔口。入孔前将 ϕ15mm 镀锌管（做注浆管）平行并入一起，然后将锚索与注浆管同步送入孔内，直到孔口外端剩余最小张拉长度为止。如发现锚索安插入管内困难，说明钻管内有黏土堵管，不要再继续用力插入，使钢绞线与隔离架脱离，随后把钻管拔出，清除出孔内的黏土，重新在原位钻孔到位。

(11) 压注水泥浆

1) 宜选用灰砂比 1∶1～1∶2，水灰比为 0.38～0.45 的水泥砂浆或水灰比 0.45～0.50 的纯水泥浆，必要时可加入一定的外加剂或掺合料。

2) 在灌浆前将管口封闭，接上压浆管，即可进行注浆，浇筑锚固体。灌浆是土层锚杆施工中的一道关键工序，必须认真执行并记录。

3) 一次灌浆法只用一根灌浆管，利用泥浆泵进行灌浆，灌浆管端距孔底 20cm 左右，待浆液流出孔口时，用水泥袋纸等捣塞入孔口，并用湿黏土封堵孔口，严密捣实，再以 2～4MPa 的压力进行补灌，要稳压数分钟灌浆才告结束。

4) 第一次灌浆是灌注水泥砂浆，其压力为 0.3～0.5MPa，流量为 100L/min。水泥砂浆在上述压力作用下流向钻孔。第一次灌浆量根据孔径和锚固段的长度而定，第一次灌浆后把灌浆管拔出，可以重复使用。

(12) 二次注浆

1) 宜选用水灰比 0.45～0.55 的纯水泥浆。

2) 待第一次灌注的浆液初凝后，进行第二次灌浆，控制压力为 2.0～5MPa 左右，并稳压 2min，浆液冲破第一次灌浆体，向锚固体与土的接触面之间扩散，使锚固体直径扩大，增加径向压应力。由于挤压作用，使锚固体周围的土受到压缩，孔隙比减小，含水量减少，也提高了土的内摩擦角。因此，二次灌浆法可以显著提高土层锚杆的承载能力。

3) 二次灌浆法要用两根灌浆管，第一次灌浆用灌浆管的管端距离锚杆末端 50cm 左右，管底出口处用黑胶布等封口，以防沉放时土进入管口。第二次灌浆用灌浆管的管端距离锚杆末端 100cm 左右，管底出口处亦用黑胶布封口，且从管端 50cm 处开始向上每隔 2m 左右做出 1m 长的花管，花管的孔眼为 ϕ8mm，花管段数视锚固段长度而定。

4) 注浆前用水引路，润湿，检查输浆管道；注浆后及时用水清洗搅浆、压浆设备和灌浆管等，在灌浆体硬化之前，不能承受外力或由外力引起的锚杆位移。

(13) 养护

注浆完毕后进行养护。

(14) 安装钢腰梁及锚头

1）根据现场测量桩的偏差，加工异型支撑板，进行调整，使腰梁承压面在同一平面上，使腰梁受力均匀。

2）将工字钢组装焊接成箱型腰梁，用吊装机械进行安装。

3）安装时，根据锚杆角度，调整腰梁的受力面，保证与锚杆作用力方向垂直。

（15）预应力张拉

1）张拉前要校核千斤顶，检查锚具硬度，清擦孔内油污、泥浆，还要处理好腰梁表面锚索孔口使其平整，避免张拉应力集中，加垫钢板，然后用0.1～0.2轴向拉力设计值N_t对锚杆预张拉1～2次，使杆体完全平直，各部位接触紧密。

2）张拉力要根据实际所需的有效张拉力和张拉力的可能松弛程度而定，一般按设计轴向力的75%～85%进行控制。

3）当锚固段的强度大于15MPa并达到设计强度等级的75%后方可进行张拉。

4）张拉时宜先使横梁与托架紧贴，然后再进行整排锚杆的正式张拉。宜采用跳拉法或往复式拉法，以保证钢筋或钢绞线与横梁受力均匀。

5）张拉过程中，按照设计要求张拉荷载分级及观测时间进行，每级加荷等级观测时间内，测读锚头位移不应少于3次。当张拉等级达到设计拉力时，保持10min（砂土）至15min（黏性土）3次，每次测读位移值不大于1mm才算变位趋于稳定，否则继续观察其变位，直至趋于稳定方可。

（16）锁定

1）考虑到设计要求张拉荷载要达到设计拉力，而锁定荷载为设计拉力的85%，因此张拉时的锚头处不放锁片，张拉荷载达到设计拉力后，卸荷到零，然后在锚头安插锁片，再张拉到锁定荷载。

2）张拉到锁定荷载后，锚片锁紧或拧紧螺母，完成锁定工作。

（17）分层开挖并做支护，进入下一层锚杆施工

工艺同上。

3. 质量标准

（1）主控项目

1）锚杆工程所用原材料、钢材、水泥浆及水泥砂浆强度等级必须符合设计要求。

2）锚固体的直径、标高、深度和倾角必须符合设计要求。

3）锚杆的组装和安放必须符合《岩土锚杆（索）技术规程》（CECS 22—2005）的要求。

4）锚杆的张拉、锁定和防锈处理必须符合设计和施工规范的要求。

5）土层锚杆的试验和监测必须符合设计和施工规范的规定。

（2）一般项目

1）水泥、砂浆及接驳器必须经过试验并符合设计和施工规范的要求，有合格的试验资料。

2）在进行张拉和锁定时，台座的承压面应平整，并与锚杆的轴线方向垂直。

3）进行基本试验时，所施加最大试验荷载（Q_{max}）不应超过钢丝、钢绞线、钢筋强度标准值的0.8倍。

4）杆体外露长度不宜小于1.2m，锚具应有防腐措施。

5）土层锚杆施工质量检验标准应符合表3-3的规定。

表 3-3　土层锚杆施工质量检验标准

项目	检查项目	允许偏差或允许值	检查方法
主控项目	锚杆长度（mm）	±30	钢尺量
	锚杆锁定力	符合设计要求	测力计
一般项目	锚杆位置（mm）	±100	钢尺量
	钻孔倾斜度（°）	±1	测钻机倾角
	注浆量（m^3）	大于理论计算浆量	检查计量数据

3.3　地下连续墙支护

地下连续墙是在工程开挖土方之前，用特制的挖槽机械在泥浆护壁下每次开挖一个单元槽段的沟槽，待挖至设计深度并清除沉淀的泥渣后，将加工好的钢筋笼吊放入充满泥浆的沟槽内，用导管向沟槽内由沟槽底部开始逐渐向上浇筑混凝土，随着混凝土的浇筑将泥浆置换出来，待混凝土浇筑至设计标高后，一个单元槽段即施工完毕，各个单元槽段之间由特制的接头连接，而形成连续的地下钢筋混凝土墙（图 3-2）。

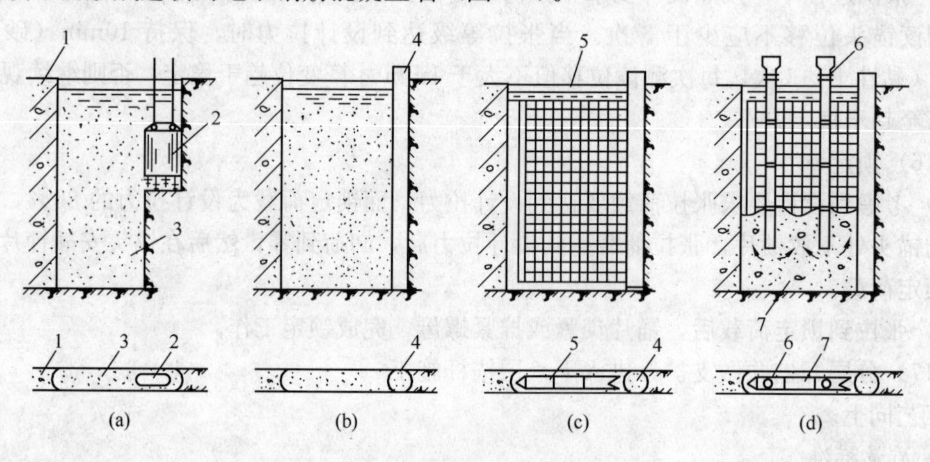

图 3-2　地下连续墙施工程序示意图

（a）成槽；（b）放入接头管；（c）放入钢筋笼；（d）浇筑混凝土成墙

1—已成墙段；2—成槽钻机；3—护壁泥浆；4—接头管；

5—钢筋笼；6—导管；7—混凝土

地下连续墙适用于密集建筑群中深基坑支护及进行逆做法施工，可用于各种地质条件下，包括砂性土层、粒径 50mm 以下的砂砾层中施工等，适用于建造建筑物的地下室、地下商场、停车场、地下油库、挡土墙，高层建筑的深基础、逆做法施工围护结构，工业建筑的深池、坑、竖井等。

3.3.1　施工准备

1. 材料要求

（1）水泥：用 P · S 32.5 矿渣硅酸盐水泥。

（2）砂：宜用级配良好的中、粗砂，含泥量小于 5%。

（3）石子：宜采用卵石。如使用碎石，应适当增加水泥用量及砂率，以保证坍落度及和易性的要求。其最大粒径不应大于导管内径的 1/6 和钢筋最小间距的 1/4，且不大于 40mm。

含泥量小于2%。

(4) 外加剂：可根据需要掺加减水剂、缓凝剂等外加剂，掺入量应通过试验确定。

(5) 钢筋：按设计要求选用，且受力钢筋应选用 HRB335 级或 HRB400 级钢筋，直径不宜小于 ϕ20。构造钢筋宜采用 HPB235 级钢筋，直径不宜小于 ϕ16。应有出厂质量证明书或试验报告单，并应取试样做机械性能试验，合格后方可使用。

(6) 泥浆材料：泥浆由土料、水和掺合物组成。拌制泥浆使用膨润土，细度应为 200～250 目，膨润率 5～10 倍，使用前应取样进行泥浆配合比试验。如采取黏土制浆时，应进行物理、化学分析和矿物鉴定，其黏粒含量应大于 50%，塑性指数大于 20，含砂量小于 5%，二氧化硅与三氧化铝含量的比值宜为 3～4。掺合物有分散剂、增黏剂（CMC）等，外加剂的选择和配方需经试验确定，制备泥浆用水应不含杂质，pH 值为 7～9。

2. 作业条件

(1) 在工程范围内钻探查明地质、地层、土质以及水文情况，为选择挖槽机具、泥浆循环工艺、槽段长度等提供可靠的技术数据，同时进行钻探，摸清地下连续墙部位的地下障碍物情况。

(2) 按设计地面标高进行场地平整，拆迁施工区域内的房屋、通信、电力设施以及上下水管道等障碍物，挖除工程部位地面以下 2m 内的地下障碍物。施工场地周围设置排水系统。

(3) 根据工程结构、地质情况及施工条件制定施工方案，选定并准备机具设备，进行施工部署、平面规划、劳动配备及划分槽段；确定泥浆配合比、配制及处理方法，编制材料、施工机具需用量计划及技术培训计划，提出保证质量、安全及节约等的技术措施。

(4) 按平面及工艺要求设置临时设施，修筑道路，在施工区域设置导墙；安装挖槽、泥浆制配、处理、钢筋加工机具设备；安装水、电线路；进行试通水、试通电、试运转、试挖槽、混凝土试浇灌。

3.3.2 施工工艺

1. 工艺流程

导墙设置 → 槽段开挖 → 泥浆的配置和使用 → 清槽 → 钢筋笼制作及安放 → 水下浇筑混凝土 → 接头施工

2. 导墙设置

(1) 在槽段开挖前，沿连续墙纵向轴线位置构筑导墙，导墙可采用现浇或预制工具式钢筋混凝土导墙，也可采用钢质导墙。

(2) 导墙深度一般为 1～2m，其顶面略高于地面 100～200mm，以防止地表水流入导沟。导墙的厚度一般为 100～200mm，内墙面应垂直，内壁净距应为连续墙设计厚度加施工余量（一般为 40～60mm）。墙面与纵轴线距离的允许偏差为±10mm，内外导墙间距允许偏差±5mm，导墙顶面应保持水平。

(3) 导墙宜筑于密实的地层上，背侧应用黏性土回填并分层夯实，不得漏浆。每个槽段内的导墙应设一个溢浆孔。

(4) 导墙顶面应高出地下水位 1m 以上，以保证槽内泥浆液面高于地下水位 0.5m 以上，且不低于导墙顶面 0.3m。

（5）导墙混凝土强度应达70%以上方可拆模。拆模后，应立即在两片导墙间加支撑，其水平间距为2.0～2.5m，在导墙混凝土养护期间，严禁重型机械通过、停置或作业，以防导墙开裂或变形。

（6）采用预制导墙时，必须保证接头的连接质量。

3. 槽段开挖

（1）挖槽施工前，一般将地下连续墙划分为若干个单元槽段。每个单元槽段有若干个挖掘单元。在导墙顶面划好槽段的控制标记，如有封闭槽段时，必须采用两段式成槽，以免导致最后一个槽段无法钻进。一般普通钢筋混凝土地下连续墙工程挖掘单元长为6～8m，素混凝土止水帷幕工程挖掘单元长为3～4m。

（2）成槽前对成槽设备进行一次全面检查，各部件必须连接可靠，特别是钻头连接螺栓不得有松脱现象。

（3）为保证机械运行和工作平稳，轨道铺设应牢固可靠，道碴应铺填密实。轨道宽度允许误差为±5mm，轨道标高允许误差±10mm。连续墙钻机就位后应使机架平稳，并使悬挂中心点和槽段中心一线。钻机调好后，应用夹轨器固定牢靠。

（4）挖槽过程中，应保持槽内始终充满泥浆，以保持槽壁稳定。成槽时，依排渣和泥浆循环方式分为正循环和反循环。当采用砂泵排渣时，依砂泵是否潜入泥浆中，又分为泵举式和泵吸式。一般采用泵举式反循环方式排渣，操作简便，排泥效率高，但开始钻进须先用正循环方式，待潜水泵电机潜入泥浆中后，再改用反循环排泥。

（5）当遇到坚硬地层或遇到局部岩层无法钻进时，可辅以采用冲击钻将其破碎，用空气吸泥机或砂泵将土渣吸出地面。

（6）成槽时要随时掌握槽孔的垂直精度，应利用钻机的测斜装置经常观测偏斜情况，不断调整钻机操作，并利用纠偏装置来调整下钻偏斜。

（7）挖槽时应加强观测，如槽壁发生较严重的局部坍落时，应及时回填并妥善处理。槽段开挖结束后，应检查槽位、槽深、槽宽及槽壁垂直度等项目，合格后方可进行清槽换浆。在挖槽过程中应做好施工记录。

4. 泥浆的配制和使用

（1）泥浆的性能和技术指标，应根据成槽方法和地质情况而定，一般可按表3-4采用。

表3-4　泥浆的性能和技术指标

项　目	性能指标		检验方法
	一般地层	软弱地层	
密　度	1.04～1.25kg/L	1.05～1.30kg/L	泥浆密度秤
黏　度	18～22s	19～25s	500～700mL漏斗法
胶体率	＞95%	＞98%	100mL量杯法
稳定性	＜0.05g/cm³	＜0.02g/cm³	500mL量筒或稳定计
失水量	＜30mL/30min	＜20mL/30min	失水量仪
pH值	＜10	8～9	pH试纸
泥皮厚度	1.5～3.0mm/30min	1.0～1.5mm/30min	失水量仪
静切力	10～20mg/cm²	20～50mg/cm²	静切力计
含砂量	＜4%～8%	＜4%	含砂量测定器

（2）泥浆必须经过充分搅拌，常用方法有：低速卧式搅拌机搅拌；螺旋桨式搅拌机搅拌；压缩空气搅拌；离心泵重复循环。泥浆搅拌后应在贮浆池内静置 24h 以上。

（3）在施工过程中应加强检查和控制泥浆的性能，定时对泥浆性能进行测试，随时调泥浆配合比，做好泥浆质量检测记录。一般做法是：在新浆拌制后静置 24h，测一次全项（含砂量除外）；在成槽过程中，一般每进尺 1～5m 或每 4h 测定一次泥浆密度和黏度。在成槽结束前测一次密度、黏度；浇灌混凝土前测一次密度。两次取样位置均应在槽底以上 200mm 处。失水量和 pH 值，应在每槽孔的中部和底部各测一次。含砂量可根据实际情况测定，稳定性和胶体率一般在循环泥浆中不测定。

（4）通过沟槽循环或混凝土换置排出的泥浆，如重复使用，必须进行净化再生处理。一般采用重力沉降处理，它是利用泥浆和土渣的密度差使土渣沉淀，沉淀后的泥浆进入贮浆池，贮浆池的容积一般为一个单元槽段挖掘量及泥浆槽总体积的 2 倍以上。沉淀池和贮浆池设在地上或地下均可，但要视现场条件和工艺要求合理配置。如采用原土渣浆循环时，应将高压水通过导管从钻头孔射出，不得将水直接注入槽孔中。

（5）在容易产生泥浆渗漏的土层施工时，应适当提高泥浆黏度和增加储备量，并备堵漏材料。如发生泥浆渗漏，应及时补浆和堵漏，使槽内泥浆保持正常。

5. 清槽

（1）当挖槽达到设计深度后，应停止钻进，仅使钻头空转，将槽底残留的土打成小颗粒，然后开启砂泵，利用反循环抽浆，持续吸渣 10～15min，将槽底钻渣清除干净。也可用空气吸泥机进行清槽。

（2）当采用正循环清槽时，将钻头提高槽底 100～200mm，空转并保持泥浆正常循环，以中速压入泥浆，把槽孔内的浮渣置换出来。

（3）对采用原土造浆的槽孔，成槽后可使钻头空转不进尺，同时射水，待排出泥浆密度降到 1.1 左右，即认为清槽合格。但当清槽后至浇灌混凝土间隔时间较长时，为防止泥浆沉淀和保证槽壁稳定，应用符合要求的新泥浆将槽孔的泥浆全部置换出来。

（4）清理槽底和置换泥浆结束 1h 后，槽底沉渣厚度不得大于 200mm；浇混凝土前槽底沉渣厚度不得大于 300mm，槽内泥浆密度为 1.1～1.25g/cm^3，黏度为 18～22s，含砂量应小于 8%。

6. 钢筋笼制作及安放

（1）钢筋笼的加工制作，要求主筋净保护层为 70～80mm。为防止在插入钢筋笼时擦伤槽面并确保钢筋保护层厚度，宜在钢筋笼上设置定位钢筋环、混凝土垫块。纵向钢筋底端距槽底的距离应有 100～200mm，当采用接头管时，水平钢筋的端部至接头管或混凝土及接头面应留有 100～150mm 间隙。纵向钢筋应布置在水平钢筋的内侧。为便于插入槽内，钢筋底端宜稍向内弯折。钢筋笼的内空尺寸，应比导管连接处的外径大 100mm 以上。

（2）为了保证钢筋笼的几何尺寸和相对位置准确，钢筋笼宜在制作平台上成型。钢筋笼每棱边（横向及竖向）钢筋的交点处应全部点焊，其余交点处采用交错点焊。对成型时临时绑扎的铁丝，宜将线头弯向钢筋笼内侧。为保证钢筋笼在安装过程中具有足够的刚度，除结构受力要求外，尚应考虑增设斜拉补强钢筋，将纵向钢筋形成骨架并加适当附加钢筋。斜拉筋与附加钢筋必须与设计主筋焊牢固。钢筋笼的接头当采用搭接时，为使接头能够承受吊入时的下段钢筋自重，部分接头应焊牢固。

（3）钢筋笼制作允许偏差值为：主筋间距±10mm；箍筋间距±20mm；钢筋笼厚度和宽度±10mm；钢筋笼总长度±50mm。

（4）钢筋笼吊放应使用起吊架，采用双索或四索起吊，以防起吊时固钢索的收紧力而引起钢筋笼变形。同时要注意在起吊时不得拖拉钢筋笼，以免造成弯曲变形。为避免钢筋吊起后在空中摆动，应在钢筋笼下端系上溜绳，用人力加以控制。

（5）钢筋笼需要分段吊入接长时，应注意不得使钢筋笼产生变形，下段钢筋笼入槽后，临时穿钢管搁置在导墙上，再焊接接长上段钢筋笼。钢筋笼吊入槽内时，吊点中心必须对准槽段中心，竖直缓慢放至设计标高，再用吊筋穿管搁置在导墙上。如果钢筋笼不能顺利地插入槽内，应重新吊出，查明原因，采取相应措施加以解决，不得强行插入。

（6）所有用于内部结构连接的预埋件、预埋钢筋等，应与钢筋笼焊牢固。

7. 水下浇筑混凝土

（1）混凝土配合比应符合下列要求：混凝土的实际配置强度等级应比设计强度等级高一级；水泥用量不宜少于 370kg/m^3；水灰比不应大于 0.6；坍落度宜为 18～20cm，并应有一定的流动度保持率；坍落度降低至 15cm 的时间，一般不宜小于 1h；扩散度宜为 34～38cm；混凝土拌合物含砂率不小于 45%；混凝土的初凝时间，应能满足混凝土浇灌和接头施工工艺要求，一般不宜低于 34h。

（2）接头管和钢筋就位后，应检查沉渣厚度并在 4h 以内浇灌混凝土。浇灌混凝土必须使用导管，其内径一般选用 250mm，每节长度一般为 2.0～2.5m。导管要求连接牢靠，接头用橡胶圈密封，防止漏水。导管接头若用法兰连接，应设锥形法兰罩，以防拔管时挂住钢筋。导管在使用前要注意认真检查和清理，使用后要立即将粘附在导管上的混凝土清除干净。

（3）在单元槽段较长时，应使用多根导管浇灌，导管内径与导管间距的关系一般是：导管内径为 150mm、200mm、250mm 时，其间距分别为 2m、3m、4m，且距槽段端部均不得超过 1.5m。为防止泥浆卷入导管内，导管在混凝土内必须保持适宜的埋置深度，一般应控制在 2～4m 为宜。在任何情况下，不得小于 1.5m 或大于 6m。

（4）导管下口与槽底的间距，以能放出隔水栓和混凝土为度，一般比栓长 100～200mm。隔水栓应放在泥浆液面上。为防止粗集料卡住隔水栓，在浇筑混凝土前宜先灌入适量的水泥砂浆。隔水栓用铁丝吊住，待导管上口贮斗内混凝土的存量满足首次浇筑，导管底端能埋入混凝土中 0.8～1.2m 时，才能剪断铁丝，继续浇筑。

（5）混凝土浇灌应连续进行，槽内混凝土面上升速度一般不宜小于 2m/h，中途不得间歇。当混凝土不能畅通时，应将导管上下提动，慢提快放，但不宜超过 300mm。导管不能横向移动。提升导管应避免碰刷钢筋笼。

（6）随着混凝土的上升，要适时提升和拆卸导管，导管底端埋入混凝土以下一般保持 2～4m，不宜大于 6m，并不小于 1m，严禁把导管底端提出混凝土面。

（7）在一个槽段内同时使用两根导管灌注混凝土时，其间距不宜大于 3.0m，导管距槽段端头不宜大于 1.5m，混凝土应均匀上升，各导管处的混凝土表面的高差不宜大于 0.3m，混凝土浇筑完毕，混凝土面应高于设计要求 0.3～0.5m，此部分浮浆层以后凿去。

（8）在浇灌过程中应随时掌握混凝土浇灌量，应有专人每 30min 测量一次导管埋深和管外混凝土标高。测定应取三个以上测点，用平均值确定混凝土上升状况，以决定导管的提拔长度。

8. 接头施工

（1）连续墙各单元槽段间的接头形式，一般常用的为半圆形接头。方法是在未开挖一侧的槽段端部先放置接头管，后放入钢筋笼，浇灌混凝土，根据混凝土的凝结硬化速度，徐徐将接头管拔出，最后在浇灌段的端面形成半圆形的接合面，在浇筑下段混凝土前，应用特制的钢丝刷子沿接头处上下往复移动数次，刷去接头处的残留泥浆，以利新旧混凝土的结合。

(2) 接头管一般用10mm厚钢板卷成。槽孔较深时，做成分节拼装式组合管，各单节长度为6m、4m、2m不等，便于根据槽深接成合适的长度。外径比槽孔宽度小10～20mm，直径误差在3mm以内。接头管表面要求平整光滑，连接紧密可靠，一般采用承插式销接。各单节组装好后，要求上下垂直。

(3) 接头管一般用起重机组装、吊放。吊放时要紧贴单元槽段的端部和对准槽段中心，保持接头管垂直并缓慢地插入槽内。下端放至槽底，上端固定在导墙或顶升架上。

(4) 提拔接头管宜使用顶升架（或较大吨位吊车），顶升架上安装有大行程（1～2m）、起重量较大（50～100t）的液压千斤顶两台，配有专用高压油泵。

(5) 提拔接头管必须掌握好混凝土的浇灌时间、浇灌高度，混凝土的凝固硬化速度，适时地提动和拔出，不能过早、过快和过迟、过缓。如过早、过快，会造成混凝土壁坍落；过迟、过缓，则由于混凝土强度增长，摩阻力增大，造成提拔不动和埋管事故。一般宜在混凝土开始浇灌后2～3h即开始提动接头管，然后使管子回落，以后每隔15～20min提动一次，每次提起100～200mm，使管子在自重下回落，说明混凝土尚处于塑性状态。如管子不回落，管内又没有涌浆等异常现象，宜每隔20～30min拔出0.5～1.0m，如此重复。在混凝土浇灌结束后5～8h内将接头管全部拔出。

3.3.3 质量标准

(1) 地下连续墙的钢筋笼检验标准应符合《建筑地基基础工程施工质量验收规范》(GB 50202—2002)的规定。

(2) 地下连续墙施工质量检验标准应符合表3-5的规定。

表3-5 地下连续墙施工质量检验标准

项	序	项目		允许偏差（mm）	检查方法
主控项目	1	墙体结构		设计要求	查试件记录或取芯试压
	2	垂直度：永久结构		1/300	测声波测槽仪或成槽机上的监测系统
		临时结构		1/150	
一般项目	1	导墙尺寸	宽度	W+40	用钢尺量，W为地下连续墙设计厚度
			墙面平整度	<5	用钢尺量
			导墙平面位置	±10	用钢尺量
	2	沉渣厚度：永久结构		≤100	重锤测或沉积物测定仪测
		临时结构		≤200	
	3	槽深		+100	重锤测
	4	混凝土坍落度		180～220	坍落度测定器
	5	钢筋笼尺寸		见表3-6	
	6	地下墙表面平整度	永久结构	<100	此为均匀黏土层，松散及易坍土层由设计决定
			临时结构	<150	
			插入式结构	<20	
	7	永久结构时的预埋件位置	水平向	≤10	用钢尺量
			垂直向	≤20	水准仪

（3）混凝土灌注桩钢筋笼质量检验标准见表3-6。

表3-6 混凝土灌注桩钢筋笼质量检验标准 （单位：mm）

项	序	检查项目	允许偏差或允许值	检查方法
主控项目	1	主筋间距	±10	用钢尺量
	2	长度	±100	用钢尺量
一般项目	1	钢筋材质检验	设计要求	抽样检查
	2	箍筋间距	±20	用钢尺量
	3	直径	±10	用钢尺量

3.4 钢管、型钢内撑式支护

钢管、型钢内撑式支护工艺适用于建筑深基坑支护结构型钢内支撑的施工。支撑系统包括围囹及支撑，当支撑较长时（一般不超过15m），还包括支撑下的立柱及相应的立柱桩。

3.4.1 施工准备

1. 材料要求

（1）型钢：工字钢、槽钢等，按设计要求选用，其质量应符合相应的产品标准。

（2）钢管：按设计要求选用，其质量应符合相应产品标准。

（3）电焊条：按设计要求选用，其质量应符合现行国家标准《非合金钢及细晶粒钢焊条》（GB/T 5117—2012）、《热强钢焊条》（GB/T 5118—2012）的规定。

（4）引弧板：选用与焊接母材相同的材料。当钢材选用15MnV时，采用E5015焊条。

2. 作业条件

（1）支护结构（桩或地下连续墙）施工完毕并验收合格。

（2）基坑土方开挖满足首层钢支撑施工条件。

（3）立柱施工完毕。

（4）支撑运输、拼装条件具备。吊装机械通道、作业场地加固均达到施工要求。

（5）根据施工现场情况编制施工方案，并经审批后向操作人员进行技术、安全交底。

3.4.2 施工工艺

1. 工艺流程

立柱、钢围图施工 ↓

型钢支撑加工 → 型钢支撑拼装 → 施加预顶力形成支撑体系 → 监测 → 下部支撑施工 → 支撑拆除

2. 型钢支撑加工

（1）按设计图纸加工钢支撑。钢支撑连接必须满足等强度连接要求，应有节点构造图，接头宜设在跨度中央1/3～1/4范围内。焊接工艺和焊缝质量应符合国家现行标准《钢结构焊接规范》（GB 50661—2011）。

（2）焊接拼装按工艺一次进行，当有隐蔽焊接时，必须先施焊，经检验合格后方可覆盖。

（3）加工好的型钢支撑应在加工场所进行质量验收并编号码放。

（4）钢支撑长度较长时，可分段加工制作，组装可采用法兰连接。

3. 立柱、钢围囹施工

（1）立柱通常由型钢组合而成。立柱施工采用机械钻孔至基底标高，孔内放置型钢立柱，经测量定位、固定后浇筑混凝土，使其底部形成型钢混凝土柱。施工时应保证型钢嵌固深度，确保立柱稳定。立柱施工应严格控制柱顶标高和轴线位置。

（2）围囹通常由型钢和钢缀板焊接而成。钢围囹通过牛腿固定到围护结构。牛腿与围护结构通过高强膨胀螺栓或预埋钢件焊接连接与钢围囹焊为一体。

（3）当支护结构为连续墙时可不设钢围囹，型钢直接支撑在连续墙预埋钢板上；当支撑在帽梁上时也可取消钢围囹。

4. 型钢支撑拼装

（1）待支护结构立柱、钢围囹施工验收完毕，并且土方开挖至设计支撑拼装高程，开始进行钢支撑拼装，采用吊车分段将钢支撑吊放至设计标高，并按照节点详图进行拼装。

（2）将钢支撑一端焊接在钢围囹上，另一端通过活接头顶在钢围囹上。

（3）钢支撑拼装组装时要求两端高程一致，水平方向不扭转，轴心成一直线。

5. 施加预顶力形成支撑体系

（1）施加预顶力应根据设计轴力选用液压油泵和千斤顶，油泵与千斤顶需经标定。

（2）支撑安装完毕后应及时检查各节点的连接状况，经确认符合要求后方可施加预顶力。

（3）钢支撑施加预顶力时应在支撑两侧同步对称分级加载，每级为设计值10%，加载时应进行变形观测。如发现实际变形值超过设计变形值时，应立即停止加荷，与设计单位研究处理。

（4）钢支撑预顶锁定后，支撑端头与钢围囹或预埋钢板应焊接固定。

（5）为确保钢支撑整体稳定性，各支撑之间通常采用连接杆件联系，系杆可用小断面工字钢或槽钢组合而成，通过钢箍与支撑连接固定。

6. 监测

（1）钢支撑水平位移观测：主要适用经纬仪或全站仪，观测点埋设在同一支撑固定端与活端头处。

（2）钢支撑挠曲变形检测：包括水平挠曲变形和竖向挠曲变形，测点布设在端部及跨中，跨度较大的支撑杆件应适当增加测点。

（3）立柱竖向变形监测：测点布设在立柱顶部，使用水准仪进行监测。

（4）水平位移、挠曲变形、立柱竖向变形监测在基坑支护过程中应每天测量1次，基坑土方开挖至槽底、基坑变形稳定后，根据实际情况确定观测频率。

（5）钢支撑的轴力监测。

1）钢支撑轴力测试采用测力计，测力计安装在钢支撑活接头一端，每层均应布设测力计。

2）轴力测试前对测力计进行校验并读初始数值，开始时每天读两次，土方开挖至槽底，可三天或一周读一次。

（6）对各项检测记录应随时进行分析，当变形数值过大或变形速率过快时，应及时采取措施，确保基坑支护安全。

7. 下部支撑施工

同以上步骤。

8. 支撑拆除

支撑拆除应按照施工方案规定的顺序进行，拆除顺序应与支撑结构的设计计算工况相一致。

3.4.3 质量标准

(1) 支撑系统所用钢材的材质应符合现行国家标准《钢结构工程施工质量验收规范》(GB 50205—2001) 的要求。焊接质量应符合国家现行标准《钢结构焊接规范》(GB 50661—2011) 的规定。

(2) 钢支撑系统工程质量检验标准应符合表 3-7 的规定。

表 3-7 钢支撑系统工程质量检验标准

项　目	检查项目	允许偏差或允许值	检查方法
主控项目	支撑位置：标高 (mm) 平面 (mm)	30 100	水准仪用钢尺量
	预加顶力 (kN)	±50	油泵读数或传感器
一般项目	围囹标高 (mm)	30	水准仪
	立柱位置：标高 (mm) 平面 (mm)	30 50	水准仪用钢尺量
	开挖超深（开槽放支撑不在此范围）(mm)	＜200	水准仪
	支撑安装时间	按照设计要求	用钟表估测

3.5 轻型井点降水施工

轻型井点适用的含水层为人工填土、黏性土、粉质黏土和砂土，含水层的渗透系数 k＝0.1～20.0m/d；适用的降水深度：单级井点 3～6m，多级井点 6～12m。

3.5.1 施工准备

1. 材料要求

主要包括井点管、砂滤层（黄砂和小砾石）、滤网、黏土（用于井点管上口密封）和绝缘沥青（用于电渗井点）等。

2. 作业条件

(1) 施工场地达到“三通一平”，施工作业范围内的地上、地下障碍物及市政管线应改移或保护完毕。

(2) 建筑物的控制轴线、灰线尺寸和标高控制点已经复测。

(3) 滤管、井点管和设备已到齐并完成了必要的配套加工和验收工作。

(4) 基坑部分的施工图纸及地质勘察资料齐全，可根据基底标高确定降水深度并进行降水设计，可以进行基坑平面位置复测和井点孔位测放。

3.5.2 施工工艺

1. 工艺流程

测设井位、铺设总管→钻机就位→钻(冲)井孔→沉设井点管→投放滤料→洗井→黏性土封填孔口→连接、固定集水总管→安装抽水机组→安装排水管→抽水→井点拆除

2. 测设井位、铺设总管

(1) 根据设计要求测设井位、铺设总管。为增加降深，集水总管平台应尽量放低，当低于地面时，应挖沟使集水总管平台标高符合要求，平台宽度为1.0～1.5m。当地下水位降深小于6m时，宜用单级真空井点；当井深6～12m且场地条件允许时，宜用多级井点，井点平台的级差宜为4～5m。

(2) 开挖排水沟。

(3) 根据实地测放的孔位排放集水总管，集水总管应远离基坑一侧。

(4) 布置观测孔。观测孔应布置在基坑中部、边角部位和地下水的来水方向。

3. 钻机就位

(1) 当采用长螺旋钻机成孔时，钻机应安装在测设的孔位上，使其钻杆轴线垂直对准钻孔中心位置，孔位误差不得大于150mm。使用双侧吊线坠的方法校正调整钻杆垂直度，钻杆倾斜度不得大于1%。

(2) 当采用水冲法成孔时，起重机安装在测设的孔位上，用高压胶管连接冲管与高压水泵，起吊冲管对准钻孔中心，冲管倾斜角度不得大于1%。

4. 钻（冲）井孔

(1) 对于不易产生塌孔、缩孔的地层，可采用长螺旋钻机施工成孔，孔径为300～400mm，孔深比井深大0.5m。易塌土冲孔需加套管，其成孔工艺可参见第4章灌注桩施工中长螺旋钻孔灌注桩施工的相关内容。

(2) 对易产生塌孔缩孔的松软地层采用水冲法成孔时，使用起重设备将冲管起吊插入井点位置，开动高压水泵边冲边沉，同时将冲管上下左右摆动，以加剧土体松动。冲水压力根据土层的坚实程度确定：砂土层采用0.5～1.25MPa；黏性土采用0.25～1.50MPa。冲孔深度应低于井点管底0.5m，冲孔达到预定深度后应立即降低水压，迅速拔出冲管，下入井点管，投放滤料，以防孔壁坍塌。

5. 沉设井点管

沉设井点管应缓慢，保持井点管位于井孔正中位置，禁止剐蹭井壁和插入井底，发现有上述现象发生，应提出井点管对过滤器进行检查，合格后重新沉设。井点管应高于地面300mm，管口应临时封闭以免杂物进入。

6. 投放滤料

(1) 滤料应从井管四周均匀投放，保持井点管居中，并随时探测滤料深度，以免堵塞架空。滤料顶面距离地面应为2m左右。

(2) 向井点内投入的滤料数量，应大于计算值的5%～15%，滤料填好后再用黏土封口。

7. 洗井

(1) 投放滤料后应及时洗井，以免泥浆与滤料产生胶结，增大洗井难度。洗井可用清水

循环法和空压机法。应注意采取措施防止洗出的浑水回流入孔内。洗井后如果滤料下沉应补投滤料。

(2) 清水循环法：可用集水总管连接供水水源和井点管，将清水通过井点管循环洗井，浑水从管外返出，水清后停止，立即用黏性土将管外环状间隙进行封闭以免塌孔。

(3) 空压机法：采用直径 20～25mm 的风管将压缩空气送入井点管底部过滤器位置，利用气体反循环的原理将滤料空隙中的泥浆洗出。宜采用洗、停间隔进行的方法洗井。

8. 黏性土封填孔口

洗井后应用黏性土将孔口填实封平，防止漏气和漏水。

9. 连接、固定集水总管

井点管施工完成后应使用高压软管与集水总管连接，接口必须密封。各集水总管之间宜设置阀门，以便对井点管进行维修。各集水总管宜稍向管道水流下游方向倾斜，然后将集水总管进行固定。为减少压力损失，集水总管的标高应尽量降低。

10. 安装抽水机组

抽水机组应稳固地设置在平整、坚实、无积水的地基上，水箱吸水口与集水总管处于同一高程。机组宜设置在集水总管中部，各接口必须密封。

11. 安装排水管

排水管径应根据排水量确定并连接严密。

12. 抽水

轻型井点管网安装完毕后，进行试抽。当抽水设备运转一切正常后，整个抽水管路无漏气现象，可以投入正式抽水作业。开机一周后，将形成地下降水漏斗，并趋向稳定，土方工程一般可在降水 10d 后开挖。

13. 井点拆除

地下建筑物、构筑物竣工并进行回填土后，方可拆除井点系统，井点管拆除一般多借助于捯链、起重机等，所留孔洞用土或砂填塞，对地基有防渗要求时，地面以下 2m 应用黏土填实。

3.5.3 质量标准

(1) 滤料、管材、过滤器的产品质量应符合设计要求。

(2) 降水期间，在基坑底任何部位的实际降水深度应等于或深于设计预定的降水深度。

(3) 各组井点系统的真空度应保持在 55.3～66.7kPa 之间，压力应保持在 0.16MPa。

(4) 轻型井点施工质量检验标准见表 3-8。

表 3-8 轻型井点施工质量检验标准

检查项目		允许偏差或允许值	检查方法
过滤器	骨架管孔隙率（%）	≥15	用钢尺测量、计算
	缠丝间隙＝滤料 D_{10} 的倍数	1.0	取土样做筛分试验
	网眼尺寸＝砂土类含水层 d_{50} 的倍数	1.5～2.5	
滤料规格	D_{50}＝砂土类含水层 d_{50} 的倍数	6～8	
	D_{50}＝砂石土类含水层 d_{20} 的倍数	6～8	
	不均匀系数 η	≤2	
抽排水含砂量（体积比）		<1/1000	取水样做试验

续表

检查项目	允许偏差或允许值	检查方法
井管间距（与设计对比）(mm)	≤150	用钢尺测量
井管垂直度（%）	1	插管时目测
井管插入深度（与设计对比）(mm)	≤200	水准仪
过滤砂砾料填灌（与设计对比）(%)	≤5	检查回填料用量
井管真空度（kPa）	>60	真空度表
降水深度	符合设计要求	稳定24h

3.6 大口井降水施工

大口井是人工开挖或沉井法施工设置井筒，以截取地下水的构筑物。适用的含水层为砂土、碎石土，含水层的渗透系数 k=0.1～200.0m/d，井径一般为0.6m，降水深度一般为8～20m。

3.6.1 施工准备

1. 材料要求

无砂豆石混凝土管、滤料、黏土。

2. 作业条件

(1) 施工场地达到“三通一平”，施工作业范围内的地上、地下障碍物及市政管线应改移或保护完毕。

(2) 建筑物的控制轴线、灰线尺寸和标高控制点已经复测。

(3) 滤管、井点管和设备已到齐并完成了必要的配套加工工作。

(4) 基坑部分的施工图纸及地质勘察资料齐全，可根据基底标高确定降水深度并进行降水设计，可以进行基坑平面位置复测和井点孔位测放。

3.6.2 施工工艺

1. 工艺流程

测量放线定位→挖泥浆池、泥浆沟→钻机就位→成孔→下放井管→填滤料→井管四周黏土封井→洗井→水泵安装、排水→大口井后期处理

2. 放线定井位

采用经纬仪及钢尺等进行定位放线。

3. 挖泥浆池、泥浆沟

泥浆池的位置可根据现场实际情况进行确定，但必须保证其离基坑开挖上口线的安全距离，确保其对后期基坑边坡的开挖及支护不会带来不良影响。

4. 钻机就位

采用反循环钻机进行施工，钻机中心位置尽量与所放的井位中心线相吻合，偏差不得超过50mm；先对钻机进行垂直度校验，确保钻杆的垂直度符合要求，垂直偏差不得超过5%。多台钻机同时施工时，钻机之间要有安全距离，进行跳打。

5. 成孔

以上各项准备就绪且均满足规定的要求后，即可进行井孔钻进施工，为保证洗完井后井深满足设计的要求，可以根据情况适当加深。

6. 下放井管

井管为 ϕ400mm 无砂砾石滤水管，底部 2m 作为沉淀用。在混凝土预制托底上放置井管，四周拴 10 号铁丝，缓缓下放，当管口与井口相差 200mm 时，接上节井管，接头处用玻璃丝布密封，以免挤入混砂淤塞井管，竖向用 4 条 30mm 宽竹条固定井管。为防止上下节错位，在下管前将井管立直。吊放井管要垂直并保持在井孔中心。为防止雨水、泥砂或异物流入井中，井管要高出地面 500mm，井口加盖。

7. 填滤料

井管下入后立即填入滤料。滤料采用水洗砂料，粒径为 2～6mm，含泥量＜5％，滤料沿井孔四周均匀填入，宜保持连续，将泥浆挤出井孔。填滤料时，应随填随测滤料填入高度，当填入量与理论计算量不一致时，及时查找原因，不得用装载机直接填料，应用铁锹或小车下料，以防不均匀或冲击井壁。

8. 井管四周黏土封井

在离打井地面约 1.0m 范围内，采用黏土或杂填土填充密实。

9. 洗井

(1) 在以上各项均完成后，必须及时进行洗井工作，防止井孔淤死，且在正反循环成孔中有少量泥皮影响降水井抽降效果的发挥，也要通过洗井将泥皮洗出。

(2) 洗井采用空压气举法，成孔时尽量采用清水护壁，采用大功率的空压机洗井并下入优质的滤管滤料，这样才能保证最良好的透水性。洗井时要将井底泥砂吹净洗透洗出清水。

10. 水泵安装、排水

清孔完毕后，根据降水设计计算中的降水井出水量情况，根据井深选用 3～5t/h 的潜水泵抽水，可根据现场地下水的出水量调整水泵的容量，用钢丝绳吊放至距井底 2.0m 处；铺设电缆和电闸箱，安装漏电保护系统。

11. 大口井后期处理

在完成其使用目的并拆除井泵后，按设计要求和施工方案进行大口井的处理，近地面部分按原貌予以恢复。

3.6.3 质量标准

(1) 管材及其预留孔、滤料规格、反滤层分层厚度等应符合设计要求。

(2) 大口井降水深度达到设计要求，其水位线位于基坑底部下 0.5～1m，边坡要求稳定，基坑干燥。

(3) 大口井降水施工质量允许偏差应符合表 3-9 的要求。

表 3-9 大口井降水施工质量允许偏差

项 目	允 许 偏 差	检 查 方 法
井位（mm）	—	皮尺，钢尺
井径（mm）	—	皮尺，钢尺
成井垂直度（％）	＜1	垂吊法
滤料含泥量（％）	＜3	颗粒分析
出水量（％）	＜5	抽水试验
出水含砂量（％）	＜0.1	水分析
降水深度	符合设计要求	稳定 24h

3.7 井点回灌技术

在软弱土层中开挖基坑进行井点降水，因为基坑地下水位下降，使降水影响范围内土层中含水量减少，产生固结和压缩，土层中的含水浮托力减少而产生压密，致使地基产生不均匀沉降，从而导致邻近建（构）筑物产生下沉或开裂。

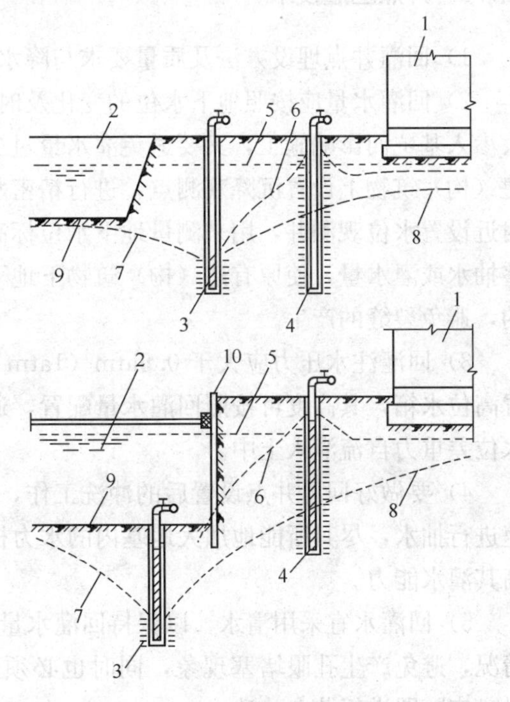

图 3-3 回灌井点布置

1—原有建筑物；2—开挖基坑；3—降水井点；4—回灌井点；5—原地下水位线；6—降灌井点间水位线；7—降低后地下水位线；8—仅降水时水位线；9—基坑底；10—支护结构

为了避免或减少井点降水对邻近建（构）筑物不良影响，减少建（构）筑物下地下水的流失，通常在降水区和原有建（构）筑物之间土层中设置一道抗渗屏幕。一般有设置挡墙阻止地下水流失和采用补充地下水保持建（构）筑物地下水位稳定两类方法，其中以后者在降水井点系统与需要保护的建（构）筑物之间埋置一道回灌点（见图 3-3）的方法最为合理而经济。井点回灌技术的基本原理是在井点降水的同时，通过回灌井点向土层中灌入足够的水量，使降水井点的影响半径不超过回灌点的范围，这样，回灌井点就以一道隔水帷幕防止回灌井点外侧的建（构）筑物下的地下水流失，使地下水位保持不变，建（构）筑物下土层的承载力仍处于原始平衡状态，从而可有效地防止降水井点降水对周围建（构）筑物的影响。

3.7.1 井点回灌构造

回灌井点系统由水源、流量表、水箱、总管、回灌井管等组成。其工作方式恰好与降水井点系统相反，将水灌入井点后，水从井点周围土层渗透，在土层中形成一个和降水井点相反的倒转降落漏斗，如图 3-4 所示。回灌井点的设计主要考虑井点的配置以及计算每一灌水井点的灌水能力，精确地计算其影响范围。回灌井点的井管滤管部分宜从地下水位以上 0.5m 处开始一直到井管底部，其构造与降水井点管基本相同。为了使注水形成一个有效的补给水幕，防止注水直接回到降水井点管，造成两井“相通”，两者间应保持一定距离。回灌井点与降水井点间的距离应按照降水、回灌水位曲线和场地条件而定，通常不宜小于 5m。回灌井点的埋设深度应按照井点降水曲线、透水层的深度和土层渗透性来确定，以确保基坑施工安全和

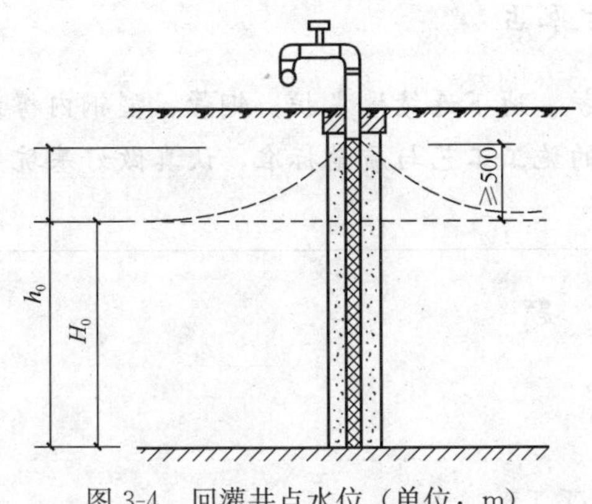

图 3-4 回灌井点水位（单位：m）

h_0—动水位高度；H_0—静水位高度

回灌效果。通常使两管距离为两者水平差＝1：（0.8～0.9），并使注水管尽量靠近保护的建（构）筑物。

3.7.2 井点回灌技术

1）回灌井点埋设方法及质量要求与降水井点相同。

2）回灌水量应按照地下水位的变化及时调节，尽量保持抽灌平衡，既要避免灌水量过大渗入基坑而影响施工，又要避免灌水量过少，使地下水位失控而影响回灌效果。要在原有建（构）筑物上设置沉降观测点，进行精密水准测量，在基坑纵横轴线及原有建（构）筑物附近设置水位观测井，用来测量地下水位标高，固定专人定时观测并做好记录，以便及时调整抽水或灌水量，使原有建（构）筑物下地下水位保持一定的深度，从而达到控制沉降的目的，避免裂缝的产生。

3）回灌注水压力应大于0.5atm（1atm约为0.1MPa）。为满足注水压力的要求，应设置高位水箱，其高度可按照回灌水量配置，通常采用将水箱架高的办法提高回灌水压力，靠水位差重力自流灌入土中。

4）要做好回灌井点设置后的冲洗工作，冲洗方法通常是往回灌井点大量地注水后，迅速进行抽水，尽其所能地加大地基内的水力梯度，这样既可除去地基内的细粒成分，又可提高其灌水能力。

5）回灌水宜采用清水，以保持回灌水量，为此，必须经常检查灌入水的污浊度及水质情况，避免产生孔眼堵塞现象，同时也必须及时校核灌水压力及灌水量，当产生孔眼堵塞时，应随即进行井点冲洗。

6）回灌井点一定要在降水井点启动前或在降水的同时向土中灌水，且不得中断，当其中有一方因故停止工作时，另一方应停止工作，恢复工作应同时进行。

本法适于在软弱土层中开挖基坑降水，要求附近建（构）筑物不产生不均匀下沉和裂缝，或在不影响附近设备正常生产的情况下采用。

本法设备操作简单，效果好、费用低，可避免降水点周围地下水位的下降以及地基的固结沉降，确保建（构）筑物使用安全，确保生产正常进行，同时还可部分解决地下水抽出后的排放问题，但需两套井点系统设备，管理较为复杂一些。

上岗工作要点

上岗前，应掌握土钉墙支护，土层锚杆支护，地下连续墙支护，钢管、型钢内撑式支护，轻型井点降水施工以及大口井降水施工的施工工艺与质量标准，认真做好基坑支护工程施工工作。

思考题

1. 土钉墙的适用范围有哪些？
2. 简述土钉墙支护的施工工艺。
3. 简述深基坑干、湿作业成孔锚杆支护的施工工艺。
4. 简述土钉支护与锚杆的主要区别。

5. 简述地下连续墙支护的施工工艺。
6. 地下连续墙为什么要进行清底?
7. 钢管、型钢内撑式支护的质量标准有哪些?
8. 轻型井点降水的施工程序有哪些?
9. 回灌井点系统由什么组成?
10. 简述回灌井点的技术。

第4章　基础工程施工

重点提示

1. 掌握预制桩施工与灌注桩施工的施工工艺与质量标准。

2. 了解大体积混凝土温度裂缝产生的原因及控制措施。

3. 掌握大体积混凝土基础施工的施工工艺。

4. 掌握地下防水工程施工中地下工程防水混凝土施工、地下工程水泥砂浆防水层施工、地下工程卷材防水层施工、地下工程涂膜防水层施工以及地下工程细部防水构造施工的施工工艺与质量标准。

4.1 桩基施工

4.1.1 预制桩施工

1. 施工准备

(1) 桩基的轴线和标高均已测定完毕并经过检查办理预检手续。桩基的轴线和高程的控制桩，应设置在施工区附近不受打桩影响的地点，并应妥善加以保护。

(2) 处理完高空和地下的障碍物，如影响邻近建筑物或构筑物的使用和安全时，应会同有关单位采取有效措施予以处理。

(3) 场地应碾压平整，排水畅通，保证桩机的移动和稳定垂直。必要时采取填铺砂石、钢道板、枕木等施工措施，进行地面加固。

(4) 根据轴线放出桩位线，用木橛或钢筋头钉好桩位，并用白灰做上标志，便于施打。

(5) 打试验桩。施工前必须打试验桩，其数量不少于2根，确定贯入度并校验打桩设备、施工工艺以及技术措施是否适宜。

(6) 要选择和确定打桩机进出路线和打桩顺序，制定施工方案，做好技术交底。

2. 施工工艺

(1) 工艺流程

就位桩机→起吊预制桩→稳桩→打桩→接桩→送桩→中间检查验收→移桩机

(2) 就位桩机

打桩机就位时，应对准桩位，保证垂直、稳定，确保在施工中不发生倾斜、移位。

在打桩前，用两台经纬仪对打桩机进行垂直度调整，使导杆垂直或达到符合设计要求的角度。

(3) 起吊预制桩

先拴好吊桩用的钢丝绳和索具，然后应用索具捆绑在桩上端吊环附近处，一般不宜超过300mm，再启动机器起吊预制桩，使桩尖垂直或按设计要求的斜角准确地对准预定的桩位中心，缓缓放下插入土中，位置要准确，再在桩顶扣好桩帽或桩箍，即可除去索具。

（4）稳桩

桩尖插入桩位后，先用落距较小的轻锤锤 1～2 次。桩入土一定深度，再调整桩锤、桩帽、桩垫及打桩机导杆，使之与打入方向成一直线，并使桩稳定。10m 以内短桩可用线坠双向校正；10m 以上或打接桩必须用经纬仪双向校正，不得用目测。打斜桩时必须用角度仪测定、校正角度。观测仪器应设在不受打桩机移动及打桩作业影响的地点，并经常与打桩机成直角移动。桩插入土时垂度偏差不得超过 0.5%。

桩在打入前，应在桩的侧面或桩架上设置标尺，以便在施工中观测、记录。

（5）打桩

1）用落锤或单动汽锤打桩时，锤的最大落距不宜超过 1m；用柴油锤打桩时，应使锤跳动正常。

2）打桩宜重锤低击，锤重的选择应根据工程地质条件，结合桩的类型、结构、密集程度及施工条件来选用。

3）打桩顺序根据基础的设计标高，先深后浅；依桩的规格先大后小，先长后短。由于桩的密集程度不同，可由中间向两个方向对称进行或向四周进行，也可由一侧向单一方向进行。

4）打入初期应缓慢地、间断地试打，在确认桩中心位置及角度无误后再转入正常施打。

5）打桩期间应经常校核检查桩机导杆的垂直度或设计角度。

（6）接桩

1）在桩长不够的情况下，采用焊接或浆锚法接桩。

2）接桩前应先检查下节桩的顶部，如有损伤应适当修复并清除两桩端的污染和杂物等，如下节桩头部严重破坏时应补打桩。

3）焊接时，其预埋件表面应清洁，上下节之间的间隙应用铁片垫实焊牢。施焊时，先将四角点焊固定，然后对称焊接，并应采取措施，减少焊缝变形，焊缝应连续焊满。0℃以下时需停止焊接作业，否则需采取预热措施。

4）浆锚法接桩时，接头间隙内应填满熔化了的硫磺胶泥，硫磺胶泥温度控制在 145℃左右。接桩后应停歇至少 7min 后才能继续打桩。

5）接桩时，一般在距地面 1m 左右时进行。上下节桩的中心线偏差不得大于 5mm，节点弯曲矢高不得大于 1/1000 桩长。

6）接桩处入土前，应对外露铁件再次补刷防腐漆。

桩的接头应尽量避免下述位置：

①桩尖刚达到硬土层的位置。

②桩尖将穿透硬土层的位置。

③桩身承受较大弯矩的位置。

（7）送桩

设计要求送桩时，送桩的中心线应与桩身吻合一致方能进行送桩。送桩下端宜设置桩垫，要求厚薄均匀。若桩顶不平可用麻袋或厚纸垫平。送桩留下的桩孔应立即回填密实。

（8）检查验收

预制桩打入深度以最后贯入度（一般以连续三次锤击均能满足为准）及桩尖标高为准，即“双控”，如两者不能同时满足要求时，首先应满足最后贯入度。坚硬土层中，每根桩已打到贯入度要求，而桩尖标高进入持力层未达到设计标高，应根据实际情况与有关单位会商确定。一般要求继续击 3 阵，每阵 10 击的平均贯入度，不应大于规定的数值；在软土层中以桩尖打至设计标高来控制，贯入度可作参考。符合设计要求后，填好施工记录，然后移桩机到新桩位。如打桩发生与要求相差较大时，应会同有关单位研究处理，一般采取补桩方法。

在每根桩桩顶打至场地标高时应进行中间验收，待全部桩打完后，开挖至设计标高，做最后检查验收，并将技术资料提交总承包方。

(9) 移桩机

移动桩机至下一桩位，按照上述施工程序进行下一根桩的施工。

3. 质量标准

(1) 主控项目

1) 钢筋混凝土预制桩的质量必须符合设计要求和施工质量验收规范的规定，并有出厂合格证。

2) 打桩的桩位偏差必须符合设计要求和施工质量验收规范的规定。

3) 成桩后承载力必须符合设计要求和施工质量验收规范的规定。

(2) 一般项目

1) 预制桩桩身材料及配合比符合设计和施工质量验收规范要求。

2) 成品桩外形符合设计和施工质量验收规范要求。

3) 桩的打入标高或贯入度、垂直度，桩的接头节点处理必须符合设计要求和施工质量验收规范的规定。

4) 各项目允许偏差见表 4-1。

表 4-1　打钢筋混凝土预制桩允许偏差

项次		项目			允许偏差（mm）	检验方法
主控项目	1	桩位置	有基础梁的桩	垂直基础梁的中心线方向	$100+0.01H$	用经纬仪或拉线和钢尺测量检查； D 为桩径； H 为施工现场地面标高与桩顶设计标高的距离
				沿基础梁中心线方向	$150+0.01H$	
			桩数为 1～3 根或单排桩		100	
			桩数为 4～16 根		$D/2$	
			桩数多于 16	边缘桩	$D/3$	
				中间桩	$D/2$	
一般项目	1	成品桩外形	成品桩外形	掉角深度 蜂窝面积	<10 <总面积的 0.5%	直观
				裂　缝	深度<20，宽度<0.25，横向裂缝不超过边长的一半	裂缝测定仪
			成品桩尺寸	横截面边长	±5	用钢尺量
				桩顶对角线差	<10	用钢尺量
				桩尖中心线	<10	用钢尺量
				桩身弯曲矢高	<1/1000l	用钢尺量，l 为桩长
				桩顶平整度	<2	用水平尺量

续表

项次		项目			允许偏差（mm）	检验方法
一般项目	2	接桩质量	焊接法	焊缝质量	施工质量验收规范	用钢尺、焊缝检查仪和秒表检查；L为两节桩长
				电焊后停歇时间	>1.0min	
				上下节点平面偏差	<10	
				节点弯曲矢高	<1/1000L	
			浆锚法	胶泥浇筑时间	<2min	秒表测定
				浇筑后停歇时间	>7min	
	3	桩顶标高			±50	水准仪
	4	停锤标准			设计要求	现场实测或查沉桩记录

4.1.2 灌注桩施工

1. 长螺旋钻孔灌注桩施工

（1）施工准备

1）地上、地下障碍物都处理完毕，达到“三通一平”。施工用的临时设施准备就绪。

2）场地标高一般应为承台梁的上皮标高，并经过夯实或碾压。

3）根据设计图纸放出轴线及桩位，抄上水平标高木桩，并经过预检验证。

4）分段制作好钢筋笼，其长度以5～8m为宜。

5）施工前应做成孔试验，数量不少于2根。

（2）施工工艺

1）工艺流程

①成孔工艺流程

钻孔机就位 → 钻孔 → 检查成孔质量 → 孔底清理 → 盖好孔口盖板 → 移桩机至下一桩位

②浇灌混凝土工艺流程

移走盖板复测孔深、垂直度 → 放钢筋笼 → 放混凝土溜筒 → 浇灌混凝土(随浇随振)

2）钻孔机就位

钻孔机就位时，必须保持平稳，不发生倾斜、移位。为准确控制钻孔深度，应在桩架上或桩管上作出控制的标尺，以便在施工中进行观测、记录。

3）钻孔

调直机架挺杆，对好桩位（用对位圈），合理选择和调整钻进参数，以电流表控制进尺速度，开动机器钻进、钻出土，达到设计深度后使钻具在孔内空转数圈，清除虚土，然后停钻、提钻。

4）检查成孔质量

用测绳（锤）或手提灯测量孔深、垂直度及虚土厚度。虚土厚度等于测量深度与钻孔深的差值，虚土厚度一般不应超过100mm。

5）孔底土清理

钻到设计标高（深度）后，必须在深处进行空转清土，然后停止转动，提钻杆，不得回转钻杆。孔底的虚土厚度超过质量标准时，要分析原因，采取处理措施。进钻过程中散落在地面上的土，必须随时清除运走。

6）盖好孔口盖板

经过成孔质量检查后，应按表逐项填好桩孔施工记录，然后盖好孔口盖板。

7）移动钻机到下一桩位

移走钻孔机到下一桩位，禁止在盖板上行车走人。

8）移走盖板复测孔深、垂直度

移走盖孔盖板，再次复查孔深、孔径、孔壁、垂直度及孔底虚土厚度。

9）吊放钢筋笼

钢筋笼上必须先绑好砂浆垫块（或卡好塑料卡）；钢筋笼起吊时不得在地上拖曳，吊入钢筋笼时，要吊直扶稳，对准孔位，缓慢下沉，避免碰撞孔壁。钢筋笼下放到设计位置时，应立即固定。两段钢筋笼连接时，应采用焊接，以确保钢筋的位置正确，保护层符合要求。浇灌混凝土前应再次检查测量孔内虚土厚度。

10）放混凝土溜筒（导管）

浇筑混凝土必须使用导管。导管内径 200～300mm，每节长度为 2～2.5m，最下端一节导管长度应为 4～6m，检查合格后方可使用。

11）浇灌混凝土

放好混凝土溜筒，浇灌混凝土，注意落差不得大于 2m，应边浇灌混凝土边分层振捣密实，分层高度按捣固的工具而定，一般不大于 1.5m。

浇灌桩顶以下 5m 范围内的混凝土时，每次浇筑高度不得大于 1.5m。

灌注混凝土至桩顶时，应适当超过桩顶设计标高 500mm 以上，以保证在凿除浮浆后，桩标高能符合设计要求。拔出混凝土溜筒时，钢筋要保持垂直，保证有足够的保护层，防止插斜、插偏。灌注桩施工按规范要求留置试块，每桩不得少于一组。

（3）质量标准

1）主控项目

①灌注桩的原材料和混凝土强度必须符合设计要求和施工规范的规定。

②桩位和成孔深度必须符合设计要求。

③钢筋笼制作必须符合设计要求和施工规范的规定。

④成桩后承载力必须符合设计要求和施工规范的规定。

2）一般项目

①桩径、桩孔垂直度、孔底沉渣厚度符合设计要求和施工规范的规定。

②混凝土配合比计量准确，坍落度符合设计要求和施工规范的规定。

③实际浇筑混凝土量不得小于计算体积。

④浇筑混凝土后的桩顶标高及浮浆处理，符合设计要求和施工规范的规定。

⑤允许偏差项目见表 4-2。

2. 后植入钢筋笼灌注桩成桩施工

（1）施工准备

1）地上、地下障碍物都处理完毕，达到“三通一平”。施工用的临时设施准备就绪。

2）场地标高一般应为承台梁的上皮标高，并经过夯实或碾压。

3）根据设计图纸放出轴线及桩位，抄上水平标高木桩，并经过预检验证。

4）分段制作好钢筋笼，其长度以 5～8m 为宜。

表 4-2　长螺旋钻成孔灌注桩允许偏差

<table>
<tr><th colspan="2">项　次</th><th colspan="2">项　　目</th><th>允许偏差（mm）</th><th>检验方法</th></tr>
<tr><td rowspan="5">主控项目</td><td>1</td><td colspan="2">钢筋笼主筋间距</td><td>±10</td><td>钢尺量检查</td></tr>
<tr><td>2</td><td colspan="2">钢筋笼长度</td><td>±100</td><td>钢尺量检查</td></tr>
<tr><td rowspan="2">3</td><td rowspan="2">桩的位置</td><td>1～3 根桩、单排桩基垂直于桩基中心线方向和群桩基础的边桩</td><td>70</td><td>拉线和尺量检查</td></tr>
<tr><td>条形桩基沿桩基中心线方向和群桩基础的中间桩</td><td>150</td><td>拉线和尺量检查</td></tr>
<tr><td>4</td><td colspan="2">孔　　深</td><td>＋300</td><td>重锤或测钻杆</td></tr>
<tr><td rowspan="10">一般项目</td><td>1</td><td colspan="2">钢筋笼箍筋间距</td><td>±20</td><td>钢尺量检查</td></tr>
<tr><td>2</td><td colspan="2">钢筋笼直径</td><td>±10</td><td>钢尺量检查</td></tr>
<tr><td>3</td><td colspan="2">桩径</td><td>−20</td><td>井径仪或钢尺</td></tr>
<tr><td>4</td><td colspan="2">垂直度</td><td><1%</td><td>测钻杆</td></tr>
<tr><td rowspan="2">5</td><td rowspan="2">桩底虚土厚度</td><td>端承桩</td><td>≤50</td><td rowspan="2">重锤测量</td></tr>
<tr><td>摩擦桩</td><td>≤150</td></tr>
<tr><td>6</td><td colspan="2">钢筋笼安装深度</td><td>±100</td><td>用钢尺量</td></tr>
<tr><td>7</td><td>混凝土坍落度</td><td>干法灌注
水下灌注</td><td>70～100
160～220</td><td>坍落度仪</td></tr>
<tr><td>8</td><td colspan="2">混凝土充盈系数</td><td>>1</td><td>检查实际灌注量</td></tr>
<tr><td>9</td><td colspan="2">桩顶标高（扣除桩顶浮浆层及劣质桩体）</td><td>＋30
−50</td><td>水准仪</td></tr>
</table>

5）施工前应做成孔试验，数量不少于 2 根。

（2）施工工艺

1）工艺流程

测放桩位，桩机就位 → 钻孔 → 提钻，灌注混凝土 → 现场制造钢筋笼 → 向钢筋笼套穿钢管 → 钢管与振动装置快速连接 → 沉放钢筋笼 → 拆管，进行下一循环作业

2）测放桩位，桩机就位

按施工图测放桩位，桩机就位，调整钻杆与地面的垂直度，垂直度偏差不大于 1%。

3）钻孔

钻头对准桩位，启动钻机入钻，观察钻机电机电流表，根据电流大小控制下钻进尺，钻到预定深度。在成孔钻进前，应及时通知搅拌站按照配合比要求将足够量的混凝土及时送到钻机施工作业面浇灌。

4）提钻，灌注混凝土

用混凝土泵完成钻孔中心压灌混凝土成桩，钻进到设计深度后，略提钻杆 20～50cm，以便混凝土料将活门冲开。边提钻边压灌混凝土，提钻与压混凝土速度必须匹配。混凝土的灌注高度应高于设计桩顶标高 50cm。多余的部分后期凿掉，以保证桩顶的强度满足设计要求。钻杆拔出孔口前，先关混凝土泵，注意保证钻杆内存料量，满足桩顶高度。

5）现场制造钢筋笼

6）向钢筋笼套穿钢管，钢管与振动装置快速连接

钻孔同时，将振笼用的钢管在地面水平方向穿入钢筋笼内腔。钢管与专用低频振动装置连接，钢筋笼与振动装置用钢丝绳柔性连接。钢管的上部和下部必须开设透气孔。

7）沉放钢筋笼

待钻孔中心泵压混凝土形成桩体后，钻杆拔出孔口前，先将孔口浮土清理，然后将已吊起的振动装置、钢管及钢筋笼垂直对准孔口，把钢筋笼下端插入混凝土桩体中，采用不完全卸载方法，使钢筋笼下沉到预定深度。

8）拆管，进行下一循环作业

钢筋笼到位后，振动拔出钢管，放置地面。准备下一循环作业。

（3）质量标准

成桩质量标准：

1）桩体倾斜偏差不超过1%，用线坠和经纬仪测量钻杆。

2）桩长允许偏差不超过+300mm，进入持力层按设计要求。

3）桩径偏差不超过50mm，桩径不允许出现负偏差。

3. 泥浆护壁正反循环成孔灌注桩施工

（1）施工准备

1）施工范围内的地上、地下障碍物应清理或改移完毕，对不能改移的障碍物必须进行标识，并有保护措施。

2）现场做到水、电接通，道路畅通，对施工场区进行清理平整，对松软地面进行碾压或夯实处理。

3）收集建筑场地工程地质资料和水文地质资料，熟悉施工图纸。

4）编制泥浆护壁钻（冲）孔灌注桩施工方案，经审批后向操作人员进行技术交底。

5）按设计图纸和给定的坐标点测设轴线定位桩和高程控制点，并据此放出桩位，报建设单位和监理复核。

6）施工前做成孔试验，数量不得少于两个，以核对地质报告，检验所选设备、工艺是否适宜。

（2）施工工艺

1）工艺流程

测量定位→埋设护筒→钻机就位→钻至设计深度→第一次清孔→钢筋笼加工及安放→插入导管→第二次清孔→灌注水下混凝土→拔出导管及护筒

2）测量定位

应由专业测量人员根据给定的控制点按现行国家标准《工程测量规范》（GB 50026—2007）的要求测放桩位，并用标桩标定准确。

3）埋设护筒

当表层土为砂土且地下水位较浅时，或表层土为杂填土，孔径大于800mm时，应设置护筒。护筒内径比钻头直径大100mm左右。护筒端部应置于黏土层或粉土层中，一般不应设在填土层或砂砾层中，以保证护筒不漏水。如需将护筒设在填土或砂土层中，应在护筒外侧回填黏土，分层夯实，以防漏水，同时在护筒顶部开设1～2个溢浆口。当护筒直径小于1m且埋设较浅时宜用钢质护筒，钢板厚度4～8mm直径大于1m且埋设较深时可采用永久性钢筋混凝土护筒。护筒的埋设，对于钢护筒可采用锤击法，对于钢筋混凝土护筒可采用挖埋法。护筒口应高出地面至少100mm。在埋设过程中，一般采用十字拴桩法确保护筒中心与桩位中心重合。

4）钻机就位

钻机就位必须平正、稳固，确保在施工中不倾斜、移动。在钻机双侧吊线坠校正调整钻杆垂直度（必要时可用经纬仪校正）。为准确控制钻孔深度，应在桩架上做出控制深度的标尺，以便在施工中进行观测、记录。

5）钻孔和清孔

①正循环钻进

a. 钻头回转中心对准护筒中心，偏差不大于允许值。开动泥浆泵使冲洗液循环 2～3min，然后再开动钻机，慢慢将钻头放置护筒底。在护筒刃脚处应低压慢速钻进，使刃脚处的地层能稳固地支撑护筒，待钻至刃脚以下 1m 以后，可根据土质情况以正常速度钻进。

b. 在黏土地层钻进时，由于土层本身的造浆能力强，钻屑成泥块状，易出现钻头包泥、憋泵现象，应选用尖底且翼片较少的钻头，采用低钻压、快转速、大泵量的钻进工艺。

c. 在砂层钻进时，应采用较大密度、黏度和静切力的泥浆，以提高泥浆悬浮、携带砂粒的能力。在坍塌段，必要时可向孔内投入适量黏土球，以帮助形成泥壁，避免再次坍塌。要控制钻具的升降速度和适当降低回转速度，减轻钻头上下运动对孔壁的冲刷。

d. 在卵石或砾石土层钻进时，易引起钻具跳动、憋车、憋泵、钻头切削具崩刃、钻孔偏斜等现象，宜用低档慢速、优质泥浆、慢进尺钻进。

e. 随钻进随循环冲洗液，为保证冲洗液在外环空间的上返流速在 0.25～0.3m/s，以能够携带出孔底泥砂和岩屑，应有足够的冲洗液量。已知钻孔和钻具的直径，可按下式计算冲洗液量：

$$Q = 4.71 \times 10^4 (D^2 - d^2) v \tag{4-1}$$

式中 Q——冲洗液量（L/min）；

D——钻孔直径，通常按钻头直径计算（m）；

d——钻具外径（m）；

v——冲洗液上返流速（m/s）。

f. 钻速的选择除了满足破碎岩土扭矩的需要，还要考虑钻头不同部位的磨耗情况，按下式计算：

$$n = 60V/\pi D \tag{4-2}$$

式中 n——转速（r/min）；

D——钻头直径（m）；

V——钻头线速度，0.8～2.5m/s。

式（4-2）中钻头线速度的取值如下：在松散的第四系地层和软土中钻进时取大值；在硬岩中钻进时取小值；钻头直径大时取小值，钻头直径小时取大值。

根据经验数据，一般地层钻进时，转速范围 40～80r/min，钻孔直径小、黏性土层取高值；钻孔直径大、砂性土层取低值；较硬或非匀质土层转速可相应减少到 20～40r/min。

g. 钻压的确定原则

在土层中钻进时，钻进压力应以保证冲洗液畅通、钻渣清除及时为前提，灵活掌握。

在基岩钻进时，要保证每颗（或每组）硬质合金切削刀具上具有足够的压力。在此压力下，硬质合金钻头能有效切入并破碎岩石，同时又不会过快地磨钝、损坏。应根据钻头上硬质合金片的数量和每颗硬质合金片的允许压力计算出总压力。

h. 清孔方法

抽浆法：空气吸泥清孔（空气升液排渣法）是利用灌注水下混凝土的导管作为吸泥管，高压风作动力将孔内泥浆抽走。高压风管可设在导管内也可设在导管外。将送风管通过导管插入到孔底，管子的底部插入水下至少 10m，气管与导管底部的最小距离为 2m 左右。压缩空气从气管底部喷出，搅起沉渣，沿导管排出孔外，直到达到清孔要求。为不降低孔内水位，必须不断地向孔内补充清水。

砂石泵或射流泵清孔。利用灌注水下混凝土的导管作为吸泥管，砂石泵或射流泵作动力将孔内泥浆抽走。

换浆法：第一次沉渣处理是在终孔时停止钻具回转，将钻头提离孔底 100～200mm，维持冲洗液的循环，并向孔中注入含砂量小于 4%（比重 1.05～1.15）的新泥浆或清水，令钻头在原位空转 10～30min，直至达到清孔要求为止。

第二次沉渣处理：在钢筋笼和下料导管放入孔内至灌注混凝土以前进行第二次沉渣处理，通常利用混凝土导管向孔内压入比重 1.15 左右的泥浆，把孔底在下钢筋笼和导管的过程中再次沉淀的钻渣置换出来。

②反循环钻进

a. 钻头回转中心对准护筒中心，偏差不大于允许值。先启动砂石泵，待泥浆循环正常后，开动钻机慢速回转下放钻头至护筒底。开始钻进时应轻压慢转，待钻头正常工作后，逐渐加大钻速，调整压力，并使钻头不产生堵水。在护筒刃脚处应低压慢速钻进，使刃脚处的地层能稳固地支撑护筒，待钻至刃脚以下 1m 以后，可根据土质情况以正常速度钻进。

b. 在钻进时，要仔细观察进尺情况和砂石泵排水出渣的情况，排量减少或出水中含渣量较多时，要控制钻进速度，防止因循环液比重过大而中断循环。

c. 采用反循环在砂砾、砂卵石地层中钻进时，为防止钻渣过多，卵砾石堵塞管路，可采用间断钻进、间断回转的方法来控制钻进速度。

d. 加接钻杆时，应先停止钻进，将机具提离孔底 80～100mm，维持冲洗液循环 1～2min，以清洗孔底并将管道内的钻渣携出排净，然后停泵加接钻杆。

e. 钻杆连接应拧紧上牢，防止螺栓、螺母、拧卸工具等掉入孔内。

f. 钻进时如孔内出现塌孔、涌砂等异常情况，应立即将钻具提离孔底，控制泵量，保持冲洗液循环，吸除坍落物和涌砂，同时向孔内补充加大比重的泥浆，保持水头压力以抑止涌砂和塌孔，恢复钻进后，泵排量不宜过大，以防塌孔壁。

g. 钻进达到要求孔深停钻时，仍要维持冲洗液正常循环，直到返出冲洗液的钻渣含量小于 4%时为止。起钻时应注意操作轻稳，防止钻头拖刮孔壁，并向孔内补入适量冲洗液，稳定孔内水头高度。

h. 沉渣处理（清孔）：

第一次沉渣处理：在终孔时停止钻具回转，将钻头提离孔底 100～200mm，维持冲洗液的循环，并向孔中注入含砂量小于 4%（比重 1.05～1.15）的新泥浆或清水，令钻头在原位空转 10～30min 左右，直至达到清孔要求为止。

第二次沉渣处理：（空气升液排渣法）是利用灌注水下混凝土的导管作为吸泥管，高压风作动力将孔内泥浆抽排走。基本要求与正循环法清孔相同。

i. 反循环钻机钻进参数和钻速的选择见表 4-3。

表 4-3　泵吸反循环钻进推荐参数和钻速表

地层性质	钻进参数和钻速			
	钻压（kN）	钻头转速（r/min）	砂石泵排量（m^3/h）	钻进速度（m/h）
黏土层、硬土层	10～25	30～50	180	4～6
砂土层	5～15	20～40	160～180	6～10
砂层、砂砾层、砂卵石层	3～10	20～40	160～180	8～12
中硬以下基岩	20～40	10～30	140～160	0.5～1.0

注：1. 本表钻进参数以上海探机厂产 GPS-15 型钻机为例，砂石泵排量要根据孔径大小和地层情况灵活选择调整，一般外环间隙冲洗液流速不宜大于 10m/min，钻杆内上返流速应大于 2.4m/s。

2. 桩孔直径较大时，钻压宜选用上限，钻头钻速宜选用下限；桩孔直径较小时，钻压宜选用下限，钻头钻速宜选用上限。

6）钢筋笼加工及安放

①钢筋笼加工

钢筋笼的钢筋数量、配置、连接方式和外形尺寸应符合设计要求。钢筋笼的加工场地应选在运输方便的场所，最好设置在现场内。

钢筋笼绑扎顺序应先在架立筋（加强箍筋）上将主筋等间距布置好，再按规定的间距绑扎箍筋。箍筋、架立筋和主筋之间的接点可用点焊焊接固定。直径大于 2m 的钢筋笼可用角钢或扁钢作架立筋，以增大钢筋笼刚度。

钢筋笼长度一般在 8m 左右，当采取辅助措施后，可加长到 12m 左右。

钢筋笼下端部的加工应适应钻孔情况。

为确保桩身混凝土保护层的厚度，应在主筋外侧安设钢筋定位器或滚轴垫块。

钢筋笼堆放应考虑安装顺序，防止钢筋笼变形，以堆放两层为好，采取措施可堆到三层。

②安放钢筋笼

钢筋笼安放要对准孔位，扶稳、缓慢，避免碰撞孔壁，到位后立即固定。

大直径桩的钢筋笼要使用吨位适宜的吊车将钢筋笼吊入孔内。在吊装过程中，要防止钢筋笼发生变形。

当钢筋笼需要接长时，要先将第一段钢筋笼放入孔中，利用其上部架立筋暂时固定在护筒上部，然后吊起第二段钢筋笼对准位置后用绑扎或焊接等方法接长后放入孔中，如此逐段接长后放入到预定位置。待钢筋笼安设完成后，要检查确认钢筋顶端的高度。

7）插入导管，进行第二次清孔

8）灌注水下混凝土

①混凝土的强度等级应符合设计要求，水泥用量不少于 350kg/m³，掺减水剂时水泥用量不少于 300kg/m³，水灰比宜为 0.5～0.6，扩展度宜为 340～380mm。

②水下灌注混凝土必须使用导管，导管内径 200～300mm，每节长度为 2～2.5m，最下端一节导管长度应为 4～6m。导管在使用前应进行水密承压试验（禁用气压试验）。水密试验的压力不应小于孔内水深 1.3 倍的压力，也不应小于导管承受灌注混凝土时最大内压力 P 的 1.3 倍。

$$P = \gamma_c h_c - \gamma_w H_w \tag{4-3}$$

式中 P——导管可能承受的最大内压力（kPa）；

γ_c——混凝土拌合物的重度（取 $24kN/m^3$）；

h_c——导管内混凝土柱最大高度（m），以导管全长或预计的最大高度计；

γ_w——井孔内水或泥浆的重度（kN/m^3）；

H_w——井孔内水或泥浆的深度（m）。

③隔水塞可用混凝土制成也可使用球胆制作，其外形和尺寸要保证在灌注混凝土时顺畅下落和排出。

④首批混凝土灌注：在灌注首批混凝土之前，先配制 0.1～0.3m^3 水泥砂浆放入滑阀（隔水塞）以上的导管和漏斗中，然后再放入混凝土。确认初灌量备足后，即可剪断铁丝，借助混凝土重量排除导管内的水，使滑阀（隔水塞）留在孔底，灌入首批混凝土。

灌注首批混凝土时，导管埋入混凝土内的深度不小于 1.0m，混凝土的初灌量按下式计算：

$$V \geqslant \frac{\pi D^2}{4}(H_1 - H_2) + \frac{\pi d^2}{4}h_1 \quad (4\text{-}4)$$

式中 V——灌注首批混凝土所需数量（m^3）；

D——桩孔直径（m）；

H_1——桩孔底至导管底间距，一般为 0.4m；

H_2——导管初次埋置深度（m）；

d——导管直径（m）；

h_1——桩孔内混凝土达到埋置深度 H_2 时，导管内混凝土柱平衡导管外（或泥浆）压力所需的高度（m），即 $h_1 = H_w\gamma_w/\gamma_c$。

⑤连续灌注混凝土：首批混凝土灌注正常后，应连续灌注混凝土，严禁中途停工。在灌注过程中，应经常探测混凝土面的上升高度，并适时提升拆卸导管，保持导管的合理埋深。探测次数一般不少于所使用的导管节数，并应在每次提升导管前，探测一次管内外混凝土高度。遇特殊情况（局部严重超径、缩径和灌注量特别大的桩孔等）应增加探测次数，同时观察返水情况，以正确分析和判断孔内的情况。

⑥灌注混凝土过程中，应采取防止钢筋笼上浮的措施：

当灌注的混凝土顶面距钢筋骨架底部 1m 左右时应降低混凝土的灌注速度；

当混凝土拌合物上升到骨架底口 4m 以上时，提升导管，使其底口高于底部 2m 以上，即可恢复正常灌注速度。

⑦在水下灌注混凝土时，要根据实际情况严格控制导管的最小埋深，以保证混凝土的连续均匀，防止出现断桩现象。导管最大埋深不宜超过最下端一节导管的长度或 6m。导管埋深见表 4-4。

表 4-4 导管埋入混凝土深度值

导管内径（mm）	桩孔直径（mm）	初灌量埋深（m）	连续灌注埋深（m）		桩顶部灌注埋深（m）
			正常灌注	最小埋深	
200	600～1200	1.2～2.0	3.0～4.0	1.5～2.0	0.5～1.0
230～255	800～1800	10～1.5	2.5～3.5	1.5～2.0	
300	≥1500	0.8～1.2	2.0～3.0	1.2～1.5	

⑧混凝土灌注时间：混凝土灌注的上升速度不得小于2m/h。混凝土的灌注时间必须控制在导管中的混凝土未丧失流动性以前，必要时可掺入缓凝剂。混凝土灌注时间见表4-5。

表4-5　混凝土灌注时间参考表

桩长（m）	灌注量（m^3）	适当灌注时间（h）	桩长（m）	灌注量（m^3）	适当灌注时间（h）
≤30	≤40	2～3	50～70	≤50	3～5
	40～80	4～5		·50～100	6～8
30～50	≤40	3～4		100～160	7～9
	40～80	5～6	70～100	≤60	4～6
	80～120	6～7		60～120	8～10
				120～200	10～12

⑨桩顶处理：混凝土灌注的高度，应超过桩顶设计标高约500mm，以保证在剔除浮浆后，桩顶标高和桩顶混凝土质量符合设计要求。

9）拔出导管和护筒

10）泥浆和泥浆循环系统

①泥浆的调制和使用技术要求

钻孔泥浆一般由水、黏土（或膨润土）和添加剂按适当配合比配置而成，其性能指标可参照表4-6选用。

表4-6　泥浆性能指标选择

钻孔方法	地层情况	泥浆性能指标							
		相对密度	黏度（Pa·s）	含砂率（%）	胶体率（%）	失水率（mL/30min）	泥皮厚（mm/30min）	静切力（Pa）	酸碱度（pH）
正循环	一般地层	1.05～1.20	16～22	8～4	≥96	≤25	≤2	1.0～2.5	8～10
	易塌地层	1.20～1.45	19～28	8～4	≥96	≤15	≤2	3～5	8～10
反循环	一般地层	1.02～1.06	16～20	≤4	≥95	≤20	≤3	1～2.5	8～10
	易塌地层	1.06～1.10	18～28	≤4	≥95	≤20	≤3	1～2.5	8～10
	卵石土	1.10～1.15	20～35	≤4	≥95	≤20	≤3	1～2.5	8～10

注：1. 地下水位高或其流速大时，指标取高限，反之取低限。

2. 地质状态较好，孔径或孔深较小的取低限，反之取高限。

3. 在不易坍塌的黏质土层中使用反循环钻进时，可用清水提高水头（≥2m）维护孔壁。

4. 若当地缺乏优良黏质土，调制不出合格泥浆时，可掺用添加剂改善泥浆性能，添加剂掺量可现场试验确定。

直径大于2.5m的大直径钻孔灌注桩对泥浆的要求较高，应根据地质情况、钻机性能、泥浆材料条件等确定。在地质复杂、覆盖层较厚、护筒下沉不到岩层的情况下，宜使用丙烯酰胺PHP浆，此泥浆的特点是不分散，低固相，高黏度。

②泥浆循环系统的设置

循环系统由泥浆池、沉淀池、循环槽、废浆池、泥浆泵、泥浆搅拌设备、钻渣分离装置组成，并配有排水、清渣、排废浆设施和钻渣转运通道等。一般采用集中搅拌，集中向钻孔输送泥浆的方式。

沉淀池不宜少于2个，可串联使用，每个沉淀池的容积不少于$6m^3$；泥浆池的容积一般不宜小于$8～10m^3$。

循环槽应设1∶200的坡度，槽的断面应能保证冲洗液正常循环不外溢。

沉淀池、泥浆池、循环槽可用砖和水泥砂浆砌筑，不得漏渗。

泥浆池不能建在新堆积的土层上，以免池体下陷开裂，泥浆漏失。

应及时清除循环槽和沉淀池内沉淀的钻渣。清出的钻渣应及时运出现场，防止污染环境。

(3) 质量标准

1) 主控项目

①灌注桩的原材料和混凝土强度必须符合设计要求和施工规范的规定。

②桩位和成孔深度必须符合设计要求。

③钢筋笼制作必须符合设计要求和施工规范的规定。

④成桩后承载力必须符合设计要求和施工规范的规定。

2) 一般项目

①桩径、桩孔垂直度和孔底沉渣厚度符合设计要求及施工规范的规定。

②混凝土配合比计量准确，坍落度符合设计要求和施工规范的规定。

③实际浇筑混凝土量不得小于计算体积。

④浇筑混凝土后的桩顶标高及浮浆处理，符合设计要求和施工规范的规定。

⑤允许偏差项目见表 4-7。

表 4-7　泥浆护壁正反循环成孔灌注桩允许偏差

项次		项目		允许偏差（mm）	检验方法
主控项目	1	钢筋笼主筋间距		±10	钢尺量检查
	2	钢筋笼长度		±100	钢尺量检查
	3	桩的位置	1～3 根桩、单排桩基垂直于桩基中心线方向和群桩基础的边桩	70	拉线和尺量检查
			条形桩基沿桩基中心线方向和群桩基础的中间桩	150	拉线和尺量检查
	4	孔深		+300	重锤或测钻杆
一般项目	1	钢筋笼箍筋间距		±20	钢尺量检查
	2	钢筋笼直径		±10	钢尺量检查
	3	桩径		−20	井径仪或钢尺
	4	垂直度		<1%	测钻杆
	5	桩底虚土厚度	端承桩	≤50	重锤测量
			摩擦桩	≤150	
	6	钢筋笼安装深度		±100	用钢尺量
	7	混凝土坍落度	干法灌注	70～100	坍落度仪
			水下灌注	160～220	
	8	混凝土充盈系数		>1	检查实际灌注量
	9	桩顶标高（扣除桩顶浮浆层及劣质桩体）		+30 −50	水准仪

4. 旋挖成孔灌注桩施工

(1) 施工准备

1) 熟悉工程图纸和工程地质资料，踏勘施工现场。检查设计图纸是否符合国家有关规范，图纸表示是否明确无误，掌握地表、地质、水文等勘察资料，场地要平整，且地耐力不少于100kPa，施工桩点5m以内应无空中障碍。

2）根据用量选择合适的管道供水并选择合适的配电。

3）钻头、钻杆以及钢丝绳长度的选取，依据地层条件不同选择不同钻头与钻杆，一般机锁式钻杆适用坚硬地层，而摩阻式钻杆适于一般较软地层。

钢丝绳长度选择可按如下公式确定：

$$钢丝绳长度 = 孔深 + 机高 + (15 \sim 20)\text{m} \tag{4-5}$$

4）消耗材料的物资准备包括：钻机配套的润滑油、液压油、柴油、钢丝绳、斗齿等各种零部件的购买或预定；工艺要求上需要准备的膨润土、纯碱及各种泥浆外加剂、护筒、电焊机、各种管线、电缆线等。

5）现场布置与设备调试：设计总平面图，并依据平面图进行布置，搭建临时设施，砌筑泥浆池，泥浆池大小一般为钻孔体积的1.5～2倍，高约1.5m。对钻机和各种配套设施进行安装调试，确保其安全可靠性及完好性。

6）清除障碍物：特别注意空中设施如高压输电线、电缆等。施工前要收集场地作业面地下的各种设施，包括电缆、管线、枯井、防空洞、地下管道、古墓、暗沟等，事先标识或拆除处理完毕。

（2）施工工艺

1）工艺流程

钻机就位→拴桩，对准桩位→钻斗或短螺旋钻开孔→埋设护筒→泥浆制作→旋挖钻进成孔→清孔→钢筋笼制作→下钢筋笼→下导管→浇筑混凝土

2）钻机安装就位

要求地耐力不小于100kPa，履盘坐落的位置应平整，坡度不大于3°，避免因场地不平整，产生功率损失及倾斜位移，重心高还易引发安全事故。

3）拴桩，对准桩位

桩位置确定后，用两根互相垂直的直线相交于桩点，并定出十字控制点，做好标识并妥加保护。调整旋挖钻机的桅杆，使之处于铅垂状态，让钻斗或螺旋钻头对正桩位。

4）钻斗或短螺旋钻开孔

定出十字控制桩后，可采用钻机进行开孔钻进取土。

5）埋设护筒

钻至设计深度，进行护筒埋设，护筒宜采用10mm以上厚钢板制作，护筒直径应大于孔径200mm左右，护筒的长度应视地层情况合理选择。护筒顶部应高出地面200mm左右，周围用黏土填埋并夯实，护筒底应坐落在稳定的土层上，中心偏差不得大于50mm。测量孔深的水准点，用水准仪将高程引至护筒顶部，并做好记录。

6）泥浆制作

采用现场泥浆搅拌机制作，宜先加水并计算体积，在搅拌下加入规定的膨润土，纯碱以溶液的方式在搅拌下徐徐加入，搅拌时间一般不少于3min，必要时还可加入其他外加剂，如增粘降失水剂、重晶石粉增大泥浆比重，锯末、棉籽等防止漏浆。制备泥浆的性能指标见表4-8。

7）旋挖钻进成孔

①钻头着地，旋转，钻进。以钻具钻头自重和加压油缸的压力作为钻进压力，每一回次

的钻进量应以深度仪表为参考，以说明书钻速、钻压扭矩为指导，进尺量适当，不多钻也不少钻（钻多，辅助时间加长；钻少，回次进尺小，效率降低）。

表 4-8 制备泥浆性能指标

项 目	性能指标	检验方法	项 目	性能指标	检验方法
泥浆比重	1.04～1.18	泥浆比重计	胶体率	>95%	
黏度	18～25s	500/700 漏斗法	含砂率	<2%	
固相含量	6%～8%		pH 值	7～9	pH 试纸

②当钻斗内装满土、砂后，将其提升上来，注意地下水位变化情况，并灌注泥浆。

③旋转钻机，将钻斗内的土卸出，用铲车及时运走，运至不影响施工作业为止。

④关闭钻斗活门，将钻机转回孔口，降落钻斗，继续钻进。

⑤为保证孔壁稳定，应视表土松散层厚度，孔口下入长度适当的护筒，并保持泥浆液面高度，随泥浆损耗及孔深增加，应及时向孔内补充泥浆，以维持孔内压力平衡。

⑥钻遇软层，特别是黏性土层，应选用较长斗齿及齿间距较大的钻斗以免糊钻，提钻后应经常检查底部切削齿，及时清理齿间粘泥，更换已磨钝的斗齿。

钻遇硬土层，如发现每回次钻进深度太小，钻斗内碎渣量太少，可换一个较小直径钻斗，先钻小孔，然后再用直径适宜钻斗扩孔。

⑦钻砂卵砾石层，为加固孔壁和便于取出砂卵砾石，可事先向孔内投入适量黏土球，采用双层底板捞砂钻斗，以防提钻过程中砂卵砾石从底部漏掉。

⑧提升钻头过快，易产生负压，造成孔壁坍塌，一般钻斗提升速度可按表 4-9 推荐值使用。

表 4-9 钻斗升降速度推荐值

桩径 (mm)	装满渣土钻斗提升 (m/s)	空钻斗升降 (m/s)	桩径 (mm)	装满渣土钻斗提升 (m/s)	空钻斗升降 (m/s)
700	0.973	1.210	1300	0.628	0.830
1200	0.748	0.830	1500	0.575	0.830

⑨在桩端持力层钻进时，可能会由于钻斗的提升引起持力层的松弛，因此在接近孔底标高时应注意减小钻斗的提升速度。

8）清孔

因旋挖钻用泥浆不循环，在保障泥浆稳定的情况下，清除孔底沉渣，一般用双层底捞砂钻斗，在不进尺的情况下，回转钻斗使沉渣尽可能地进入斗内，反转，封闭斗门，即可达到清孔的目的。

9）钢筋笼制作

钢筋笼制作，按设计图纸及规范要求制作。一般不超过 29m 长可在地表一次成型，超过 29m，宜在孔口焊接。

10）下钢筋笼

钢筋笼场内移运可用人工抬运或用平车加托架移运，不可使钢筋笼产生永久性变形；钢筋笼起吊要采用双点起吊，钢筋笼大时要用两个吊车同时多点起吊，对正孔位，徐徐下入，不准强行压入。

11）下导管

导管连接要密封、顺直，导管下口离孔底约 30cm 即可，导管平台应平整，夹板牢固可靠。

12）浇筑混凝土

①钢筋笼、导管下放完毕，进行隐蔽检查，必要时进行二次清孔，验收合格后，立即浇筑混凝土。

②使用预拌混凝土应具备设计的标号，良好的和易性，坍落度宜为 180～220mm。

③初灌量应保证导管下端埋入混凝土面下不少于 0.8m。

④隔水塞应具有良好的隔水性能，并能顺利排出。

⑤导管埋深保证 2～6m，随着混凝土面上升，随时提升导管。

⑥混凝土灌至钢筋笼下端时，为防止钢筋笼上浮，应采取如下措施：在孔口固定钢筋笼上端；灌注时间尽量缩短，防止混凝土进入钢筋笼时流动性变差；当孔内混凝土面进入钢筋笼 1～2m 时，应适当提升导管，减小导管埋深，增大钢筋笼在下层混凝土中的埋置深度。

⑦灌注结束时，控制桩顶标高，混凝土面应超过设计桩顶标高 300～500mm，保障桩头质量。

（3）质量标准

1）混凝土灌注桩钢筋笼质量检验标准（mm），见表 4-10。

表 4-10　混凝土灌注桩钢筋笼质量检验标准　（单位：mm）

项	序	检查项目	允许偏差或允许值	检查方法
主控项目	1	主筋间距	±10	用钢尺量
	2	长度	±100	用钢尺量
一般项目	1	钢筋材质检验	设计要求	抽样送检
	2	箍筋间距	±20	用钢尺量
	3	直径	±10	用钢尺量

2）混凝土灌注桩的质量检验标准应符合表 4-11 的规定。

表 4-11　混凝土灌注桩质量检验标准　（单位：mm）

<table>
<tr><th rowspan="2">项</th><th rowspan="2">序</th><th rowspan="2">检查项目</th><th colspan="2">允许偏差或允许值</th><th rowspan="2">检 查 方 法</th></tr>
<tr><th>单　位</th><th>数 值</th></tr>
<tr><td rowspan="6">主控项目</td><td rowspan="2">1</td><td rowspan="2">桩位</td><td>1～3 根，单排桩基垂直于中心线方向和群桩基础的边桩</td><td>70mm</td><td rowspan="2">基坑开挖前量护筒，开挖后量桩中心</td></tr>
<tr><td>条形桩基沿中心线方向和群桩基础的中间桩</td><td>150mm</td></tr>
<tr><td>2</td><td>孔深</td><td>mm</td><td>＋300</td><td>只深不浅，用重锤测，或测钻杆、套管长度，嵌岩桩应确保进入设计要求的嵌岩深度</td></tr>
<tr><td>3</td><td>桩体质量检验</td><td colspan="2">按基桩检测技术规范。如钻芯取样，大直径嵌岩桩应钻至桩尖下 500mm</td><td>按基桩检测技术规范</td></tr>
<tr><td>4</td><td>混凝土强度</td><td colspan="2">设计要求</td><td>试件报告或钻芯取样送检</td></tr>
<tr><td>5</td><td>承载力</td><td colspan="2">按基桩检测技术规范</td><td>按基桩检测技术规范</td></tr>
</table>

续表

项	序	检查项目	允许偏差或允许值		检查方法
			单位	数值	
一般项目	1	垂直度	<1%		测套管或钻杆，或用超声波探测，于施工时吊垂球
	2	桩径	mm	−20	井径仪或超声波检测，于施工时用钢尺量
	3	泥浆比重（黏土或砂性土中）	1.15～1.20		用比重计测，清孔后在距孔底500mm处取样
	4	泥浆面标高（高于地下水位）	m	0.5～1.0	目测
	5	沉渣厚度：端承桩 摩擦桩	mm mm	≤50 ≤150	用沉渣仪或重锤测量
	6	钢筋笼安装深度	mm	±100	用钢尺量
	7	混凝土充盈系数	>1		检查每根桩的实际灌注量
	8	桩顶标高	mm	+30，−50	水准仪，需扣除桩顶浮浆层及劣质桩体

5. 人工挖孔灌注桩施工

(1) 施工准备

1) 对施工队伍进行资质检查。应根据该地区的土质特点，地下水分布情况编制切实可行的挖孔、井壁支护施工方案，进行井壁支护的计算和设计。

2) 开挖前场地应完成三通一平。地上及地下如电线、管线、旧建筑物、设备基础等障碍物均已排除处理完毕，无碍施工。各项临时设施如照明、动力、通风、安全设备准备就绪，设置好排水沟、集水井和沉淀池等。

3) 熟悉施工图纸及场地的土质、水文地质资料，做到心中有数。已会同有关单位对场地四周建（构）筑物，尤其危房、地下管线等进行详细调查，对因挖孔和抽水可能危及的房屋、地下管线采取必要的加固或其他保护措施，并对穿越砂层、淤泥层的挖孔作业可能出现的流砂、涌水、涌泥等现象制定有效的技术和安全防范措施。

4) 按基础平面图，测设桩位轴线、定位点，测定高程基准点，测量放线工序完成后，办理预检手续。

5) 按设计要求预制钢筋笼，长度超过12m的可分成两节制作。

6) 开挖之前，有选择地先挖两个，作为成孔试挖，分析土质、水文等有关情况。

7) 有地下水区域，宜先降低地下水位至桩底以下。

8) 人工挖孔操作安全极为重要。开挖前应对施工人员进行全面的安全技术交底，操作前对吊具进行安全可靠性检查，确保施工安全。

(2) 施工工艺

1) 工艺流程

放线定桩位及高程 → 开挖第一节桩孔土方 → 支护壁模板放附加钢筋 → 浇灌第一节护壁混凝土 → 检查桩位（中心）轴线 → 架设垂直运输架 → 安装电动葫芦（卷扬机或木葫芦） → 安装吊桶、照明、活动盖板、水泵、通风机等 → 开挖吊运第二节桩孔土方（修边） → 先拆第一节第二节护壁模板（附加钢筋） →

浇灌第二节护壁混凝土→检查桩位(中心)轴线→逐层往下循环作业→开挖扩底部分→检查验收→吊放钢筋→浇灌桩身混凝土

2）放线定桩位及高程

在场地三通一平的基础上，依据建筑物测量控制网的资料和基础平面布置图，测定桩位轴线方格控制网和高程基准点。确定好桩位中心，以中点为圆心，以桩身半径加护壁厚度为半径画出上部（即第一节）的圆周。撒石灰线作为桩孔开挖尺寸线，并沿桩中心位置向桩孔外引出四个桩中轴线控制点，用牢固木桩标定。桩位线定好之后，必须经有关部门复查，办好预验手续后开挖。

3）开挖第一节桩孔土方

由人工开挖从上到下逐层进行，先挖中间部分的土方，然后扩及周边，有效控制开挖截面尺寸。每节的高度应根据土质好坏及操作条件而定，一般以 0.9～1.2m 为宜。开孔完成后进行一次全面测量校核工作，对孔径、桩位中心检测无误后进行支护。

4）安放混凝土护壁的钢筋、支护壁模板

①成孔后应设置井圈，宜优先采用现浇钢筋混凝土井圈护壁。当桩的直径不大，深度小、土质好、地下水位低的情况下也可以采用素混凝土护壁。护壁的厚度应根据井圈材料、性能、刚度、稳定性、操作方便、构造简单等要求，并按受力状况以及所承受的土侧压力和地下水侧压力，通过计算来确定。

②土质较好的小直径桩护壁可不放钢筋，但当设计要求放置钢筋或挖土遇软弱土层需加设钢筋时，桩孔挖土完毕并经验收合格后，安放钢筋，然后安装护壁模板。护壁中水平环向钢筋不宜太多，竖向钢筋端部宜弯成 U 型钩并打入挖土面以下 100～200mm，以便与下一节护壁中钢筋相连接。

③护壁模板用薄钢板、圆钢、角钢拼装，焊接成弧形，工具室内钢模，每节分成 4 块，大直径桩也可分成 5～8 块，或用组合式钢模板预制拼装而成。采取拆上节、支下节的方式重复周转使用。模板之间用卡具、扣件连接固定，也可以在每节模板的上下端各设一道用槽钢或角钢做成的圆弧形内钢圈作为内侧支撑，防止内模变形。为方便操作不设水平支撑。

④第一节护壁以高出地坪 150～200mm 为宜，护壁厚度按设计计算确定，一般取 100～150mm。第一节护壁应比下面的护壁厚 50～100mm，一般取 150～250mm。护壁中心应与桩位中心重合，偏差不大于 20mm 且任何方向二正交直径偏差不大于 50mm，桩孔垂直度偏差不大于 0.5%。符合要求后可用木楔稳定模板。

5）浇灌第一节护壁混凝土

①桩孔挖完第一节后应立即浇灌护壁混凝土，人工浇灌，人工捣实，不宜用振动棒。混凝土强度一般为 C20，坍落度控制在 70～100mm。

护壁模板宜 24h 后，强度>5MPa 后拆除，一般在下节桩孔土方挖完后进行。拆模后若发现护壁有蜂窝、漏水现象，应加以堵塞或导流。

②第一节护壁筑成后，将桩孔中轴线控制点引回到护壁上，并进一步复核无误后，作为确定地下和节护壁中心的基准点，同时用水准仪把相对水准标高标定在第一节孔圈护壁上。

6）检查桩位（中心）轴线及标高

每节的护壁做好以后，必须将桩位十字轴线和标高测设在护壁上口，然后用十字线对中，吊线坠向井底投设，以半径尺杆检查孔壁的垂直平整度，随之进行修整。井深必须以基准点为依据，逐根进行引测，保证桩孔轴线位置、标高、截面尺寸满足设计要求。

7）架设垂直运输架

第一节桩孔成孔以后，即着手在孔上口架设垂直运输支架，支架有三木搭、钢管吊架或木吊架、工字钢导轨支架，要求搭设稳定、牢固。

8）安装电动葫芦或卷扬机

浅桩和小型桩孔也可以用木吊架、木辘轳或人工直接借助粗麻绳作提升工具。地面运土用翻斗车、手推车。

9）安装吊桶、照明、活动安全盖板、水泵、通风机

①在安装滑轮组及吊桶时，注意使吊桶与桩孔中心位置重合，挖土时直观上控制桩位中心和护壁支模中心线。

②井底照明必须用低压电源（36V，100W）、防水带罩安全灯具。井上口设护拦。电缆分段与护壁固定，长度适中，防止与吊桶相碰。

③当井深大于5m时应有井下通风，加强井下空气对流，必要时送氧气，密切注视，防止有毒气体的危害。操作时上下人员轮换作业，互相呼应，井上人员随时观察井下人员情况，切实预防发生人身安全事故。

④当地下渗水量不大时，随挖随将泥水用吊桶运出，或在井底挖集水坑，用潜水泵抽水并加强支护。当地下水位较高，排水沟难以解决时，可设置降水井降水。

⑤井口安装水平推移的活动安全盖板：井下有人操作时，掩好安全盖板，防止杂物掉入井内，无关人员不得靠近井口，确保井下人员安全施工。

10）开挖吊运第二节桩孔土方（修边）

从第二节开始，利用提升设备运土，井下人员应戴好安全帽，井上人员拴好安全带，井口架设护拦，吊桶离开井上口1m时推动活动盖板，掩蔽井口，防止卸土时土块、石块等杂物坠落井内伤人。吊桶在小推车内卸土后（也可以用工字钢导轨将吊桶移出向翻斗车内卸土）再打开井盖，下放吊桶装土。

桩孔挖至规定的深度后，用尺杆检查桩孔的直径及井壁圆弧度，上下应垂直平顺，修整孔壁。

11）第二节护壁支护模板

安放附加钢筋并与上节预留的竖向钢筋连接，拆除第一节护壁模板，支护第二节。护壁模板采用拆上节支下节依次周转使用。使上节护壁的下部嵌入下节护壁的上部混凝土中，上下搭接50～75mm。桩孔检测复核无误后浇灌护壁混凝土。

12）浇灌第二节护壁混凝土

混凝土用吊桶送来，人工浇灌、人工振捣密实，混凝土掺入早强剂由试验确定。

13）检查桩位（中心）轴线及标高

以井上口的定位线为依据，逐节投测、修整。

14）逐层往下循环作业

将桩孔挖至设计深度，清除虚土，检查土质情况，桩底应进入设计规定的持力层深度。

15）开挖扩底部分

桩底可分为扩底和不扩底两种。挖扩底桩应先将扩底部位桩身的圆柱体挖好，再按照扩底部位的尺寸、形状，自上而下削土扩充成扩底形状。扩底尺寸应符合设计要求，完成后清

除护壁污泥、孔底残渣、浮土、杂物、积水等。

16）检查验收

成孔以后必须对桩身直径、扩大头尺寸、井底标高、桩位中心、井壁垂直度、虚土厚度、孔底岩（土）性质进行逐个全面综合测定。做好成孔施工验收记录，办理隐蔽验收手续。检验合格后迅速封底，安放钢筋笼，灌注桩身混凝土。

17）吊放钢筋笼

①按设计要求对钢筋笼进行验收，检查钢筋种类、间距、焊接质量、钢筋笼直径、长度及保护块（卡）的安置情况，填写验收记录。

②钢筋笼用起重机吊起，沉入桩孔就位。用挂钩钩住钢筋笼最上面的一根加强箍，用槽钢作横担，将钢筋笼吊挂在井壁上口，以自重保持骨架的垂直，控制好钢筋笼的标高及保护层的厚度。起吊时防止钢筋笼变形，注意不得碰撞孔壁。

③如钢筋笼太长时，可分段起吊，在孔口进行垂直焊接。大直径（＞1.4m）桩钢筋笼也可在孔内安装绑扎。

④超声波等非破损检测桩身混凝土质量用的测管，也应在安放钢筋笼时同时按设计要求进行预埋。钢筋笼安放完毕后，须经验筋合格后方可浇灌桩身混凝土。

18）浇筑桩身混凝土

①桩身混凝土宜使用设计要求强度等级的预拌混凝土，浇灌前应检测其坍落度，并按规定每根桩至少留置一组试块。用溜槽加串桶向井内浇筑，混凝土的落差不大于 2m，如用泵送混凝土时，可直接将混凝土泵出料口移入孔内投料。桩孔深度超过 12m 时宜采用混凝土导管连续分层浇灌，振捣密实，一般浇灌到扩底部的顶面。振捣密实后继续浇筑以上部分。

②桩直径小于 1.2m、深度达 6m 以下部位的混凝土可利用混凝土自重下落的冲力，再适当辅以人工插捣使之密实。其余 6m 以上部分再分层浇灌振捣密实。大直径桩要认真分层逐次浇灌捣实，振捣棒的长度不可及部分，采用人工铁管、钢筋棍插捣。浇灌直至桩顶，将表面压实、抹平，桩顶标高及浮浆处理应符合要求。

③当孔内渗水较大时（可以以孔内水面上升速度＞15mm/min 为参考），应预先采取降水、止水措施或采用导管法灌注水下混凝土。水下灌注时首次投料量必须足以将导管底端一次性埋入水下混凝土中达 800mm 以上。

（3）质量标准

1）主控项目

①灌注桩用的原材料混凝土强度必须满足设计要求和施工规范规定。试块应在浇灌地点制作，试块组数应按规定留置，检查材料合格证和试验报告。

②桩位中心和深度必须达到设计要求。沉渣或虚土厚度严禁大于标准规定。

③钢筋笼制作必须符合设计要求和施工规范的规定。

④成桩后承载力必须满足设计要求。

2）一般项目

①桩径、桩孔垂直度、孔底沉渣厚度符合设计要求和施工规范的规定。

②混凝土配合比计量准确，坍落度符合设计要求和施工规范的规定。

③实际浇筑混凝土量不得小于计算体积。

④浇筑混凝土后的桩顶标高及浮浆处理，符合设计要求和施工规范的规定。

⑤允许偏差项目见表 4-12。

表 4-12　混凝土护壁人工挖孔灌注桩允许偏差表

项次		项目		允许偏差（mm）	检验方法
主控项目	1	钢筋笼主筋间距		±10	钢尺量检查
	2	钢筋笼长度		±100	钢尺量检查
	3	桩的位置	1～3 根桩、单排桩基垂直于桩基中心线方向和群桩基础的边桩	50	拉线和尺量检查
			条形桩基沿桩基中心线方向和群桩基础的中间桩	150	拉线和尺量检查
	4	孔　深		+300	重锤或测钻杆
一般项目	1	钢筋笼箍筋间距		±20	钢尺量检查
	2	钢筋笼直径		±10	钢尺量检查
	3	桩径（不含混凝土护壁厚度）		+50	井径仪或钢尺
	4	垂直度		＜0.5％	测钻杆
	5	桩底虚土厚度：端承桩摩擦桩		≤50 ≤150	重锤测量
	6	钢筋笼安装深度		±100	用钢尺量
	7	混凝土坍落度：干法灌注		70～100	坍落度仪
	8	混凝土充盈系数		＞1	检查实际灌注量
	9	桩顶标高（扣除桩顶浮浆层及劣质桩体）		+30 −50	水准仪

4.2　大体积混凝土基础施工

4.2.1　大体积混凝土的温度裂缝

1. 大体积混凝土的温度裂缝产生原因

建筑工程中的大体积混凝土结构，因为其截面大，水泥用量多，水泥水化所释放的水化热会产生较大的温度变化和收缩作用，所形成的温度收缩应力是导致混凝土结构产生裂缝的主要原因。这种裂缝有两种：表面裂缝和贯通裂缝。表面裂缝是由于混凝土表面和内部的散热条件不同，温度外低内高，形成了温度梯度，使混凝土内部产生压应力，其表面产生拉应力，表面的拉应力超过混凝土抗拉强度而引起裂缝。贯通裂缝是大体积混凝土在强度发展到一定程度，混凝土逐渐降温，这个降温差引起的变形加上混凝土失水引起的体积收缩变形，受到地基和其他结构边界条件的约束时引起的拉应力，超过混凝土抗拉强度时所产生的贯通整个截面的裂缝。这两种裂缝不同程度上都属于有害裂缝。

2. 大体积混凝土的温度裂缝控制措施

为了有效地控制有害裂缝的出现和发展，可以采取下列几个方面的技术措施：

(1) 降低水泥水化热

降低水泥水化热的方法有以下几种：

1）选用低水化热水泥；减少水泥用量。

2）选用粒径较大级配良好的粗集料。

3）掺加粉灰等掺合料或掺加减水剂。

4）在混凝土结构内部通入循环冷却水，强制降低混凝土水化热温度。

5）在大体积混凝土中，掺加总量不超过20％的大石块等。

（2）降低混凝土入模温度

降低混凝土入模温度的方法有以下几种：

1）选择适宜的气温浇筑。

2）用低温水搅拌混凝土。

3）对集料预冷或避免集料日晒。

4）掺加缓凝型减水剂。

5）加强模内通风等。

（3）混凝土的保温保湿养护

加强施工中的温度控制，做好混凝土的保温保湿养护，缓慢降温，夏季避免暴晒，冬季保温覆盖；加强温度监测与管理；合理安排施工程序，控制浇筑均匀上升，及时回填等。

（4）改善约束条件，削减温度应力

采取分层或分块浇筑，合理设置水平或垂直施工缝，或在适当的位置设置施工后浇带；在大体积混凝土结构基层设置滑动层，在垂直面设置缓冲层，以释放约束应力。

（5）提高混凝土极限抗拉强度

大体积混凝土基础可按现浇结构工程检验批施工质量验收。

4.2.2 大体积混凝土的温度应力计算

（1）结构中的温度场

大体积混凝土中心部分的最高温度，在绝热条件下是混凝土浇筑温度与水泥水化热之和。但是实际的施工条件表明，混凝土内部的温度与外界环境必然存在着温差，加上结构物的四周又具备一定的散热条件，在新浇筑的混凝土与其周围环境之间必然会发生热能交换。所以在体积混凝土内部的最高温度，是由浇筑温度、水泥和水化后产生的水化热量，全部转化为温升后的最后温度，称之为绝热最高温升，通常用T_{max}表示，可按下式计算：

$$T_{max}=\frac{WQ}{C\cdot\gamma} \tag{4-6}$$

式中　T_{max}——混凝土的绝热最高温升（℃）；

W——每千克水泥的水化热（J/kg）；

Q——每立方米混凝土中水泥用量（kg/m^3）；

C——混凝土的比热，通常可取0.96×10^3 [J/（kg·℃）]；

γ——混凝土的表观密度（kg/m^3），通常取2400（kg/m^3）。

不同龄期几种常用水泥在常温下释放的水化热见表4-13，供计算时参考。从表中可以看出，水泥水化热量与水泥品种、水泥强度等级、施工气温和龄期等因素有关。

（2）混凝土最高温升值计算

由于大体积混凝土结构都处于一定的散热条件下，所以实际的最高温升通常都小于绝热温升。目前土建工程中的大体积混凝土内部最高温升的计算公式，还没有精确的资料可供借鉴。以前一直参照水利工程中混凝土大坝施工的有关资料并按照热传导公式进行计算，但土建工程的大体积混凝土，因为其设计强度较高，单位体积水泥用量多，与大坝施工的初始条件和边界条件有较大差异，所以借助大坝低热水泥的温升参数和自由状态下素混凝土的线膨胀系数进行计算，其结果与实际往往差别很大，而且这种计算方法比较复杂，工作量也比较大，不便施工现场技术人员掌握。

表 4-13　水泥水化热值　（单位：kJ/kg）

水泥品种	水泥强度等级	混凝土龄期		
		3d	3d	3d
普通硅酸盐水泥	42.5	314	354	375
	32.5	250	271	334
矿渣硅酸盐水泥	42.5	180	256	334

注：1. 本表数值是按平均硬化温度 15℃时编制的，当平均温度为 7～10℃时，表中数值按 60%～70%采用。
2. 当采用粉煤灰硅酸盐水泥、火山灰质硅酸盐水泥时，其水化热量可参考矿渣硅酸盐水泥的数值。

1979 年以来，按照已施工的许多大体积混凝土结构的现场实测升温、降温数据资料，经过统计整理分析后得出：凡是混凝土结构厚度在 1.8m 以下，在计算最高温升值时，可忽略水灰比、单位用水量、浇筑工艺及浇筑速度等次要因素的影响，而只考虑两个主要影响因素：单位体积水泥用量及混凝土浇筑温度，以简便的经验公式进行计算。工程实践证明，其精确程度完全可以满足指导施工的要求，其计算值与实测值的相比误差较小。

土建工程大体积混凝土最高温升值，可按照式（4-7）和式（4-8）计算：

$$T'_{max}=t_0+Q/10 \tag{4-7}$$

$$T'_{max}=t_0+Q/10+F/50 \tag{4-8}$$

式中　T'_{max}——混凝土内部的最高温升值（℃）；

t_0——混凝土浇筑温度（℃），在计算时，在无气温和浇筑温度的关系值时，可以采用计划浇筑日期的当地旬平均气温（℃）；

Q——每立方米混凝土中水泥的用量（kg/m^2），上述两公式适用于 42.5 级矿渣硅酸盐水泥，如使用 32.5 级水泥时，建议用 Q/10×（1.1～1.2）；使用 52.5 级水泥时，建议采用 Q/10×（0.90～0.95）；

F——每立方米混凝土中粉煤灰的用量（kg/m^3）。

4.2.3　大体积混凝土基础施工

1. 模板安装

（1）筏形基础模板安装

筏形基础的模板主要为底板四周和梁的侧模板。模板通常采用砖模、组合钢模板或木模板。在支模前应组织地基验槽，把混凝土垫层浇筑完成，方便于弹板、梁、柱的位置边线，作为安装模板的依据。底板四周下部台阶侧模，靠近边坡或支护桩，大多采用砖侧模，在护壁桩间砌 120mm 厚砖墙，表面抹 20mm 厚 M5 水泥砂浆；基础上部台阶侧模采用组合钢模板或木模板，支撑在下部钢筋支座上或 100mm×100mm 混凝土短柱上，利用桩头钢筋或在垫层中预埋的锚环锚固，如图 4-1 所示。

梁板式筏形基础的梁在底板上时，当底板与梁一起浇筑混凝土时，底板与梁侧模应一次同时支好，这时梁侧模需用钢支撑架支撑；当浇筑底板后浇筑梁时，则先支底板侧模板，安装梁钢筋骨架，待板混凝土浇筑完后再在板上放线支设梁侧模板，如常规方法。也可梁侧模一次整体制作吊入基坑内组装。当梁板或筏形基础的梁在底板下部时，一般采取梁板同时浇筑混凝土，梁的侧模板是无法拆除的，通常梁侧模采取在垫层上两侧砌半砖代替钢（或木）侧模与垫层形成一个砖底子模，如图 4-2 所示。

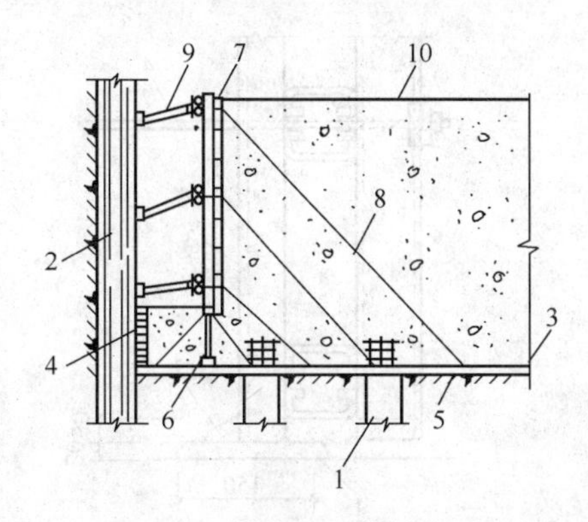

图 4-1　筏板基础侧模支设

1—灌注桩；2—护坡桩；3—垫层；4—半砖侧模；5—预埋吊环；6—钢筋或角钢支撑架；7—组合钢模板；8—拉筋；9—支撑；10—筏形基础

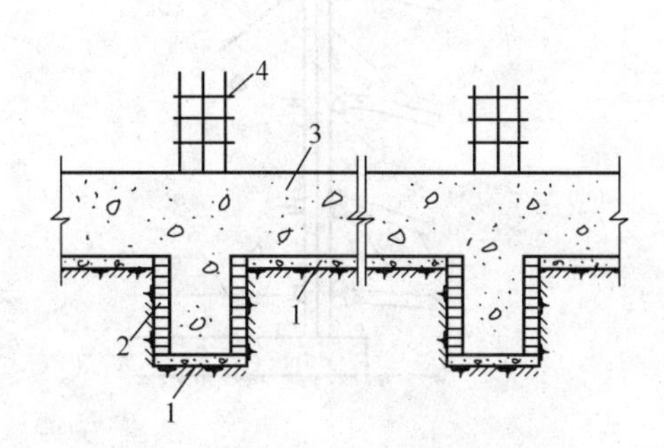

图 4-2　梁板式筏形基础砖侧模板

1—垫层；2—砖侧模；3—底板；4—柱钢筋

梁板式筏形基础模板的安装，大多采用组合钢模板，支撑在钢支架上，用钢管脚手架固定，如图 4-3 所示。

（2）箱形基础模板安装

箱形基础模板安装通常有三种方式：底板、墙和顶板模板分三次安装；先安装底板模板浇筑混凝土后，再在其上安装墙和顶板模板，墙施工缝留在顶板上 300～500mm 处；底板和墙一次支模浇筑混凝土，然后支顶板模板，墙与顶板施工缝留在顶板下 30～50mm 处。因为箱形基础体积和模板量庞大，通常多采取第一种支模方式，对尺寸小的箱形基础，为加速工程进度，也可按照具体情况采用第二种或第三种方式。

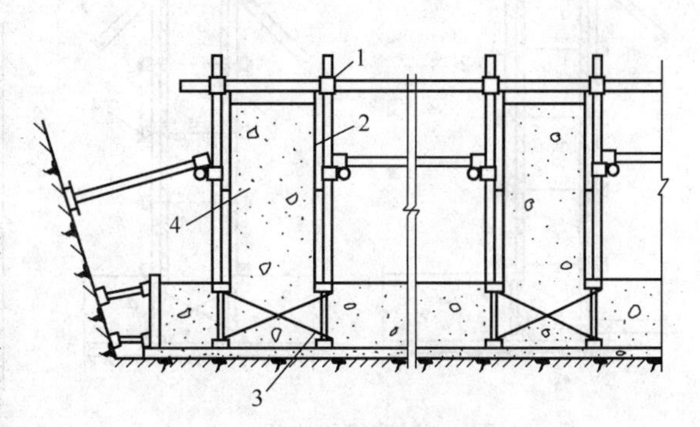

图 4-3　梁板式筏形基础钢管支架支模

1—钢管支架；2—组合钢模板；3—钢支撑架；4—基础梁

底板模板安装方式基本同筏形基础，侧模多用组合钢模板安装，如图 4-4 所示。墙模板多使用整体式大块模板，外侧模板直接支撑在垫层上定位，如图 4-5 所示。内侧模板多支撑在钢筋或角钢支架上，内外模板用穿墙螺栓固定，当有防渗要求时，中间加设止水板。墙模板通常均一次支好，常用支模方式如图 4-6 所示。在适当位置预留门子板，方便下料和振捣混凝土。

箱形基础顶板通常是在地下室墙（柱）施工完后进行，对无梁、厚度与跨度大的顶板，大多采取以钢代木用型钢架空，适当支顶的方法，在浇筑墙（柱）混凝土时，离板底 500mm 处预留槽钢或工字钢作牛腿，再在其上架设工字钢主梁及次梁，再在次梁上安模板棱，铺组合钢模板，在中部加设一排 100mm×100mm 顶撑，如图 4-7 所示。对厚度、跨度较小的顶板，可以在墙、柱上部预埋角钢或槽钢承托，支撑桁架（见图 4-8）或钢横梁，在其上安装板的模板，而且不必在底板上设置大量支撑，因而可让出空间为下一道工序施工创造条件。如墙与顶板同时施工，则在梁板底部安装立柱支顶模板，如普通民用建筑现浇梁板的支模方法。

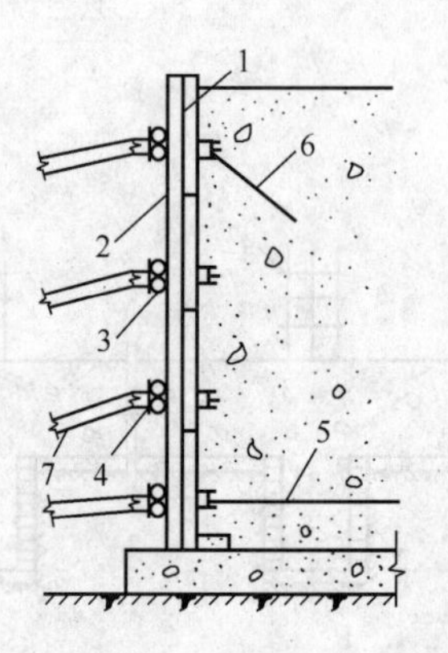

图 4-4　组合式钢模板支模方式

1—组合钢模板；2—钢管式槽钢立棱；3—钢管横棱；4—对拉螺栓外杆；5—对拉螺栓内杆与钢筋焊接；6—ϕ8～12mm 拉杆；7—支撑

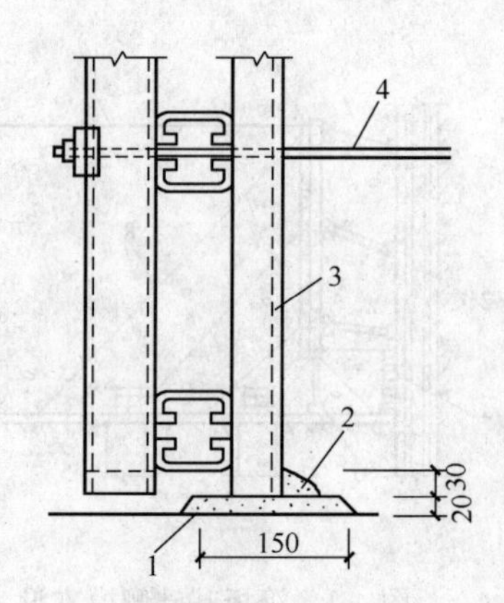

图 4-5　组合钢模板预拼装大模板定位

1—1∶3 水泥砂浆找平；2—定位砂浆；3—组合钢模板预拼装大模板；4—拉紧螺栓

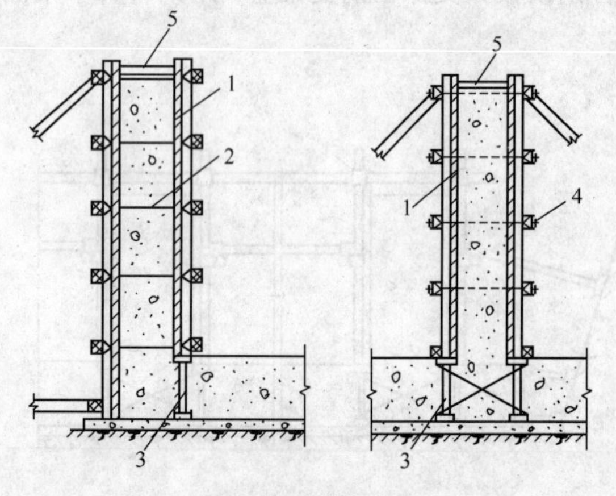

图 4-6　墙模板支设

1—墙模板（木或组合钢模板）；2—拉紧铁丝；3—角钢或钢筋支撑架；4—ϕ12mm 穿墙螺栓；5—60mm×60mm 方木顶棍

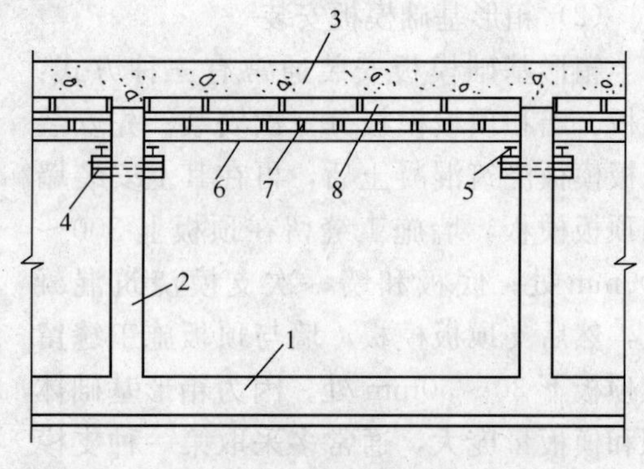

图 4-7　顶板模板支设

1—底板；2—墙；3—顶板；4—短槽钢或工字钢；5—Ⅰ14 型钢主梁；6—Ⅰ12 型钢次梁；7—50mm×100mm 木棱；8—组合钢模板

当箱形基础尺寸大，采取分段支模时，应从底板、墙到顶板均在同一位置留后浇缝带，支侧模板。

2. 钢筋工程

(1) 熟悉技术资料

钢筋加工前，应熟悉图纸资料，配料要按照监审后的设计图纸，图纸中未表达或表达不清楚的部位，则按照实际情况或放实样进行配料，作出详细的成型表，并且结合配料情况绘制一些设计图中未能详细表示的部位的配筋详图，作为加工与绑扎的依据。

(2) 钢筋构造配置

1) 筏形基础钢筋构造配制。筏形基础的钢筋间距不得小于 150mm，宜为 200～300mm，受力钢筋直径不小于 12mm 为宜。采用双向钢筋网片配置在板的顶面和底面。

梁板式筏形基础的肋梁宽度不宜过大，在满足设计剪力不大于 $0.25\beta_c f_c bh_0$ 的条件下，当梁宽小于柱宽时，可以将肋梁在柱边加腋以满足构造要求。墙柱的纵向钢筋要贯通基础梁而插入筏板中，并且应从梁上皮起满足锚固长度的要求。

2）箱形基础钢筋构造配置箱形基础的顶板、底板及墙体均应采用双层双向配筋。墙体的竖向和水平钢筋直径均不得小于 10mm，间距均不得大于 200mm。除上部为剪力墙外，内、外墙的墙顶处宜配制两根直径不得小于 20mm 的通长构造钢筋。

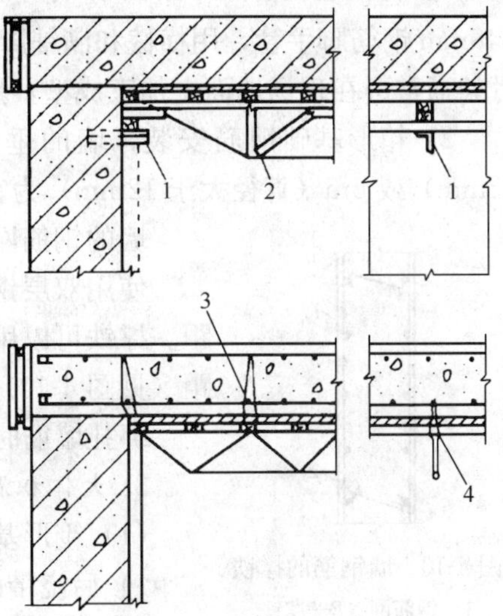

上部结构底层柱纵向钢筋伸入箱形基础墙体的长度应符合下列要求：

①柱下三面或四面有箱形基础墙的内柱，除柱四角纵向钢筋直通到基底外，其余钢筋可伸入顶板底面以下 40 倍纵向钢筋直径处。

②外柱、与剪力墙相连的柱及其他内柱的纵向钢筋应直通到基底。

图 4-8　顶板桁架支模

1—预埋角钢、槽钢或立木排架（虚线）；2—桁架；3—钢筋网片；4—铁丝

（3）钢筋连接

粗直径钢筋宜采用机械连接。机械连接可以采用直螺纹套管连接、套筒挤压连接、锥螺纹套管连接等方法。焊接时可采用电渣压力焊等方法。钢筋连接应符合现行行业标准《钢筋机械连接技术规程》（JGJ 107—2010）、《钢筋机械连接用套筒》（JG/T 163—2013）、《钢筋锥螺纹接头技术规程》（JGJ 109—1996）、《钢筋焊接及验收规程》（JGJ 18—2012）和《钢筋焊接接头试验方法标准》（JGJ/T 27—2001）等的有关规定。

（4）钢筋绑扎与安装

施工顺序：弹线→绑底层钢筋网→绑外壁钢筋网→立支架并与底层钢筋电焊点焊牢→穿绑顶面的钢筋网。

1）筏形基础钢筋安装钢筋网的绑扎，四周两行钢筋交叉点应每点扎牢，中间部分交叉点可相隔交错扎牢，但必须确保受力钢筋不位移。双向主筋的钢筋网，必须将全部钢筋相交点扎牢。绑扎时应注意相邻绑扎点的铁丝扣要成八字形，避免网片歪斜变形。

基础底板采用双层钢筋网时，在上层钢筋网下面应设置钢筋撑脚以确保钢筋位置正确。钢筋撑脚的形式与尺寸如图 4-9 所示，每隔 1m 放置一个。其直径选用：当板厚 $h \leqslant 30$cm时为 8～10mm；当板厚 $h = 30 \sim 50$cm 时为 12～14mm；当板厚 $h > 50$cm 时为16～18mm。

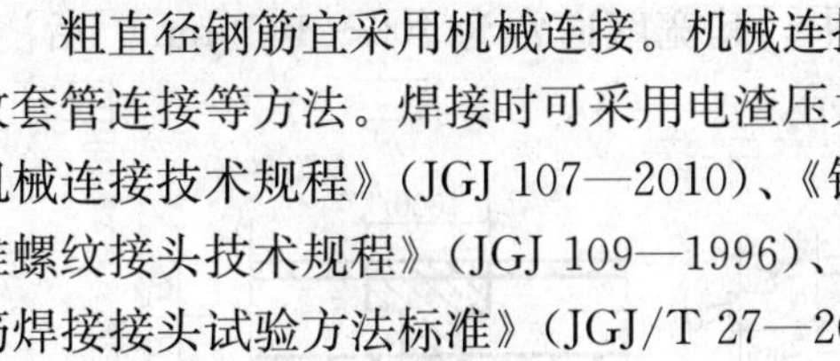

钢筋撑脚　撑脚位置

图 4-9　钢筋撑脚

1—上层钢筋网；2—下层钢筋网；3—撑脚；4—水泥垫块

如果基础底板采用多层钢筋时，应采用 X 形支架来支撑钢筋网，支架间距 2m 以内。钢筋的弯钩应朝上，不要倒向一边，但是双层钢筋网的上层钢筋弯钩应朝下。

在上、下层钢筋高差更大配筋更多的工程中，应采用角钢焊制的支架来支撑上层钢筋的重力，控制钢筋的标高，承担上部操作平台的

全部施工荷载。支架的立柱下端焊在桩帽的主筋上，在其上端焊上一段插座管，插入 ϕ48mm 钢筋脚手管，用横棱和满铺脚手板组成浇筑混凝土用的操作平台，钢筋网片和钢筋骨架通常可在现场地面上加工成型，然后再进行安装。

2）箱形基础钢筋安装，墙的垂直钢筋每段长度不超过 4m（钢筋直径小于或等于 12mm）或 6m（直径大于 12mm）为宜，水平钢筋每段长度不超过 8m 为宜，以利绑扎。

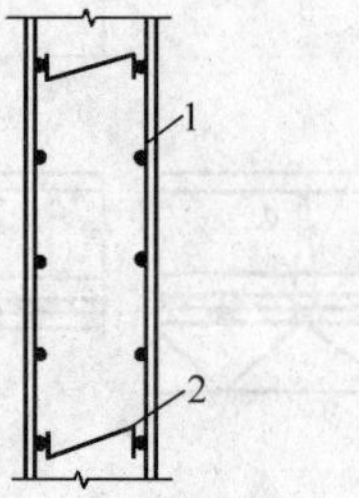

墙的钢筋网绑扎同基础，钢筋的弯钩应朝向混凝土内。

使用双层钢筋网时，在两层钢筋间应设置撑铁用来固定钢筋间距。撑铁可以用直径 6～10mm 的钢筋制成，长度等于两层网片的净距（见图 4-10），间距为 1m，相互错开排列。

图 4-10　墙钢筋的撑铁

1—钢筋网；2—撑铁

绑扎墙筋时，部分钢筋应绑吊扣，其他对称绑单扣。

3. 大体积混凝土浇筑

（1）筏形基础混凝土浇筑

1）后浇带的设置

后浇带是为在现浇混凝土结构施工过程中，克服因为温度、收缩产生有害裂缝而设置的临时施工缝。该缝需按照设计规定保留一段时间后再浇筑，将整个结构连成整体。基础长度超过 40m 时，最好设置施工缝，缝宽不宜小于 80cm。在施工缝处，钢筋必须贯通。

后浇带的保留时间应按照设计要求确定，如果设计无要求时，通常至少保留 28d 以上。

后浇带的宽度应考虑施工简便，以防应力集中，其宽度通常为 700～1000mm。后浇带内的钢筋应完好保存。后浇带的构造如图 4-11 所示。

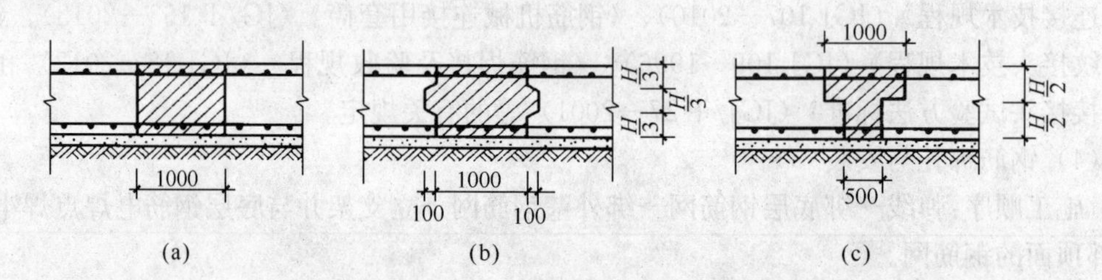

图 4-11　后浇带构造

（a）平接式；（b）企口式；（c）台阶式

后浇带在浇筑混凝土前，一定要将整个混凝土表面按照施工缝的要求进行处理。填充后浇带混凝土可采用微膨胀或无收缩水泥，也可以采用普通水泥加入相应的外加剂拌制，但是必须要求填筑混凝土的强度等级比原结构强度提高一级，并保持至少 15d 的湿润养护。

2）混凝土浇筑方案

大体积混凝土结构的浇筑方案应按照整体性要求、结构大小、钢筋疏密、混凝土供应等具体情况，选用如下三种方式。

①全面分层如图 4-12（a）所示。它是在第一层全面浇筑完毕再回来浇筑第二层，浇筑第二层时第一层浇筑的混凝土还未初凝，如此逐层进行，直至浇筑好。这种方案适用于结构和平面尺寸大的场合，施工时从短边开始沿长边进行较适宜。如有需要也可分两段，从中间向两端或从两端向中间同时进行。

②分段分层如图 4-12（b）所示。此法适用于厚度不太大而面积或长度较大的结构。混

凝土先从底层开始浇筑，进行一定距离后再回来浇筑第二层，如此依次向前浇筑以上各分层。

③斜面分层如图 4-12（c）所示。此法适用于结构的长度超过厚度的 3 倍。振捣工作应从浇筑层的下端开始，逐渐上移，以确保混凝土施工质量。

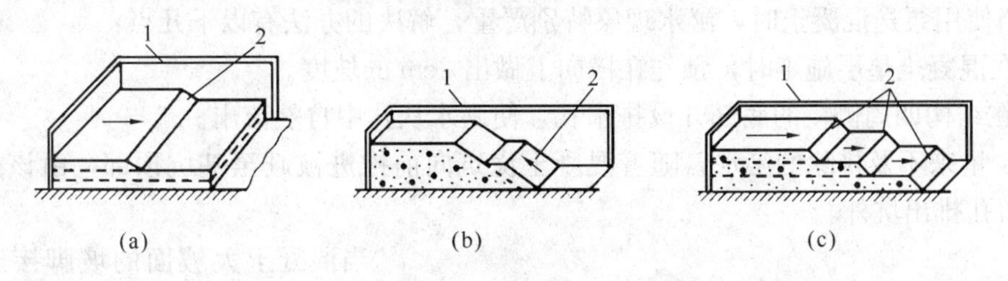

图 4-12　大体积混凝土浇筑方案

（a）全面分层；（b）分段分层；（c）斜面分层

1—模板；2—新浇筑的混凝土

分层的厚度决定于振捣器的棒长和振动力的大小，也要考虑混凝土的供应量大小和可能浇筑量的多少，通常为 200～300mm。

3）混凝土振捣

混凝土的振捣工作是伴随浇筑过程而进行的。按照常采用的斜面分层浇筑方法，振捣时应从坡脚处开始，以确保混凝土的质量。按照泵送混凝土的特点，浇筑后会自然流淌形成转平缓的坡度，也可布设前、后两道振捣器振捣，如图 4-13 所示。第一道振捣器布置在混凝土坡脚处，确保下部混凝土的密实；第二道振捣器布置在混凝土卸料点，解决上部混凝土的密实。随着混凝土浇筑工作的向前推进，振捣器也相应跟进，保证不漏振并确保整个高度混凝土的质量。

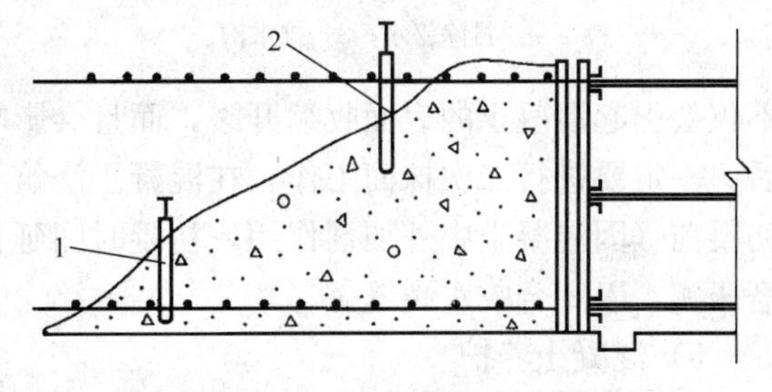

图 4-13　混凝土振捣示意

1—前道振捣器；2—后道振捣器

考虑提高混凝土的极限拉伸值以及提高混凝土的抗裂性，使用二次振捣方法是防止混凝土裂缝的一项技术措施。大量现场试验证明，对浇筑后的混凝土进行二次振捣，能排除混凝土因泌水在集料、水平钢筋下部生成的水分和空隙，提高混凝土与钢筋的握裹力，避免因混凝土沉落而出现的裂缝，减小混凝土内部微裂，增加混凝土的密实度，使混凝土的抗压强度提高 10%～20%，因而可提高混凝土的抗裂性。

混凝土二次振捣的时间是否恰当是二次振捣的关键。振动界线时间是指混凝土振捣后尚能恢复到塑性状态的时间。

掌握二次振捣恰当时间的方法通常为以下几点：

①将运转着的振捣棒以其自身的重力逐渐插入混凝土中进行振捣，混凝土在振动棒慢慢拔出时能自行闭合，不会在混凝土中留下孔穴，则可认为此时施加二次振捣是适宜的。

②国外通常采用测定贯入阻力值的方法进行判定，当标准贯入阻力值在未达到 350N/cm² 以前，进行二次振捣是有效的，不会损伤已成型的混凝土。

因为采用二次振捣的最佳时间与水泥品种、水灰比、坍落度、气温和振捣条件等有关，所以在实际工程正式采用前必须经试验确定。同时，在最后确定二次振捣时间时，不仅要考虑技术上的合理性，而且要满足分层浇筑与循环周期的安排，在操作时间上要留有余地。

4）混凝土的泌水处理和表面处理

①混凝土的泌水处理大体积混凝土施工，因为采用大流动性混凝土分层浇筑，上下层施工的间隔时间较长（一般为 1.5～3h），经过振捣后上涌的泌水和浮浆易顺混凝土坡面流到坑底。当使用泵送混凝土时，泌水现象特别严重，解决的办法有以下几点：

a. 在混凝土垫层施工时，预先在横向上做出 2cm 的坡度。

b. 在结构四周侧模的底部开设排水孔，使泌水从孔中自然流出。

c. 少量来不及排除的泌水，随着混凝土浇筑向前推进被赶至基坑顶部，由该处模板下部的预留孔排出坑外。

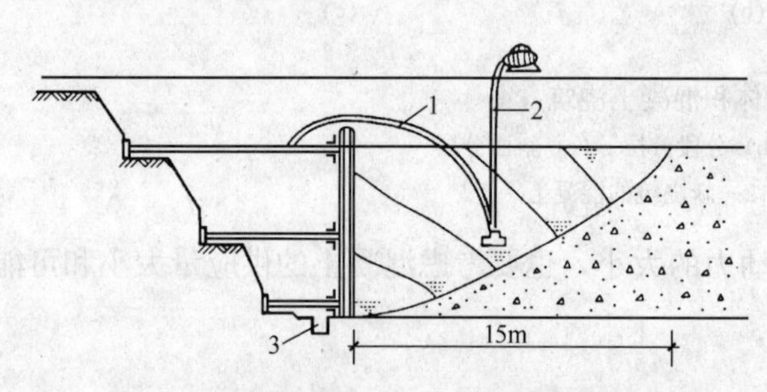

图 4-14 顶端混凝土浇筑方向及泌水排除

1—顶端混凝土浇筑方向；2—软轴抽水机排除泌水；3—排水沟

当混凝土大坡面的坡脚接近顶端模板时，应改变混凝土的浇筑方向，即从顶端往回浇筑，与原斜坡相交成一个集水坑，另外有意识地加强两侧混凝土浇筑强度，这样集水坑逐步在中间缩成小水潭，再用软轴泵及时将泌水排除。采用这种方法适用于排除最后阶段的所有泌水，如图 4-14 所示。

②混凝土的表面处理大体积混凝土，特别是泵送混凝土，其表面水泥浆较厚，不仅会引起混凝土的表面收缩开裂，而且会影响混凝土的表面强度，所以在混凝土浇筑结束后，一定要进行二次抹面工作。在混凝土浇筑 4～5h，先初步按设计标高用长刮尺刮平，在初凝前（因混凝土中外加剂作用，初凝时间延长 6～8h）用铁滚筒碾压数遍，然后用木楔打磨压实，以闭合收水裂缝。

5）混凝土养护

大体积混凝土浇筑后，加强表面的保湿、保温养护，是控制混凝土温差裂缝的一项工艺技术措施，对避免混凝土产生裂缝具有重大作用。

通过对混凝土表面的保湿、保温工作，可减小混凝土的内外温差，避免出现表面裂缝；另外，也可避免混凝土过冷，防止产生贯穿裂缝。通常应在完成浇筑混凝土后的 12～18h 内洒水，如在炎热、干燥的气候条件下，应提前养护，并且应延长养护时间。混凝土的养护时间，主要按照水泥品种而定，通常规定养护时间为 14～21d。大体积混凝土最好采用蓄热养护法养护，其内外温差不宜大于 25℃。

6）混凝土温度监测工作

在大体积混凝土的凝结硬化过程中，随时掌握混凝土不同深度温度场升降的变化规律，及时监测混凝土内部的温度情况，对于有的放矢地采取相应的技术措施，保证混凝土不产生过大的温度应力，具有非常重要的作用。

监测混凝土内部的温度，可以采用在混凝土内不同部位埋设铜热传感器，用混凝土温度测定记录仪进行施工全过程的跟踪和监测。

测温点的布置应便于绘制温度变化梯度图，可布置在基础平面的对称轴和对角线上。测温点应设在混凝土结构厚度的 1/2、1/4 和表面处，离钢筋的间距应大于 30mm。

铜热传感器也可以用绝缘胶布绑扎于预定测点位置处的钢筋上。如预定位置处无钢筋，可以另外设置钢筋。因为钢筋的热导率大，传感器直接接触钢筋会使该部位的温度值失真，故要用绝缘胶布绑扎。待各铜热传感器绑扎完毕后，应将馈线收成一束，固定在钢筋上并引出，以防止在浇筑混凝土时馈线受到损伤。

待馈线与测定记录仪接好后，必须再次对传感器进行试测检查，试测完全合格后，混凝土测试的准备工作即告结束。

混凝土温度测定记录仪，既可显示读数，还可自动记录各测点的温度，能及时绘制出混凝土内部温度变化曲线，随时对照理论计算值，这样在施工过程中，可做到对大体积混凝土内部的温度变化进行跟踪监测，实现信息化施工，确保工程质量。

为了控制裂缝的产生，不仅要对混凝土成型之后的内部温度进行监测，而且还要在一开始就对原材料及混凝土的拌合、入模和浇筑温度系统进行实测。

(2) 箱形基础混凝土浇筑

1) 箱形基础底板，内、外墙和顶板施工缝的留设如图 4-15 所示。外墙水平施工缝应在底板面上部 300～500mm 范围内和无梁顶板下部 30～50mm 处，并应做成企口式，如图 4-16 所示。如有严格防水要求时，应在企口中部设镀锌钢板（或塑料）止水带，外墙的垂直施工缝宜用凹缝，内墙的水平和垂直施工缝多采用平缝，内墙与外墙之间可留垂直缝。在继续浇筑混凝土前必须清除杂物，将表面冲洗干净，注意接浆质量，然后浇筑混凝土。

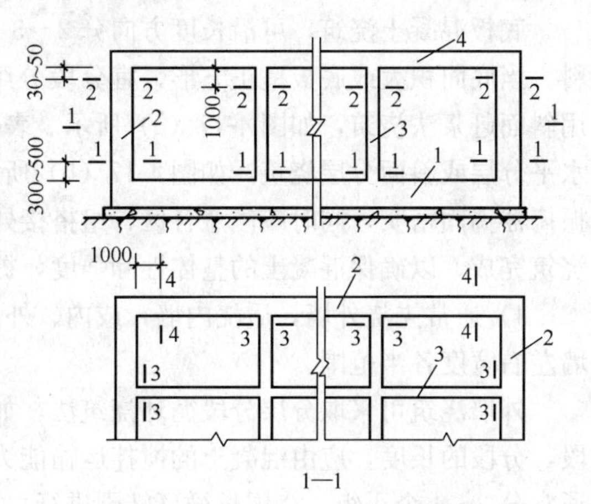

图 4-15　箱形基础施工缝位置留设

1—底板；2—外墙；3—内隔墙；4—顶板 1—1 等的施工缝位置

2) 当箱形基础长度超过 40m 时，为防止出现温度收缩裂缝或降低浇筑强度，宜在中部设置贯通后浇缝带，缝带宽度不宜小于 800mm，并且从两侧混凝土内伸出贯通主筋，主筋按原设计连续安装而不切断，经 2～4 周，然后在预留的中间缝带用高一强度等级的半干硬性混凝土或微膨胀混凝土（掺水泥用量 12%的 U 形膨胀剂，简称 U・E・A）浇筑密实，让连成整体并加强养护，但后浇缝

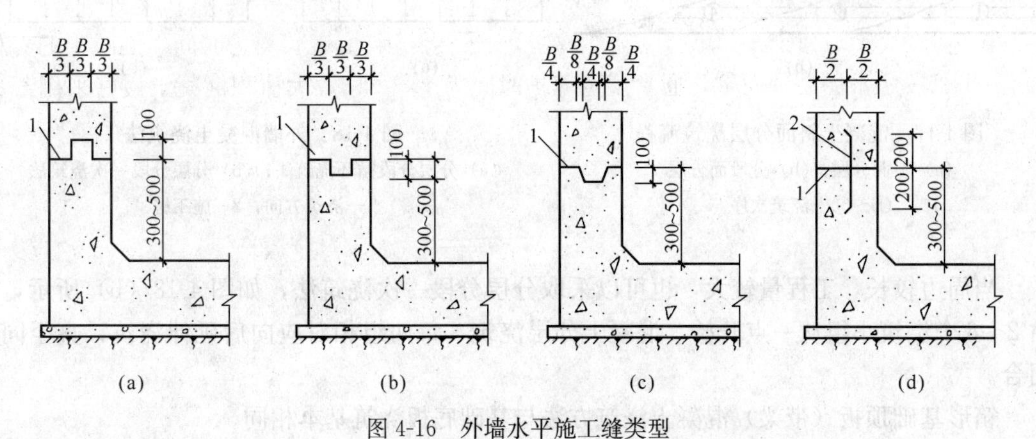

图 4-16　外墙水平施工缝类型

(a)(b)(c) 企口施工缝；(d) 钢板止水片施工缝

1—施工缝；2—3～4mm 镀锌钢板止水片

带必须是在底板、墙壁和顶板的同一位置上部留设，使其形成环形，以利释放早期和中期温度应力。如果只在底板和墙壁上留后浇缝带而不在顶板上留设，将会在顶板上产生应力集中而出现裂缝，并且会传递到墙壁后浇缝带，也会引起裂缝。底板后浇缝带处的垫层应加厚，局部加厚范围可采用 l_a＋800mm（l_a 为钢筋最小锚固长度），垫层顶面做二毡三油或沥青麻布两层等防水层，外墙外侧在上述范围应做二毡三油防水层，并用强度等级为 M5 的砂浆砌半砖墙保护。后浇缝带适用于变形稳定较快、沉降量较小的地基，对变形量大、变形延续时间长的地基不宜采用。当有管道穿过箱形基础外墙时，应加焊止水片防渗漏。

3）混凝土浇筑要合理选择浇筑方案，按照每次浇筑量，确定搅拌、运输、振捣能力，配备机械人员，保证混凝土浇筑均匀、连续，避免出现过多的施工缝和薄弱层面。

底板混凝土浇筑，可沿长度方向分 2～3 个区，从一端向另一端分层推进，分层均匀下料。当底面积大或底板呈正方形，宜分段分组浇筑，当底板厚度小于 50cm，可不分层，采用斜面赶浆法浇筑，如图 4-17（a）所示。表面及时整平，当底板厚度等于或大于 50cm，宜水平分层或斜面分层浇筑，如图 4-17（b）所见，每层厚 25～30cm，分层用插入式或平板式振捣器捣固密实，同时应注意各区、组搭接处的振捣，避免漏振，每层应在水泥初凝时间内浇筑完成，以确保混凝土的整体性和强度，提高抗裂性。

4）通常先浇外墙，后浇内墙，或内、外墙同时浇筑，分支流向轴线前进，各组兼顾横墙左右宽度各半范围。

外墙浇筑可采取分层分段循环浇筑法，如图 4-18（a）所示，即将外墙沿周边分成若干段，分段的长度，应由混凝土的搅拌运输能力、浇灌强度、分层厚度和水泥初凝时间而定。通常分 3～4 个小组，绕周长循环转圈进行，周而复始，直至外墙体浇筑完成。

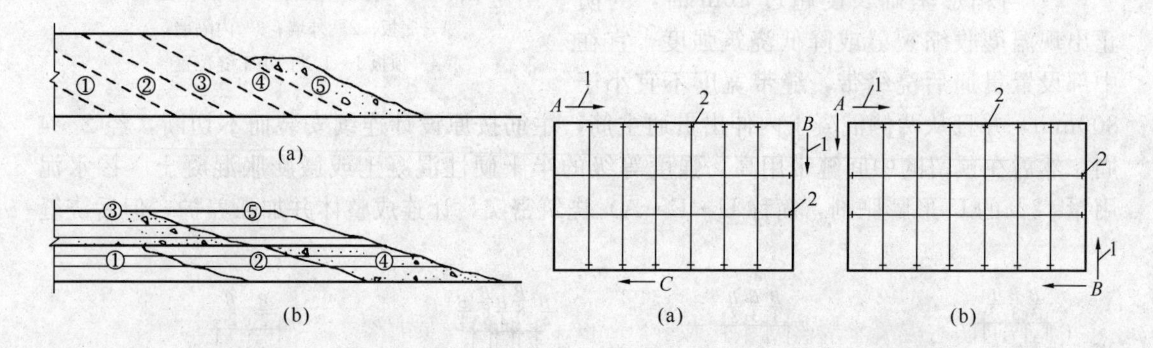

图 4-17　混凝土斜面分层浇筑流程

（a）斜面分层；（b）分段面分层

①～⑤—浇筑次序

图 4-18　外墙混凝土浇筑法

（a）分层分段循环浇筑法；（b）分层分段一次浇筑法

1—浇筑方向；2—施工缝

当周边较长，工程量较大，也可以采取分层分段一次浇筑法，如图 4-18（b）所示，即由 2～6 个浇筑小组从一点开始，混凝土分层浇筑，每两组相对应向后延伸浇筑，直至同时闭合。

箱形基础顶板（带梁）混凝土浇筑方法与基础底板浇筑基本相同。

5）箱形基础混凝土浇筑完后，要加强覆盖，浇水养护；冬期要保温，避免温差过大出现裂缝，以确保结构使用和防水性能。

4.3 地下防水工程施工

4.3.1 地下工程防水混凝土施工

1. 施工准备

(1) 完成钢筋及模板的预检、隐检工作

1) 所用模板拼缝严密，不漏浆、不变形，吸水性小，支撑牢固。采用钢模时，应清除钢模内表面的水泥浆，并均匀涂刷脱模剂（注意梁板模必须刷水性脱模剂）以保证混凝土表面光滑。

2) 立模时，应预先留出穿墙设备管和预埋件的位置，准确牢固埋好穿墙止水套管和预埋件。拆模后应做好防水处理。

3) 防水混凝土结构内部设置的钢筋及绑扎铁丝均不得接触模板，固定外墙模板的螺栓不宜穿过防水混凝土以免造成引水通路，如必须穿过时，可采用工具式止水螺栓，如图4-19所示，或螺栓加堵头，螺栓上加焊方形止水环等止水措施。

4) 及时清除模板内杂物。

(2) 根据施工方案做好技术交底工作

(3) 各项原材料需经检验，并经试配提出混凝土配合比，防水混凝土配合比应符合下列规定：

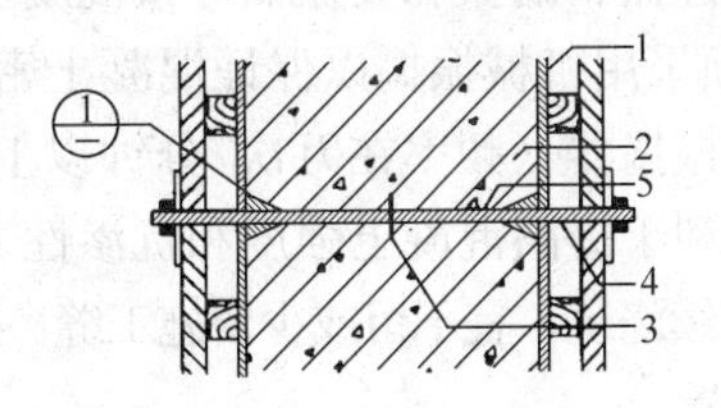

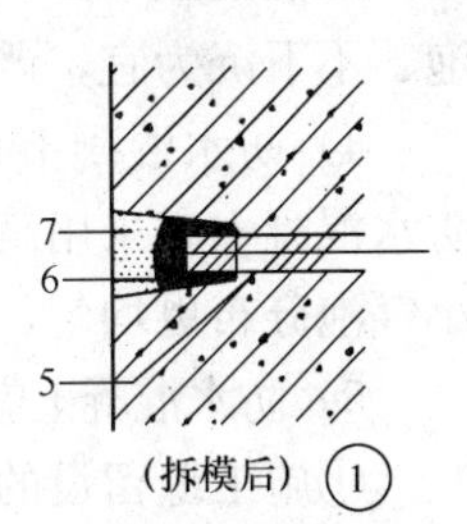

图 4-19 固定模板用螺栓的防水做法

1—模板；2—结构混凝土；3—止水环；4—工具螺栓；5—固定模板用螺栓；6—嵌缝材料；7—聚合物水泥砂浆

1) 试配的混凝土抗渗等级应比设计要求提高一级（0.2MPa）。每立方米混凝土水泥用量不应少于 320kg，掺有活性掺合料时，水泥用量不得少于 260kg。

2) 砂率宜为 35%～40%；泵送时宜为 38%～45%。

3) 灰砂比宜为 1∶1.5～1∶2.5。

4) 水胶比不得大于 0.5。

5) 掺加引气剂或引气型减水剂时，混凝土含气量宜控制在 3%～5%。

6) 普通防水混凝土坍落度不宜大于 50mm，泵送时入泵坍落度宜为 120～160mm。

(4) 减水剂宜预溶成一定浓度的溶液。

(5) 地下防水工程施工期间应做好降水和排水工作。

2. 施工工艺

(1) 工艺流程

作业准备 → 混凝土搅拌及运输 → 混凝土浇筑 → 养护 → 质量验收

(2) 混凝土搅拌

1) 宜采用预拌混凝土。混凝土搅拌时必须严格按试验室配合比通知单的配合比准确称量，不得擅自修改。当原材料有变化时，应通知试验室进行试验，对配合比作必要的调整。

2) 雨期施工期间对露天堆放料场的砂、石应采取遮挡措施，下雨天应测定雨后砂、石含水率，及时调整砂、石和水的用量。

（3）混凝土运输

1）混凝土运送道路必须保持平整、畅通，尽量减少运输的中转环节，以防止混凝土拌合物产生分层、离析及水泥浆流失等现象。

2）混凝土拌合物运至浇筑地点后，如出现分层、离析现象，必须加入适量的原水灰比的水泥浆进行二次拌合，均匀后方可使用，不得直接加水拌合。

3）注意坍落度损失，浇筑前坍落度每小时损失值不应大于20mm，坍落度总损失值不应大于40mm。

（4）混凝土浇筑

1）当混凝土入模自落高度大于2m时应采用串筒、溜槽、溜管等工具进行浇筑，以防止混凝土拌合物分层离析。

2）混凝土应分层浇筑，每层厚度为振捣棒有效作用长度的1.25倍，一般ϕ50棒分层厚度为400～480mm。

3）分层浇筑时，第二层防水混凝土浇筑时间应在第一层初凝以前，将振捣器垂直插入到下层混凝土中≥50mm，插入要迅速，拔出要缓慢，振捣时间以混凝土表面浆出齐、不冒泡、不下沉为宜，严防过振、漏振和欠振而导致混凝土离析或振捣不实。

4）防水混凝土必须采用机械振捣以保证混凝土密实。对于掺加气剂和引气型减水剂的防水混凝土应采用高频振捣器（频率在万次/分钟以上）振捣，可以有效地排除大气泡，使小气泡分布更均匀，有利于提高混凝土强度和抗渗性。

5）防水混凝土应连续浇筑，宜不留或少留施工缝。当必须留设施工缝时，应符合下列规定：

①施工缝留设的位置。

a. 墙体水平施工缝不应留在剪力最大处或底板与侧墙的交接处，应留在高出底板表面不小于300mm的墙体上。拱（板）墙结合的水平施工缝，宜留在拱（板）墙接缝以下150～300mm处。墙体有预留空洞时，施工缝距空洞边缘不应小于300mm。

b. 垂直施工缝应避开地下水和裂隙水较多的地段，并宜与变形缝相结合。

②施工缝防水的构造形式。

施工缝应采用多道防水措施，其构造形式见图4-20～图4-23。

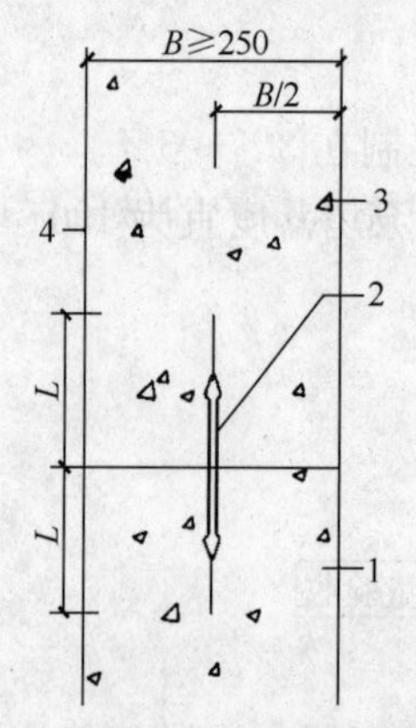

图4-20 施工缝防水基本构造（一）

钢板止水带L≥150；橡胶止水带L≥125；钢边橡胶止水带L≥120

1—先浇混凝土；2—中埋式止水带；3—后浇混凝土；4—结构迎水面

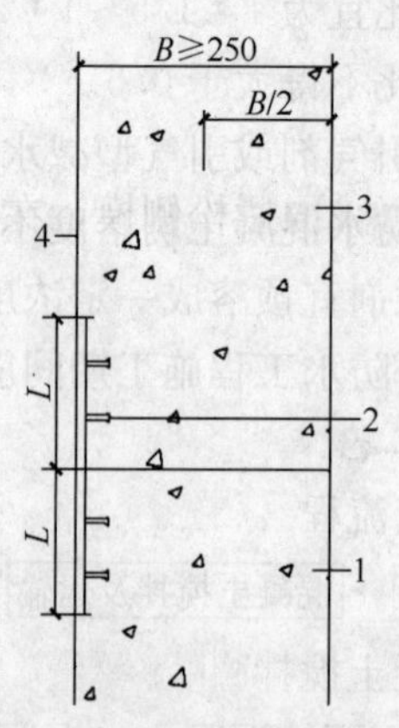

图4-21 施工缝防水基本构造（二）

外贴止水带L≥150；外涂防水涂料L=200；外抹防水砂浆L=200

1—先浇混凝土；2—外贴防水层；3—后浇混凝土；4—结构迎水面

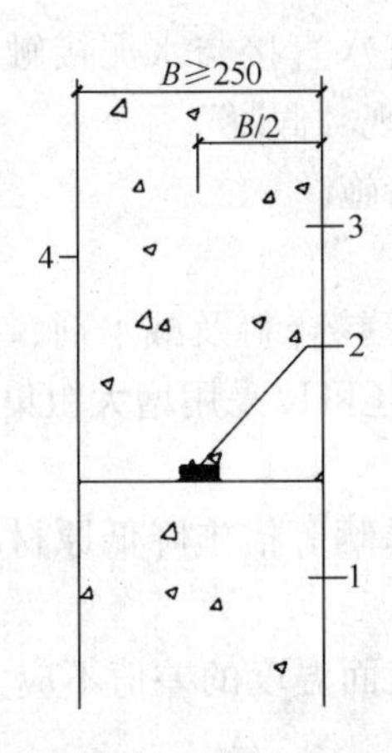

图 4-22　施工缝防水基本构造（三）
1—先浇混凝土；2—遇水膨胀止水胶（条）；
3—后浇混凝土；4—结构迎水面

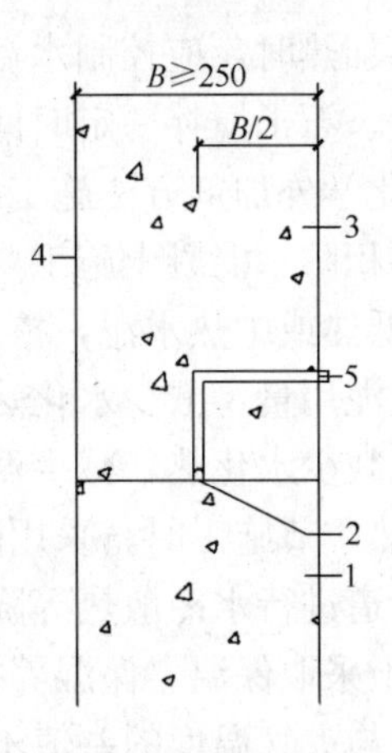

图 4-23　施工缝防水基本构造（四）
1—先浇混凝土；2—预埋注浆管；3—后浇
混凝土；4—结构迎水面；5—注浆导管

③施工缝新旧混凝土接缝处理。

a. 水平施工缝浇筑混凝土前，应将其表面凿毛，清除表面浮浆和杂物，先铺净浆或涂刷界面处理剂或涂刷水泥基渗透结晶型防水涂料等，再铺 30～50mm 厚的 1∶1 水泥砂浆，并及时浇灌混凝土。

b. 垂直施工缝浇筑混凝土前，应将其表面凿毛并清理干净，涂刷混凝土界面处理剂或水泥基渗透结晶型防水涂料，并及时浇筑混凝土。

c. 施工缝采用遇水膨胀止水条时，止水条应牢固地安装在接缝表面或预留槽内，遇水膨胀止水条应具有缓胀性能，7d 膨胀率不应大于最终膨胀率的 60%。

d. 采用中埋式止水带或预埋注浆管时，应确保位置准确，牢固可靠，严防混凝土施工时错位。

（5）养护

1）防水混凝土浇筑完成后，必须及时养护，并在一定的温度和湿度条件下进行。

2）混凝土初凝后应立即在其表面覆盖草袋、塑料薄膜或喷涂混凝土养护剂等进行养护，炎热季节或刮风天气应随浇灌随覆盖，但要保护表面不被压坏。浇捣后 4～6h 浇水或蓄水养护，3d 内每天浇水 4～6 次，3d 后每天浇水 2～3 次，养护时间不得少于 14d。墙体混凝土浇筑 3d 后，可采取撬松侧模，在侧模与混凝土表面缝隙中浇水养护的做法保持混凝土表面湿润。

（6）拆模

1）防水混凝土拆模时间一律以同条件养护试块强度为依据，不宜过早拆除模板，梁板模板宜在混凝土强度达到或超过设计强度等级的 75%时拆模。

2）拆模时结构混凝土表面温度与周围环境温度差不得大于 25℃。

3）炎热季节拆模时间以早、晚间为宜，应避开中午或温度最高的时段。

（7）冬期施工

1）冬期施工宜采用掺化学外加剂法、暖棚法、综合蓄热法等养护方法，不可采用电热法。

2）蓄热法一般用于室外平均气温不低于−15℃的地下工程或者表面系数不大于 $5m^{-1}$ 结

构。对原材料加热时，应控制水温不得超过80℃且不得将水直接与水泥接触，而应先将加热后的水、砂、石子搅拌一定时间后再加入水泥，防止出现“假凝”。

3）采用化学外加剂方法施工时，应采取保温、保湿措施。

（8）大体积防水混凝土施工

1）采用低热或中热水泥，掺加粉煤灰、磨细矿渣粉等掺合料及减水剂、缓凝剂等外加剂，以降低水泥用量，减少水化热、推迟水化热峰出现，还可以采用增大粗集料粒径、降低水灰比等措施减少水化热，减少温度裂缝。

2）在炎热季节施工时，采用降低水温，避免砂、石暴晒等措施降低原材料温度及混凝土内部预埋管道进行水冷散热等降温措施。

3）混凝土采取保温、保湿养护，混凝土中心温度与表面温度的差值不应大于25℃，混凝土表面温度与大气温度的差值不应大于25℃。

4）大体积防水混凝土的其他操作要点参照本章4.2节大体积混凝土基础施工的相关内容进行施工。

4.3.2 地下工程水泥砂浆防水层施工

1. 施工准备

（1）结构验收合格，办好验收手续。

（2）地下防水工程施工前应做好降水和排水处理，直至防水工程全部完工为止。降水、排水措施应按施工方案执行。

（3）地下室门窗口、预留孔及管口进出口处理完毕。

（4）混凝土墙面如有蜂窝及松散混凝土要剔除，用水冲刷干净，然后用水泥砂浆抹平。表面有油污时应用掺入10%的火碱溶液刷洗干净，或涂刷界面剂。

（5）混合砂浆砌筑的砖墙抹防水层时，必须在砌砖时划缝，深度为10～20mm，穿墙预埋管露出基层时必须在其周围剔成20～30mm宽、50～60mm深的沟槽，用水冲净后，用改性后的防水砂浆填实，管道穿墙应按设计要求做好防水处理并办理隐检手续。

（6）水泥砂浆防水层，不适用于在使用过程中由于结构沉降、受振动或温度湿度变化而产生裂缝的结构。

（7）用于有腐蚀介质的部位，必须采取有效的防腐措施。

（8）水泥砂浆防水层应在基础、维护结构内衬等验收合格后施工。

2. 施工工艺

（1）工艺流程

基层处理 → 分层铺抹 → 压实、抹平 → 养护 → 质量验收

（2）基层处理

1）水泥砂浆铺抹前，基层混凝土强度等级不应小于C15；砌体结构砌筑用的砂浆强度等级不应低于M7.5。

2）基层表面应先进行处理，使其坚实、平整、粗糙、洁净，并充分湿润，无积水。

3）基层表面的孔洞、缝隙应用与防水层相同的砂浆填塞抹平。

（3）防水砂浆层施工前工作

防水砂浆层施工前应将预埋件、穿墙管四周预留凹槽内嵌填密封材料。

（4）水泥砂浆品种和配合比设计

水泥砂浆品种和配合比设计应根据防水工程要求确定。

（5）砂浆的拌制

1）防水砂浆的拌制以机械搅拌为宜，也可用人工搅拌。拌合时材料称量要准确，不得随意增减用水量。机械搅拌时，先将水泥、砂干拌均匀，再加水拌合 1～2min 即可。

2）使用外加剂或聚合物乳液时，先将水泥、砂干拌均匀，然后加入预配好的外加剂水溶液或聚合物乳液。严禁将外加剂干粉直接倒入水泥砂浆中，配制时聚合物砂浆的用水量应扣除聚合物乳液中的水量。

3）防水砂浆要随拌随用，聚合物水泥防水砂浆拌合物应在 45min 内用完，当气温高、湿度小或风速较大时，宜在 20min 内用完；其他外加剂防水砂浆应初凝前用完。在施工过程中如有离析现象，应进行二次拌合，必要时应加素水泥浆及外加剂，不得任意加水。

（6）水泥砂浆防水层规定

水泥砂浆防水层规定应分层铺抹或喷涂，铺抹时应注意压实、抹平和表面压光。

（7）聚合物水泥防水砂浆涂抹施工规定

1）防水砂浆层厚度大于 10mm 时，立面和顶面应分层施工，第二层应待前一层指触干后进行，各层应粘结牢固。

2）每层宜连续施工，当必须留槎时，应采用阶梯坡形槎，接槎部位离阴阳角处不得小于 200mm，上下层接槎应错开 10～15mm。接槎应依层次顺序操作，层层搭接紧密。

3）铺抹可采用抹压或喷涂施工。喷涂施工时，喷枪的喷嘴应垂直于基面，合理调整压力、喷嘴与基面距离。

4）铺抹时应压实、抹平，如遇气泡应挑破压实，保证铺抹密实。

5）压实、抹平应在初凝前完成。

（8）砂浆施工程序

一般先立面后地面，防水层各层之间应紧密结合，防水层的阴阳角处应抹成圆弧形。

（9）水泥砂浆防水层施工

不宜在雨天或 5 级以上大风中施工。冬期施工时，气温不得低于 5℃，基层表面温度应保持 0℃以上，夏季施工时，不应在 35℃以上或烈日直晒下施工。

（10）砂浆防水层厚度因材料品种不同而异

聚合物水泥砂浆防水层厚度单层施工宜为 6～8mm，双层施工宜为 10～12mm，掺外加剂、掺合料等的水泥砂浆防水层厚度宜为 18～20mm。

（11）养护

1）防水砂浆终凝后应及时养护，养护温度不宜低于 5℃，养护时间不得少于 14d，养护期间应保持湿润。

2）聚合物水泥砂浆防水层未达到硬化状态时，不得浇水养护或直接受雨水冲刷，终凝后应进行 7d 的保湿养护，在潮湿环境中，可在自然条件下养护。养护期间不得受冻。

3）使用特种水泥、外加剂、掺合料的防水砂浆，养护应按产品说明书要求进行。

3. 质量标准

（1）主控项目

1）水泥砂浆防水层的原材料及配合比必须符合设计要求。

2）水泥砂浆防水层之间必须结合牢固，无空鼓现象。

（2）一般项目

1）水泥砂浆防水层表面应密实、平整，不得有裂纹、起砂、麻面等缺陷；阴阳角处应抹成圆弧形。

2）水泥砂浆防水层的施工缝留槎位置应正确，接槎应按层次顺序操作，层层搭接紧密。

3）水泥砂浆防水层的平均厚度应符合设计要求，最小厚度不得小于设计厚度的85%。

4.3.3 地下工程卷材防水层施工

1. 高聚物改性沥青卷材防水层施工

（1）施工准备

1）材料要求

①高聚物改性沥青防水卷材

a. 高聚物改性沥青防水卷材规格应符合表4-14的规定。

表4-14　高聚物改性沥青防水卷材规格

厚度（mm）	宽度（mm）	长度（mm）	厚度（mm）	宽度（mm）	长度（mm）
3.0	≥1000	10	5.0	≥1000	5
4.0	≥1000	7.5			

b. 高聚物改性沥青防水卷材技术性能应符合表4-15的规定。

表4-15　高聚物改性沥青防水卷材技术性能

<table>
<tr><th colspan="2" rowspan="2">项　目</th><th rowspan="2">单　位</th><th colspan="3">性　能　指　标</th></tr>
<tr><th>聚酯毡胎卷材</th><th>玻纤毡胎卷材</th><th>聚乙烯膜胎卷材</th></tr>
<tr><td rowspan="3">拉伸性能</td><td rowspan="2">拉力</td><td rowspan="2">N/50mm</td><td rowspan="2">≥800（纵横向）</td><td>≥500（纵向）</td><td>≥140（纵向）</td></tr>
<tr><td>≥300（横向）</td><td>≥120（横向）</td></tr>
<tr><td>最大拉力时延伸率</td><td>%</td><td>≥40（纵横向）</td><td>—</td><td>≥250（纵横向）</td></tr>
<tr><td colspan="2" rowspan="2">低温柔度</td><td rowspan="2">℃</td><td colspan="3">≤−25</td></tr>
<tr><td colspan="3">3mm厚，r=15mm；4mm厚，r=25mm；3s，弯180°，无裂纹</td></tr>
<tr><td colspan="2">不透水性</td><td></td><td colspan="3">压力0.3MPa，保持时间120min，不透水</td></tr>
<tr><td colspan="2">可溶物含量</td><td>g/m²</td><td colspan="3">3mm厚≥2100；4mm厚≥2900</td></tr>
</table>

②配套材料

a. 基层处理剂：多采用高聚物改性沥青加入有机溶剂配制而成的黑色液体，用于基层处理（冷底子油）。

b. 橡胶沥青嵌缝膏：用于特殊部位、管根、变形缝等处的嵌缝密封。

c. 70号汽油：用于清洗工具及污染部位。

2）作业条件

①施工前审核图纸，编制防水工程施工方案并进行技术交底。地下防水工程必须由专业队施工，作业队的资质合格，操作人员持证上岗。

②铺贴防水层的基层必须按设计施工完毕，涂刷基层处理剂前（冷底子油），应将基层表面的尘土、杂物等清理干净。

③基层应平整、牢固，不空鼓、开裂、起砂，并经养护后干燥，含水率不大于9%（将$1m^2$卷材干铺在找平层上，静置3～4h后掀开检查，找平层覆盖部位与卷材上未见水印即可）。

3）转角处应抹成光滑一致的圆弧形。

4）卷材严禁在雨天、雪天、雾天和五级以上大风天施工。采用热熔法施工时，环境温度不得低于-10℃。施工场地应保持地下水位稳定在基底500mm以下，必要时应采取降排水措施。

5）施工用材料均为易燃品，因而应准备好相应的消防器材。

6）操作人员应穿工作服，戴安全帽、口罩、手套、帆布脚盖等劳保用品。

7）地下室通风不良时，铺贴卷材应采取通风措施。

（2）施工工艺

1）工艺流程

基层清理 → 基层验收 → 涂刷基层处理剂 → 特殊部位加强处理 → 基层弹分条铺贴线 → 底层卷材铺贴 → 卷材上弹上层分条铺贴线 → 热熔铺贴卷材 → 热熔封边 → 分项验收 → 做保护层

2）基层清理：施工前将验收合格的基层清理干净、平整牢固、保持干燥。

3）涂刷基层处理剂：在基层表面满刷一道用汽油稀释的高聚物改性沥青溶液，涂刷应均匀，不得有露底或堆积现象，也不得反复涂刷，涂刷后在常温经过4h后（以不粘脚为准），开始铺贴卷材。

4）特殊部位加强处理：管根、阴阳角部位加铺一层卷材。按规范及设计要求将卷材裁成相应的形状进行铺贴。

5）基层弹分条铺贴线：在处理后的基层面上，按卷材的铺贴方向，弹出每幅卷材的铺贴线，保证不歪斜（以后上层卷材铺贴时，同样要在已铺贴的卷材上弹线）。

6）热熔铺贴卷材

①底板垫层混凝土平面部位宜采用空铺法或点粘法，其他与混凝土结构相接触的部位应采用满粘法；采用双层卷材时，两层之间应采用满粘法。

②将改性沥青防水卷材按铺贴长度进行裁剪并卷好备用，操作时将已卷好的卷材端头对准起点，点燃汽油喷灯或专用火焰喷枪，均匀加热基层与卷材交接处，喷枪距加热面保持300mm左右往返喷烤，当卷材表面的改性沥青开始熔化时，即可向前缓缓滚铺卷材。不得过分加热或烧穿卷材。

③卷材的搭接：卷材的短边和长边搭接宽度均应大于100mm。同一层相邻两幅卷材的横向接缝，应彼此错开1500mm以上，避免接缝部位集中。地下室的立面与平面的转角处，卷材的接缝应留在底板的平面上，距离立面应不小于600mm。

④采用双层卷材时，上下两层和相邻两幅卷材的接缝应错开1/3～1/2幅宽，且两层卷材不得相互垂直铺贴。

7）热熔封边

卷材搭接缝处用喷枪加热，压合至边缘挤出沥青粘牢。卷材末端收头用沥青嵌缝膏嵌填密实。

8）分项验收

按要求填好分项验收单，请监理进行验收。

9）保护层施工

平面应浇筑细石混凝土保护层；立面防水层施工完，宜采用聚乙烯泡沫塑料片材做软保护层。

（3）质量标准

1）主控项目

①高聚物改性沥青防水卷材及主要配套材料的质量必须符合设计要求。

②卷材防水层及其收头处、转角处、变形缝、穿墙管道等细部做法必须符合设计要求和验收规范的规定。

③防水层严禁有破损和渗漏现象。

2）一般项目

①基层应平整，无空鼓、起砂，阴阳角应呈圆弧形或钝角。

②基层处理剂涂刷应均匀，不得有漏刷和堆积等现象。

③卷材防水层的搭接宽度应符合设计要求和规范的规定，搭接宽度的允许偏差为－10mm。

④卷材防水层的搭接缝应粘（焊）结牢固，密封严密，不得有皱折、翘边和鼓泡等缺陷；防水层的收头与基层粘结并固定，缝口封严，不得翘边。

2. 合成高分子卷材防水层施工

（1）施工准备

1）施工前审核图纸，编制防水工程施工方案并进行技术交底。地下防水工程必须由专业队施工，作业队的资质合格，操作人员持证上岗。

2）合成高分子防水卷材单层使用时，厚度不应小于1.5mm，双层使用时总厚度不应小于2.4mm；阴阳角处应抹成圆弧形，其尺寸视卷材品质确定。在转角处、阴阳角等特殊部位，应增贴1～2层相同的卷材，宽度不宜小于500mm。

3）在地下水位较高的条件下铺贴防水层前，应先降低地下水位，做好排水处理，使地下水位降至防水层底标高500mm以下，并保持到防水层施工完。

4）铺贴防水层的基层表面应平整光滑，必须将基层表面的异物、砂浆疙瘩和其他尘土杂物清除干净，不得有空鼓、开裂及起砂、脱皮等缺陷。

5）基层应保持干燥、含水率应不大于9%（将$1m^2$卷材干铺在找平层上，静置3～4h后掀开检查，找平层覆盖部位与卷材上未见水印即可）。

6）防水层所用材料多属易燃品，存放和操作应隔绝火源并做好防火工作。

7）操作人员应穿工作服，戴安全帽、口罩、手套、帆布脚盖等劳保用品。

8）地下室通风不良时，铺贴卷材应采取通风措施。

（2）施工工艺

1）工艺流程

基层清理→涂刷基层处理剂→特殊部位进行增补处理（附加层）→卷材粘贴面涂胶→基层表面涂胶（晾胶）→铺贴防水卷材→排气、压实→卷材搭接缝涂胶粘结→压实→卷材末端收头及封边处理→做保护层

2）基层清理

施工前应将基层表面的杂物、尘土等清扫干净。

3）涂刷基层处理剂

①基层处理剂根据不同材性的防水卷材，应选用与其相容的基层处理剂。

②在大面积涂刷施工前，先在阴角、管根等复杂部位均匀涂刷一遍，然后用长把滚刷大面积顺序涂刷，涂刷基层处理剂的厚薄应均匀一致，不得有堆积和露底现象。涂刷后经4h干燥，手摸不粘时，即可进行下道工序。

4）特殊部位增补处理

①增补涂膜：可在地面、墙体的管根、伸缩缝、阴阳角等部位，均匀涂刷一层聚氨酯涂膜防水层，作为特殊薄弱部位的防水附加层，涂膜固化后即可进行下道工序。

②附加层施工：设计要求特殊部位，如阴阳角、管根，可用卷材铺贴一层处理。

5）铺贴卷材防水层

①底板垫层混凝土平面部位宜采用空铺法或点粘法，其他与混凝土结构相接触的部位应采用满粘法；采用双层卷材时，两层之间应采用满粘法。

②铺贴前在基层面上排尺弹线，作为掌握铺贴的基准线，使其铺设平直。

③卷材粘贴面涂胶：将卷材铺展在干净的基层上，用长把滚刷蘸胶涂匀，应留出搭接部位不涂胶。晾胶至基本干燥不粘手。

④基层表面涂胶：底胶干燥后，在清理干净的基层面上，用长把滚刷蘸胶均匀涂刷，涂刷面不宜过大，然后晾胶。

⑤卷材粘贴。

a. 在基层面及卷材粘贴面已涂刷好胶的前提下，将卷材用ϕ30mm、长1.5m的圆心棒（钢管）卷好，由两人抬至铺设端头，注意用线控制，位置要正确，粘结固定端头，然后沿弹好的基准线向另一端铺贴，操作时卷材不要拉太紧，并注意方向沿基准线进行，以保证卷材搭接宽度。

b. 卷材不得在阴阳角处接头，接头处应间隔错开。

c. 压实排气：每铺完一张卷材，应立即用干净的滚刷从卷材的一端开始横向用力滚压一遍，以便将空气排出。

d. 滚压：排除空气后，为使卷材粘结牢固，应用外包橡皮的铁辊滚压一遍。

e. 接头处理：卷材搭接的长边与端头的短边100mm范围，用毛刷蘸接缝专用胶粘剂，涂于搭接卷材的两个面，待其干燥15～30min即可进行压合，挤出空气，不许有皱折，然后用手持压辊顺序滚压一遍。

f. 凡遇有卷材重叠三层的部位，必须用密封材料封严。

⑥卷材的搭接。

a. 卷材的短边和长边搭接宽度均应大于100mm。采用双层卷材时，上下两层和相邻两幅卷材的接缝应错开1/3～1/2幅宽，且两层卷材不得相互垂直铺贴。

b. 同一层相邻两幅卷材的横向接缝，应彼此错开1500mm以上，避免接缝部位集中。地下室的立面与平面的转角处，卷材的接缝应留在底板的平面上，距离立面应不小于600mm。

6）收头及封边处理

防水层周边应用密封材料嵌缝，并在其上涂刷一层聚氨酯涂膜。

7）保护层

防水层做完后，应按设计要求及时做好保护层，一般平面应采用细石混凝土保护层；立面软保护层宜采用聚乙烯泡沫塑料片材。

8）防水层施工

防水层施工不得在雨天和5级及其以上的大风天气进行，施工的环境温度不得低于5℃。

4.3.4 地下工程涂膜防水层施工

1. 施工准备

（1）材料要求

1）单组分聚氨酯防水涂料

①单组分聚氨酯防水涂料是以异氰酸酯、聚醚树酯为主要原料，配以相关的助剂制成。单组分聚氨酯防水涂料属不含有机挥发溶剂的单组分柔性防水涂料，在现场涂刷，经与水和潮气发生化学反应形成高弹性涂膜防水层。

②外观：呈均匀粘稠状液体。无凝胶、结块，一般为黑褐色，也可制成彩色，材料须密闭储存，置于阴凉干燥处，严禁与水接触。

③主要技术性能指标应符合表4-16的规定。

表4-16 单组分聚氨酯防水涂料主要技术性能指标

<table>
<tr><th rowspan="2">项目</th><th colspan="2">指标</th><th rowspan="2" colspan="2">项目</th><th colspan="2">指标</th></tr>
<tr><th>Ⅰ</th><th>Ⅱ</th><th>Ⅰ</th><th>Ⅱ</th></tr>
<tr><td>固体含量 （%）≥</td><td colspan="2">80</td><td colspan="2">低温弯折性（℃）</td><td colspan="2">－40℃弯折无裂纹</td></tr>
<tr><td>拉伸强度 （MPa）≥</td><td>1.9</td><td>2.45</td><td rowspan="2">干燥时间</td><td>表干时间（h） ≤</td><td colspan="2">12</td></tr>
<tr><td>断裂伸长率</td><td>550</td><td>450</td><td>实干时间（h） ≤</td><td colspan="2">24</td></tr>
<tr><td>不透水性</td><td colspan="2">0.3MPa，30min不透水</td><td colspan="2"></td><td colspan="2"></td></tr>
</table>

注：产品按拉伸性能分为Ⅰ、Ⅱ两类。

2）主要辅助材料

①水泥：强度等级≥32.5MPa的普通硅酸盐水泥，用于配制水泥砂浆找平层、保护层或修补基层。

②中砂：含泥量＜3%。

③聚酯无纺布、玻纤布，作为管根细部构造等部位胎体增强附加层使用。

（2）作业条件

1）地下防水层聚氨酯防水涂料涂刷施工，在地下水位较高的条件下涂刷防水层前，应先降低地下水位，做好排水处理，使地下水位降至防水层操作标高以下500mm，并保持到防水层施工完。如在地下室，还应延长到底板混凝土完成。

2）涂膜防水层施工前，按设计要求和规范规定做好基层（找平层）处理，可用1∶3水泥砂浆抹平、压光，达到坚实平整、不起砂。基层含水率不宜大于9%，找平层的阴阳角处应抹成圆弧，以利防水层作业。

3）涂刷防水层前应将基层表面的尘土、杂物清扫干净，对基层表面留有残留的灰浆、硬块以及突出物等应铲除并清扫干净。

4）涂刷聚氨酯不得在雨天或大风天进行施工，施工的环境温度不应低于5℃，存料地点及施工现场严禁烟火。

5）地下工程立墙防水层施工前，遇有设备管道穿墙时，应事先埋置止水套管并做好防水附加层之后，才可进行大面积防水施工。严禁防水层施工完毕再凿眼打洞，破坏防水层。

6）地下室通风不良时，应采取通风措施。

7）施工用材料均为易燃品，因而应准备好相应的消防器材。

8）操作人员应穿工作服，戴安全帽、口罩、手套、帆布脚盖等劳保用品。

2. 施工工艺

（1）工艺流程

基层处理 → 细部附加层处理 → 第一遍涂膜防水层 → 第二遍涂膜防水层 → 第三遍、第四遍涂膜防水层 → 平面涂层上必要时做保护隔离 → 平面细石混凝土保护层 → 立墙涂层上做软保护

（2）清理基层

涂膜防水层施工前，先将基层表面的灰尘、杂物、灰浆硬块等清扫干净，并用干净的湿布擦一次，经检查基层平整、无空裂、起砂等缺陷，方可进行下道工序施工。

（3）细部做附加涂膜层

1）穿墙管、阴阳角、变形缝等薄弱部位，应在涂膜层大面积施工前，先做好增强的附加层。

2）附加涂层做法：一般采用一布二涂进行增强处理。施工时应在两道涂膜中间铺设一层聚酯无纺布或玻璃纤维布。作业时应均匀涂刷一遍涂料，涂膜操作时用板刷刮涂料驱除气泡，将布紧密地粘贴在第一遍涂层上。阴阳角部位一般将布剪成条形，管根为块形或三角形。第一遍涂层表干（12h）后进行第二遍涂刷。第二遍涂层实干（24h）后方可进行大面积涂膜防水施工。

（4）第一遍涂膜施工

1）涂刷第一遍涂膜前应先检查附加层部位有无残留的气孔或气泡，如有气孔或气泡，则应用橡胶刮板将涂料用力压入气孔，局部再刷涂一道，表干后进行第一遍涂膜施工。

2）涂刮第一遍聚氨酯防水涂料时，可用塑料或橡皮刮板在基层表面均匀涂刮，涂刮要沿同一个方向，厚薄应均匀一致，用量为 0.6～0.8kg/m^2。不得有漏刮、堆积、鼓泡等缺陷。涂膜实干后进行第二遍涂膜施工。

（5）第二遍涂膜施工

第二遍涂膜采用与第一遍相垂直的涂刮方向，涂刮量、涂刮方法与第一遍相同。

（6）第三、四遍涂膜施工

1）第三遍涂膜涂刮方向与第二遍垂直，第四遍涂膜涂刮方向与第三遍垂直。其他作业要求相同。

2）涂膜总厚度应≥2mm。

（7）涂膜保护层

1）涂膜防水施工后应及时做好保护层。

2）平面涂膜防水层根据部位和后续施工情况可采用 20mm 厚 1∶2.5 水泥砂浆保护层或 40～50mm 厚细石混凝土保护层，当后续施工工序荷载较大（如绑扎底板钢筋）时应采用细石混凝土保护层。当采用细石混凝土保护层时，宜在防水层与保护层之间设置隔离层。

3）墙体迎水面保护层宜采用软保护层，如粘贴聚乙烯泡沫片材等。

（8）当地下室采用外防外涂法施工时，应先刮涂平面，后涂立面，平面与立面交接处应交叉搭接。

（9）当涂膜防水层分段施工时，搭接部位涂膜的先后搭接宽度应不小于100mm；当涂膜防水层中有胎体增强材料（聚酯无纺布或玻璃纤维布）时，胎体增强材料同层相邻的搭接宽度应大于100mm，上下层接缝应错开1/3幅宽。

3. 质量标准

（1）主控项目

1）涂膜防水层及胎体增强材料的技术性能应符合设计要求及有关标准规定。

2）涂膜防水层及其转角处、变形缝、穿墙管道等细部做法均应符合设计要求。

（2）一般项目

1）涂膜防水层的基层应牢固，基面应洁净、平整、干燥，不得有空鼓、松动、起砂和脱皮现象；基层阴阳角处应做成圆弧形。

2）涂膜防水层应与基层粘结牢固，表面平整、涂刷均匀，不得有流淌、皱折、鼓泡、露胎体和翘边等缺陷。

3）涂膜防水层的平均厚度应符合设计要求，最小厚度不得小于设计厚度的80%。

4）侧墙涂膜防水层的保护层与防水层粘结牢固，结合紧密，厚度均匀一致。

4.3.5 地下工程细部防水构造施工

1. 钢筋混凝土底板、外墙防水施工

（1）细部构造

1）一般钢筋混凝土底板、外墙防水外防外贴构造做法，如图4-24（a）所示。

2）一般钢筋混凝土底板、外墙防水外防内贴构造做法，如图4-24（b）所示。

3）地下室外墙防水三种常用构造做法，见图4-25～图4-27。

（2）工艺要点

1）外防外贴卷材防水

①应先铺平面，后铺立面，交接处应交叉搭接。

②临时性保护墙应用石灰砂浆砌筑，内表面应用石灰砂浆做保护层并刷石灰浆。如用模板代替临时性保护墙时，应在其上涂刷隔离剂。

③从底面折向立面的卷材与永久性保护墙的接触部位，应采取空铺法施工。与临时性保护墙或围护结构模板接触的部位，应临时贴附在该墙上或模板上，卷材铺好后，其顶端应临时固定。

④当不设保护墙时，从底面折向立面的卷材的接槎部位，应采取可靠的保护措施。

⑤主体结构完成后，铺贴立面卷材时，应先将接槎部位的各层卷材揭开，并将其表面清理干净，如卷材有局部损伤，应及时进行修补。

2）外防内贴卷材防水

①主体结构的保护墙内表面应抹1∶3水泥砂浆找平层，然后铺贴卷材，并根据卷材的特性选用保护层。

②卷材宜先铺立面，后铺平面。铺贴立面时，应先铺转角，后铺大面。

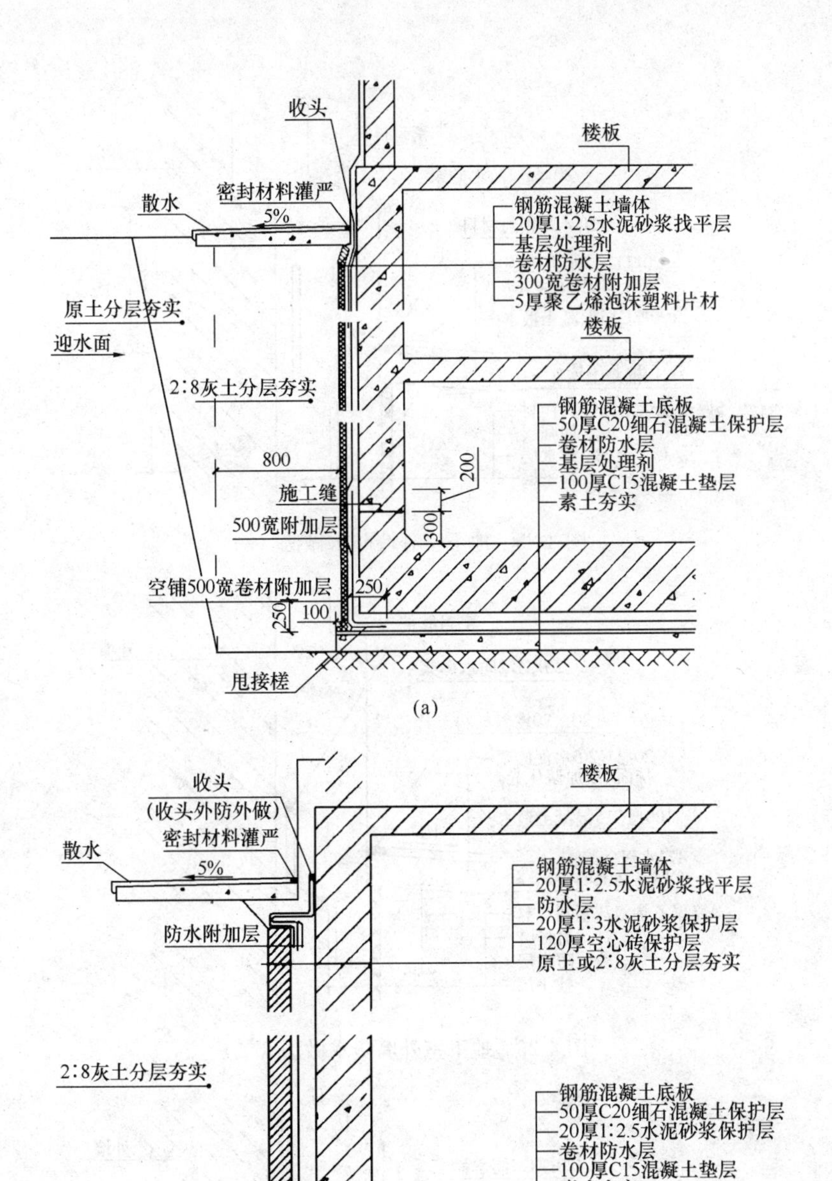

图 4-24　防水做法

(a) 外防外贴防水做法；(b) 外防内贴防水做法

2. 变形缝、后浇带施工工艺

(1) 细部构造

1) 变形缝

①变形缝处混凝土结构的厚度不应小于 300mm。

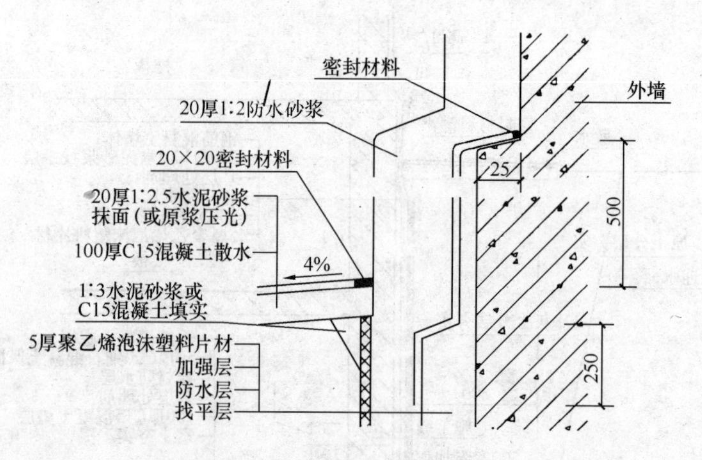

图 4-25　地下室外墙防水做法（一）

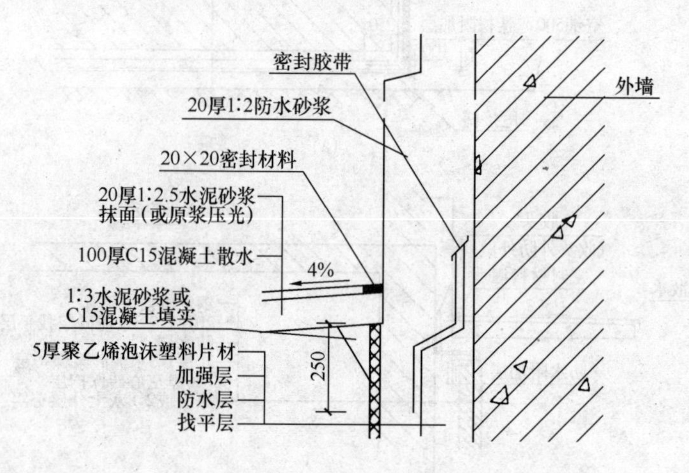

图 4-26　地下室外墙防水做法（二）

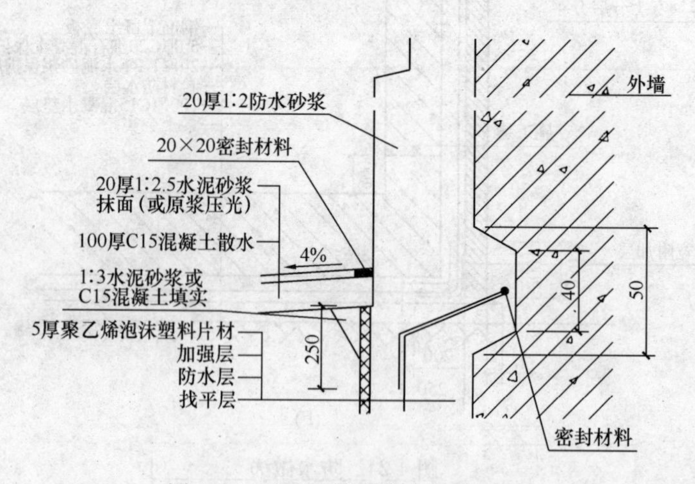

图 4-27　地下室外墙防水做法（三）

②用于沉降的变形缝其最大允许沉降差值不应大于 30mm，当计算沉降差值大于 30mm 时，应在设计时采取措施。

③用于沉降的变形缝的宽度宜为 20～30mm，用于伸缩的变形缝的宽度宜小于此值。

④变形缝的防水措施可根据工程开挖方法、防水等级按规范规定要求选用。

⑤变形缝的几种复合防水构造形式如图 4-28～图 4-30 所示。

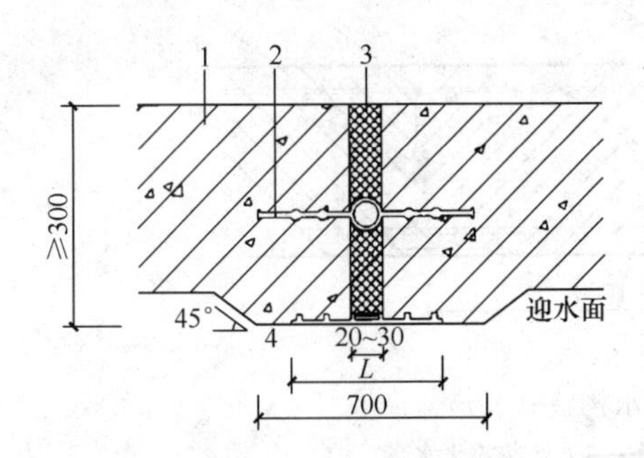

图 4-28　中埋式止水带与外贴防水层复合使用

外贴式止水带 $L \geqslant 300$；外贴防水卷材 $L \geqslant 400$；外涂防水涂层 $L \geqslant 400$

1—混凝土；2—中埋式止水带；3—填缝材料；4—外贴防水层

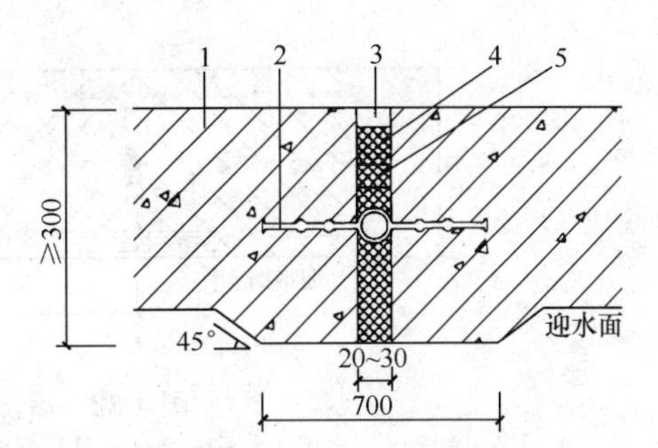

图 4-29　中埋式止水带与遇水膨胀橡胶条、嵌缝材料复合使用

1—混凝土结构；2—中埋式止水带；3—密封材料；4—背衬材料；5—填缝材料

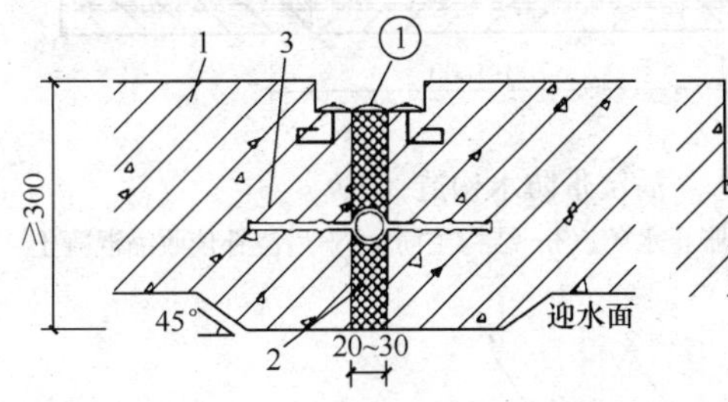

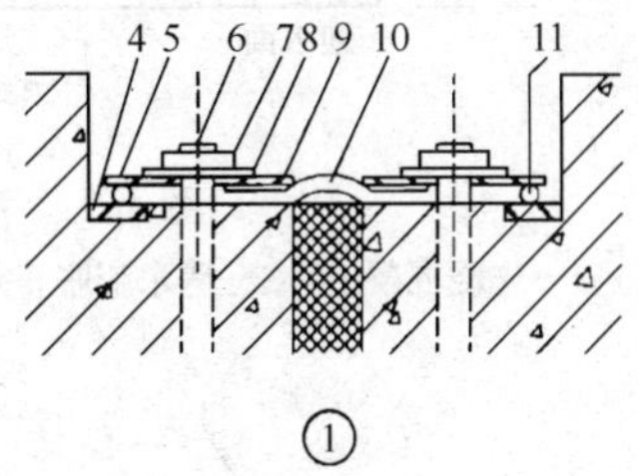

图 4-30　中埋式止水带与可卸式止水带复合使用

1—混凝土结构；2—填缝材料；3—中埋式止水带；4—预埋钢板；5—紧固件压板；6—预埋螺栓；7—螺母；8—垫圈；9—紧固件压块；10—Ω 型止水带；11—紧固件圆钢

2）后浇带

①后浇带应设在受力和变形较小的部位，间距宜为 30～60m，宽度宜为 700～1000mm。

②后浇带两侧可做成平直缝或阶梯缝，结构主筋不宜在缝中断开，如必须断开，则主筋搭接长度应大于 45 倍主筋直径，并应按设计要求加设附加钢筋。后浇带的防水构造如图 4-31～图 4-33 所示。

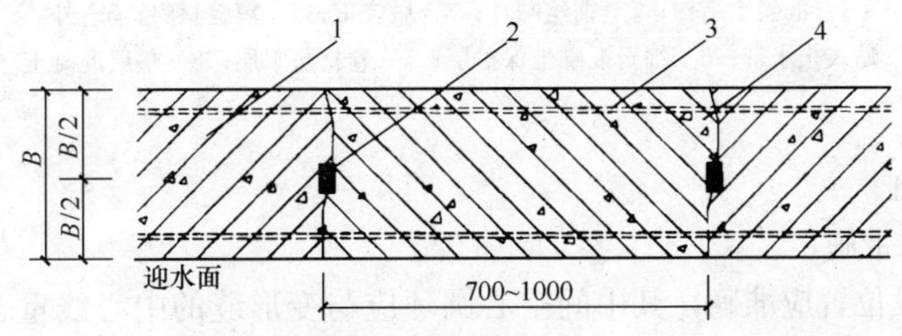

图 4-31　后浇带防水构造（一）

1—先浇混凝土；2—遇水膨胀止水条；3—结构主筋；4—后浇补偿收缩混凝土

③后浇带需超前止水时，后浇带部位混凝土应局部加厚，并增设外贴式或中埋式止水带，如图 4-34 所示。

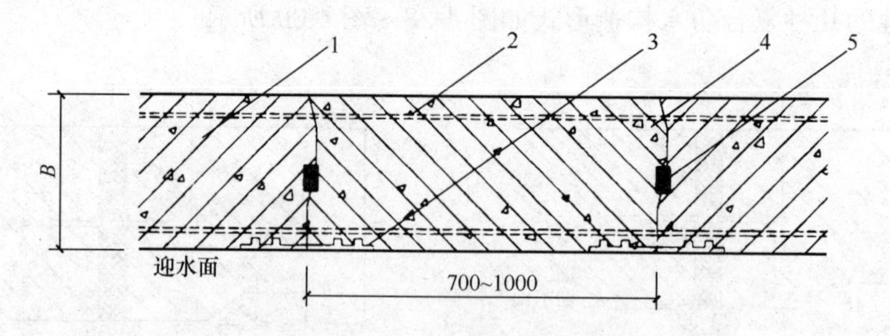

图 4-32 后浇带防水构造（二）

1—先浇混凝土；2—结构主筋；3—外贴式止水带；

4—后浇补偿收缩混凝土；5—遇水膨胀止水条

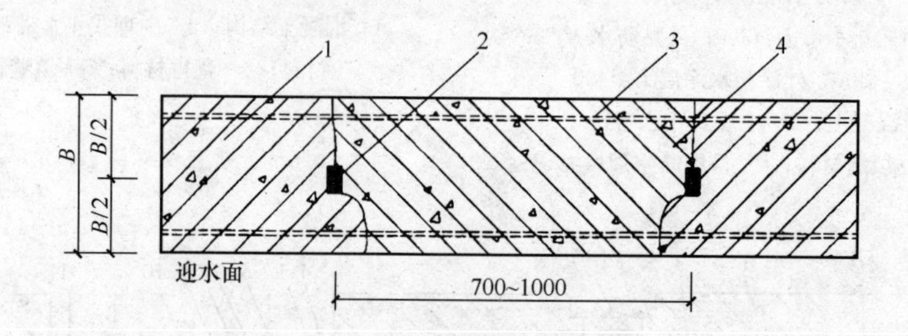

图 4-33 后浇带防水构造（三）

1—先浇混凝土；2—遇水膨胀止水条；3—结构主筋；4—后浇补偿收缩混凝土

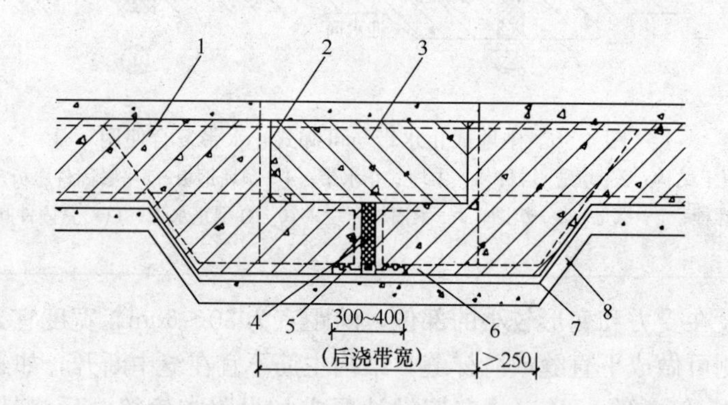

图 4-34 后浇带超前止水构造

1—混凝土结构；2—钢丝网片；3—后浇带；4—填缝材料；5—外贴式止水带；6—细石混凝土保护层；7—卷材防水层；8—垫层混凝土

（2）工艺要点

1）变形缝施工

①中埋式止水带施工。

a. 止水带埋设位置应准确，其中间空心圆环应与变形缝的中心线重合，止水带不得穿孔或用铁钉固定。

b. 止水带应妥善固定，顶板、底板内止水带应成盆状安设，止水带宜采用专用钢筋套或扁钢固定。采用扁钢固定时，止水带端部应先用扁钢夹紧，并将扁钢与结构内钢筋焊牢。固定扁钢用的螺栓间距宜为 500mm，如图 4-35 所示。

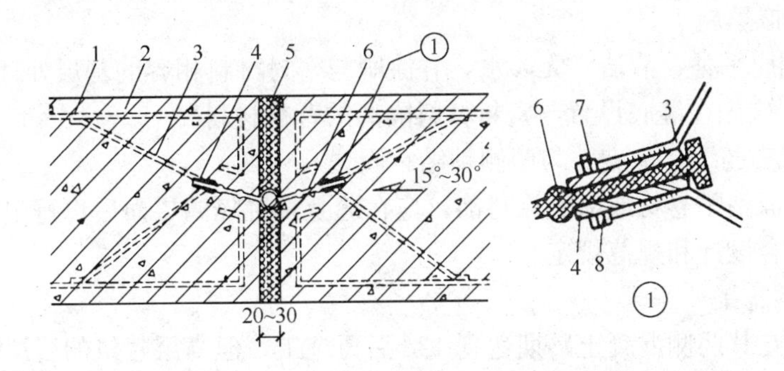

图 4-35　顶（底）板中埋式止水带的固定

1—结构主筋；2—混凝土结构；3—固定用钢筋；4—固定止水带扁钢；
5—填缝材料；6—中埋式止水带；7—螺母；8—双头螺杆

c. 中埋式止水带先施工一侧混凝土时，其端模应支撑牢固，严防漏浆。

d. 止水带的接缝宜为一处，应设在边墙较高位置上，不得设在结构转角处，接头宜采用热压焊接。

e. 中埋式止水带在转弯处宜采用直角专用配件，并应做成圆弧形，橡胶止水带的转角半径应不小于 200mm，钢边橡胶止水带应不小于 300mm，且转角半径应随止水带的宽度增大而相应加大。

②安设于结构内侧的可卸式止水带施工。

a. 所需配件应一次配齐。

b. 转角处应做成 45°折角。

c. 转角处应增加紧固件的数量。

③当变形缝与施工缝均用外贴式止水带时其相交部位宜采用图 4-36 所示的专用配件，外贴式止水带的转角部位宜使用图 4-37 所示的专用配件。

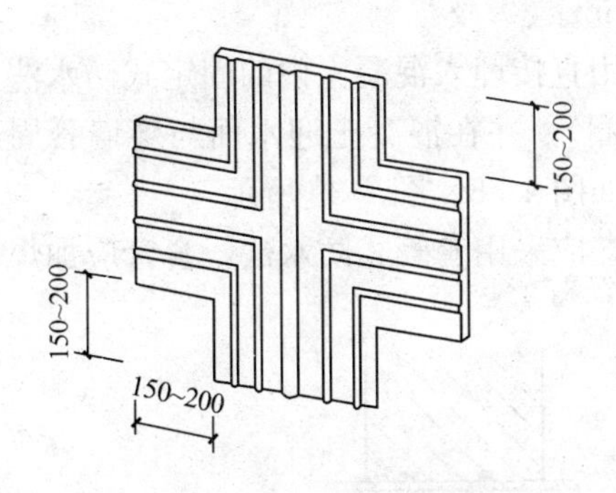

图 4-36　外贴式止水带在施工缝与变形缝相交处的专用配件

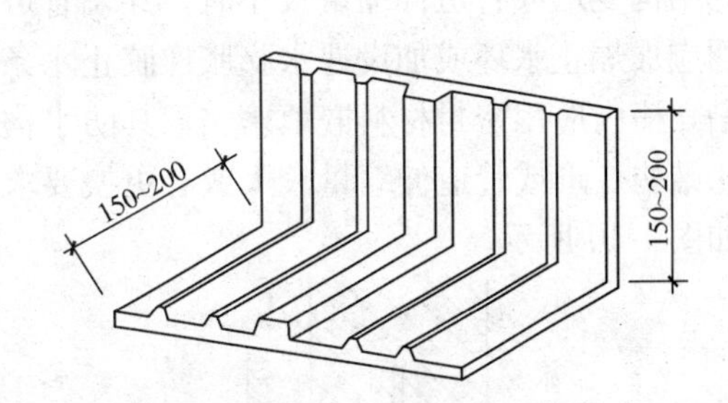

图 4-37　外贴式止水带在转角处的直角专用配件

④宜采用遇水膨胀橡胶与普通橡胶复合的复合型橡胶条、中间夹有钢丝或纤维织物的遇水膨胀橡胶条和中空圆环型遇水膨胀橡胶条。当采用遇水膨胀橡胶条时，应采取有效的固定措施防止止水条胀出缝外。

⑤变形缝设置中埋式止水带时，混凝土浇筑前应校正止水带位置，表面清理干净，止水带损坏处应修补；顶板、底板止水带的下侧混凝土应振捣密实，边墙止水带内外侧混凝土应均匀，保持止水带位置正确、平直，无卷曲现象。

⑥密封材料嵌填施工。

a. 缝内两侧应平整、清洁、无渗水，并涂刷与密封材料相容的基层处理剂。

b. 嵌缝时，应先在缝底设置与密封材料隔离的背衬材料。

c. 嵌填应密实连续、饱满并与两侧粘结牢固。

⑦在缝的表面粘贴卷材或涂刷涂料前，应在缝上设置隔离层而后再行施工卷材，涂料防水层的施工应符合设计和规范规定。

2）后浇带的施工

①后浇带应在其两侧混凝土龄期达到42d后再施工，但高层建筑的后浇带应在结构顶板浇筑混凝土14d后进行。

②后浇带的接缝处理。

a. 水平施工缝浇灌混凝土前，应将其表面浮浆和杂物清除，先铺净浆，再铺30～50mm厚1∶1的水泥砂浆或涂刷混凝土界面处理剂，并及时浇灌混凝土。

b. 垂直施工缝浇灌混凝土前，应将其表面清理干净，涂刷水泥净浆或混凝土界面处理剂并及时浇灌混凝土。

③后浇带混凝土施工前，后浇带部位和外贴式止水带应予以保护，严防落入杂物和损伤外贴式止水带。

④后浇带应采用补偿收缩混凝土浇筑，其强度等级不应低于两侧混凝土。

⑤后浇带混凝土应连续浇筑，不得留设施工缝；混凝土浇筑后应及时养护，养护时间不得少于28d。

3. 穿墙管（盒）、埋设件、预留通道接头施工工艺

（1）穿墙管（盒）

1）细部构造

①穿墙管（盒）应在浇筑混凝土前预埋。

②穿墙管与内墙角凹凸部位的距离应大于250mm。

③结构变形或管道伸缩量较小时，穿墙管可采用直接埋入混凝土内的固定式防水法，管的周圈应加焊止水环或加设遇水膨胀橡胶止水条（圈），并在混凝土迎水面与穿墙管周边预留凹槽，槽内应用密封材料嵌填密实，其防水构造如图4-38、图4-39所示。

④结构变形或管道伸缩量较大或有更换要求时，应采用套管式防水法，套管应加焊止水环，如图4-40所示。

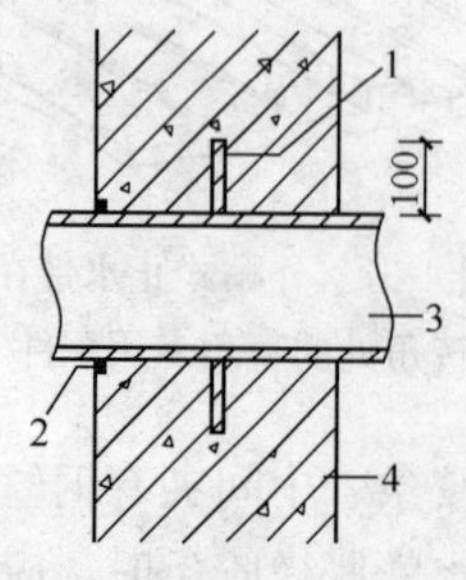

图4-38 固定式穿墙管防水构造（一）

1—止水环；2—密封材料；3—主管；4—混凝土结构

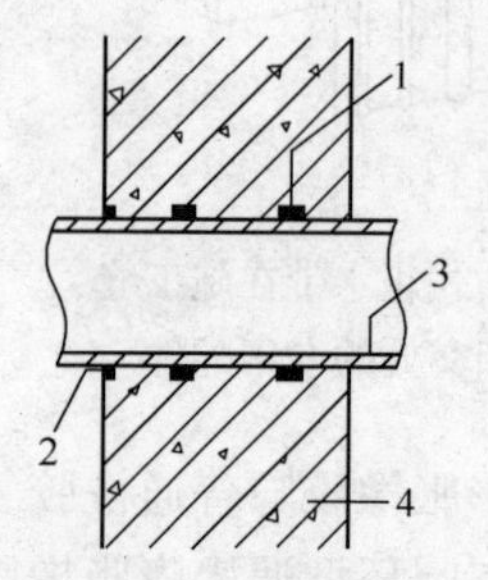

图4-39 固定式穿墙管防水构造（二）

1—遇水膨胀橡胶圈；2—密封材料；3—主管；4—混凝土结构

⑤穿墙管线较多时，宜相对集中，采用穿墙盒方法。穿墙盒的封口钢板应与墙上的预埋角钢焊严，并从钢板上的预留浇筑孔注入改性沥青柔性密封材料或细石混凝土处理，如图4-41所示。

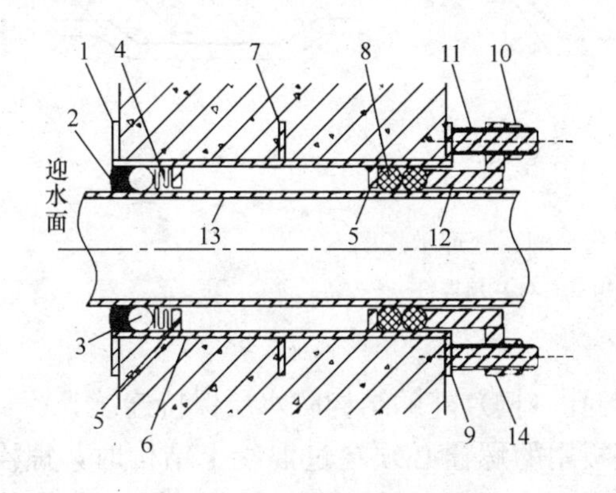

图 4-40 套管式穿墙管防水构造

1—翼环；2—密封材料；3—背衬材料；4—填缝材料；5—挡圈；6—套管；7—止水环；8—橡胶圈；9—翼盘；10—螺母；11—双头螺栓；12—短管；13—主管；14—法兰盘

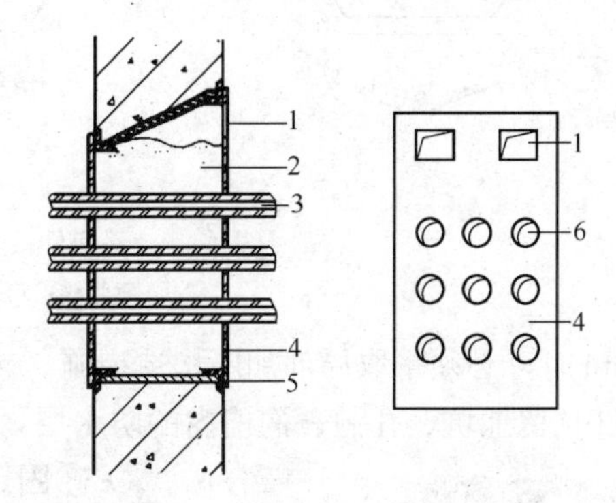

图 4-41 穿墙群管防水构造

1—浇筑孔；2—柔性材料或细石混凝土；3—粘遇水膨胀止水圈的穿墙管；4—封口钢板；5—固定角钢；6—预留孔

⑥当工程有防护要求时，穿墙管除应采取有效防水措施外，尚应采取措施满足防护要求。

2）施工工艺

①金属止水环应与主管满焊密实，采用套管式穿墙管防水构造时，翼环与套管应满焊密实，并在施工前将套管内表面清理干净。

②相邻穿墙管之间的间距应大于300mm。

③采用遇水膨胀止水圈的穿墙管，管径宜小于50mm，止水圈应用胶粘剂满粘固定于管上，并应涂缓胀剂或采用缓胀型遇水膨胀止水圈。

④穿墙管止水环与主管或翼环与套管应连续满焊，并做好防腐处理。

⑤穿墙管处防水层施工前，应将套管内表面清理干净。

⑥套管内的管道安装完毕后，应在两管间嵌入内衬填料，端部用密封材料填缝。柔性穿墙时，穿墙内侧应用法兰压紧。

⑦穿墙管外侧防水层应铺设严密，不留接茬；增铺附加层时，应按设计要求施工。

⑧穿墙管伸出外墙的部位应采取有效措施防止回填时将管损坏。

（2）埋设件

1）细部构造

①结构上的埋设件应预埋。

②埋设件端部或预留孔（槽）底部的混凝土厚度不得小于250mm，当厚度小于250mm时，应采取局部加厚或其他防水措施，如图4-42所示。

③预留孔（槽）内的防水层，宜与孔（槽）外的结构防水层保持连续。

2）施工工艺

①埋设件端部或预留孔（槽）底部浇筑的混凝土厚度不得小于250mm；当厚度小于

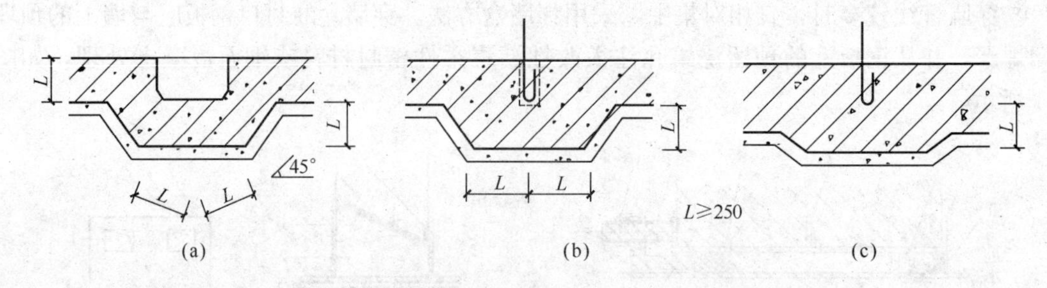

图 4-42　预埋件或预留孔（槽）处理示意图

(a) 预留槽；(b) 预留孔；(c) 预埋件

250mm 时，必须采取局部加厚构造措施。

②预留地坑、孔洞、沟槽内的防水层，应与孔（槽）外的结构防水层保持连续。

③固定模板用的螺栓必须穿过混凝土结构时，螺栓或套管应满焊止水环或翼环；采用工具式螺栓或螺栓加堵头做法，拆模后应采取加强防水措施将留下的凹槽封堵密实。

(3) 预留通道接头

1) 细部构造

①预留通道接缝处的最大沉降差值不得大于 30mm。

②预留通道接头应采取复合防水构造形式如图 4-43、图 4-44 所示。

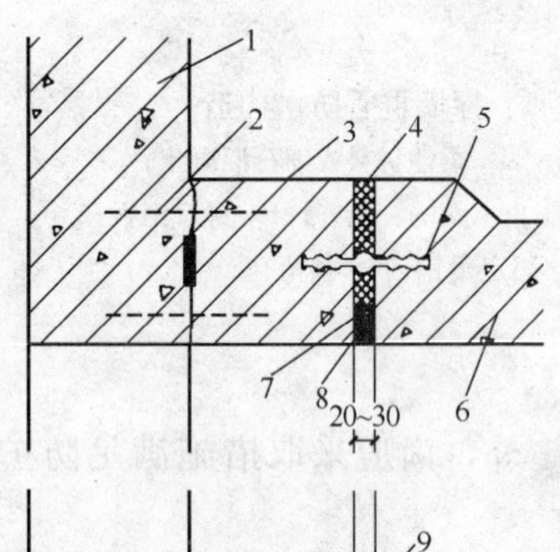

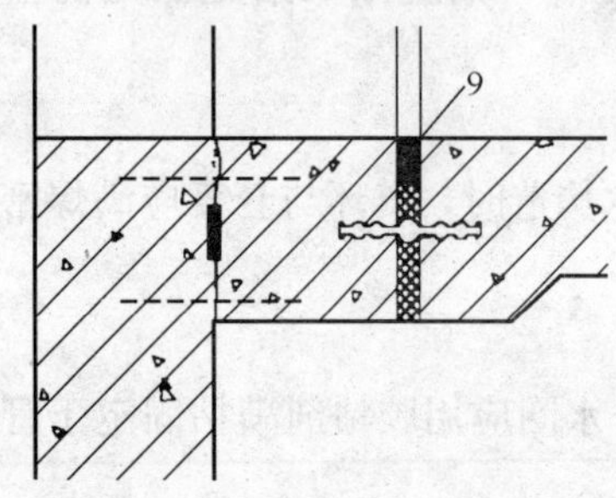

图 4-43　预留通道接头防水构造（一）

1—先浇混凝土结构；2—连接钢筋；3—遇水膨胀止水条（胶）；4—填缝材料；5—中埋式止水带；6—后浇混凝土结构；7—遇水膨胀橡胶条（胶）；8—嵌缝材料；9—背衬材料

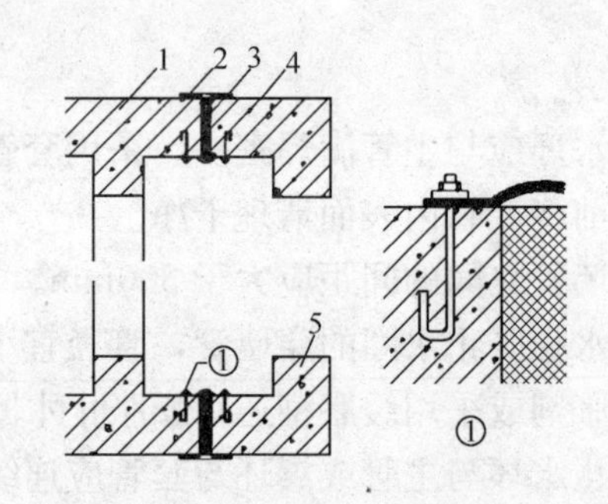

图 4-44　预留通道接头防水构造（二）

1—先浇混凝土结构；2—防水涂料；3—填缝材料；4—可卸式止水带；5—后浇混凝土结构

2) 施工工艺

①中埋式止水带、遇水膨胀橡胶条、密封材料、可卸式止水带的施工应符合规范规定。

②预留通道先施工部位的混凝土、中埋式止水带、与防水相关的预埋件等应及时保护，确保端部表面混凝土和中埋式止水带清洁，埋设件不锈蚀。

③采用图 4-43 的防水构造时，在接头混凝土施工前应将先浇混凝土端部表面凿毛，露出钢筋或预埋的钢筋接驳器钢板，与待浇混凝土部位的钢筋焊接或连接好后再行浇筑。

④当先浇混凝土中未预埋可卸式止水带的预埋螺栓时，可选用金属或尼龙的膨胀螺栓固定可

卸式止水带，采用金属膨胀螺栓时，可用不锈钢材料或用金属涂膜、环氧涂料进行防锈处理。

4. 桩头、孔口、坑池等

(1) 桩头

1) 细部构造

桩头防水构造形式如图 4-45、图 4-46 所示。

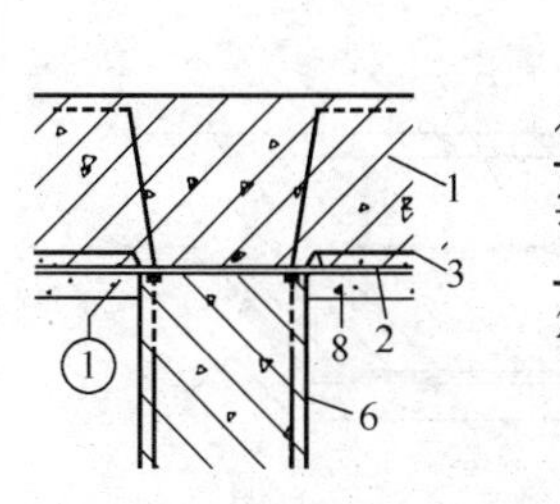

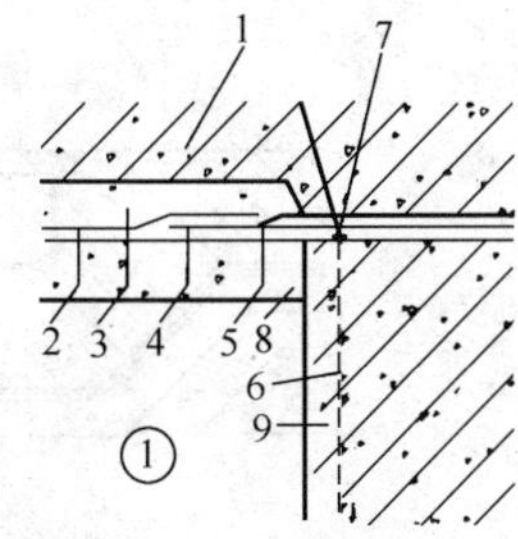

图 4-45　桩头防水构造（一）

1—结构底板；2—底板防水层；3—细石混凝土保护层；4—聚合物水泥防水砂浆；5—水泥基渗透结晶型防水涂料；6—桩基受力筋；7—遇水膨胀止水条；8—混凝土垫层；9—桩基混凝土

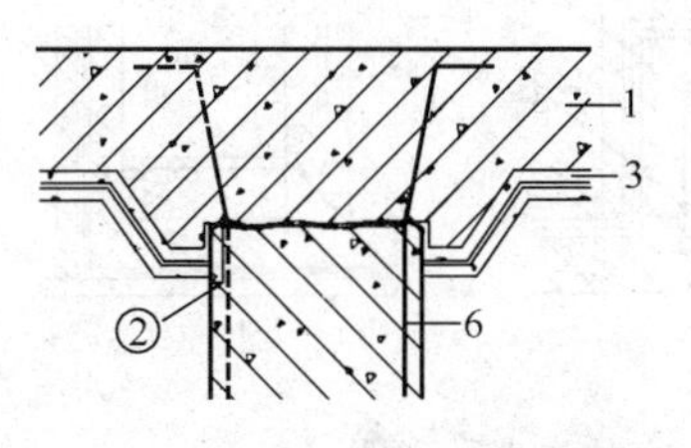

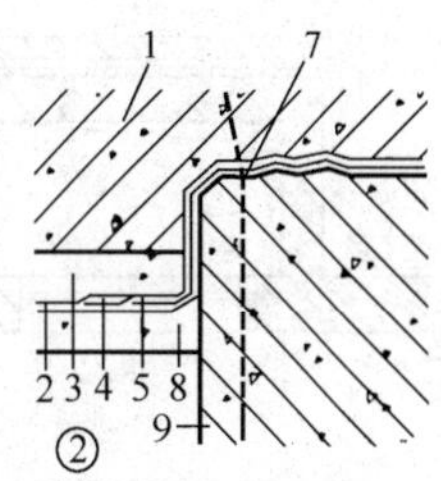

图 4-46　桩头防水构造（二）

1—结构底板；2—底板防水层；3—细石混凝土保护层；4—聚合物水泥防水砂浆；5—水泥基渗透结晶型防水涂料；6—桩基受力筋；7—遇水膨胀止水条；8—混凝土垫层；9—桩基混凝土

2) 施工工艺

①破桩后如发现渗漏水，应先采取措施将渗漏水止住。

②采用其他防水材料进行防水时，基面应符合防水层施工的要求。

③应对遇水膨胀止水条进行保护。

(2) 孔口

1) 地下工程通向地面的各种孔口应设置防地面水倒灌措施。人员出入口应高出地面不小于 500mm，汽车出入口设明沟排水时，其高度宜为 150mm，并应有防雨措施。

2) 窗井的底部在最高地下水位以上时，窗井的底板和墙应做防水处理并宜与主体结构断开，如图 4-47 所示。

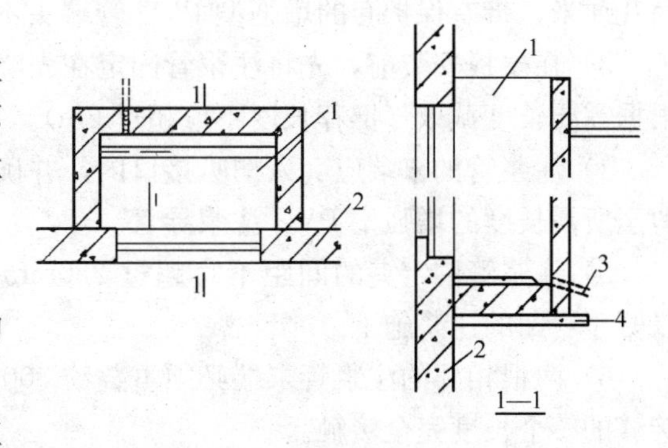

图 4-47　窗井防水示意图（一）

1—窗井；2—主体结构；3—排水管；4—垫层

3) 窗井或窗井的一部分在最高地下水位以下时，窗井应与主体结构连成整体，其防水层也应连成整体，并在窗井内设集水井，如图 4-48 所示。

4) 无论地下水位高低，窗台下部的墙体和底板应做防水层。

5) 窗井内的底板应比窗下缘低 300mm，窗井墙高出地面不得小于 500mm，窗井外地面应做散水，散水与墙面间应采用密封材料嵌填。

6) 通风口应与窗井同样处理，竖井窗下缘离室外地面高度不得小于 500mm。

(3) 坑池

1) 坑、池、储水库宜用防水混凝土整体浇筑，内设其他防水层。受振动作用时应设柔性防水层。

2）底板以下的坑、池，其局部底板必须相应降低，并应使防水层保持连续，如图 4-49 所示。

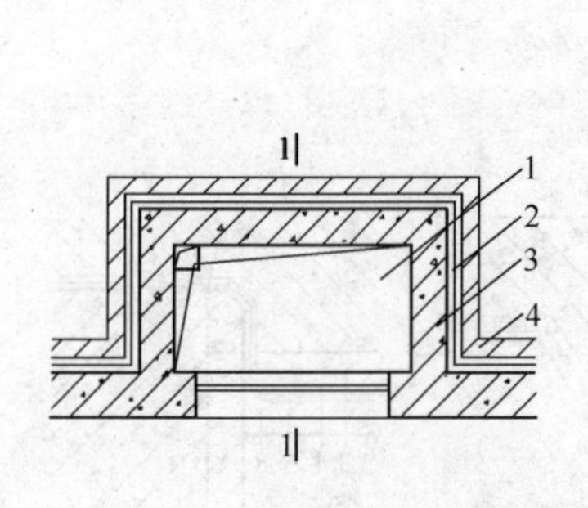

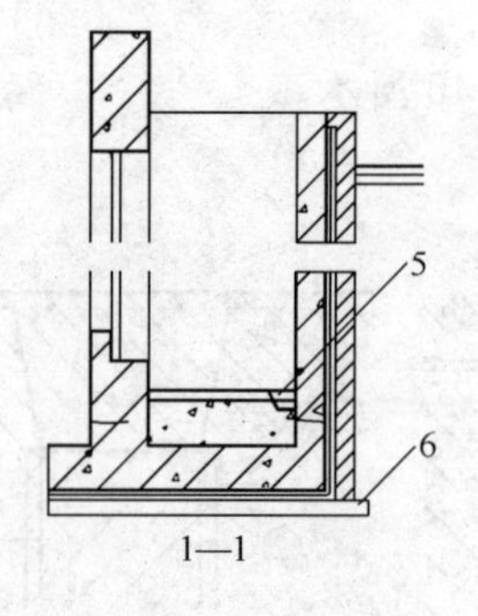

图 4-48 窗井防水示意图（二）

1—窗井；2—防水层；3—主体结构；4—防水层保护层；5—集水井；6—垫层

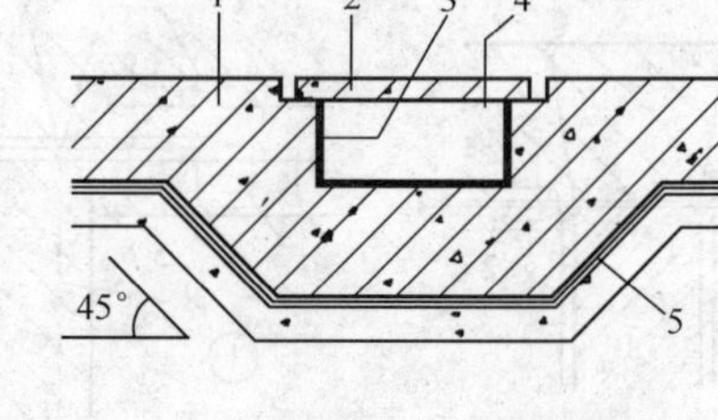

图 4-49 底板以下坑、池的防水构造

1—底板；2—盖板；3—坑、池防水层；4—坑、池；5—主体结构防水层

5. 预埋注浆管

（1）预埋注浆管系统

适用于地下工程防水混凝土结构的施工缝、变形缝等接缝部位的防水密封处理。

（2）注浆管安装

1）注浆管可用管子夹固定在坚硬的混凝土面上，如图 4-51 所示，也可以用钢丝固定在增强钢筋上。

2）固定时尽可能紧贴基面。增强型 PVC 导管带有保护套的末端应露出浇灌混凝土的表面几厘米，带有保护套的增强型 PVC 管端头不要重叠，但要平放在一起。

3）在模板安装前，先将注浆管固定在先浇筑的混凝土上，如图 4-52 所示。注浆管可以根据需要长度截取（推荐长度不应超过 6m）。

4）注浆管的末端应套入喇叭接口内，并确认已经插入到底，在喇叭接口的另一端套上剪至所需长度的增强型 PVC 注浆导管。

5）注浆管固定夹的间距不宜超过 250mm。增强的 PVC 导管必须引出混凝土结构外，以便于后期的注浆施工。

6）两根相邻的注浆管末端必须重叠约 300mm。要确保有效的注浆效果，注浆管必须与接缝的整个长度完全接触。

7）如有水渗入接缝，可选用浆液通过注浆嘴加压注入到混凝土的缝隙中。

8）混凝土养护结束或初期收缩结束后，进行注浆比较好，此时可以完全密封接缝。

9）注浆前必须用水冲洗注浆管。

10）最大注浆压力为 1.4MPa（如果注浆管太长，入口处的浆液压力太高，可能会危害混凝土）。

（3）细部构造

1）注浆管构造如图 4-50 所示。

2）注浆管的固定夹及其用法如图 4-51 所示。

3）注浆管固定构造如图 4-52 所示。

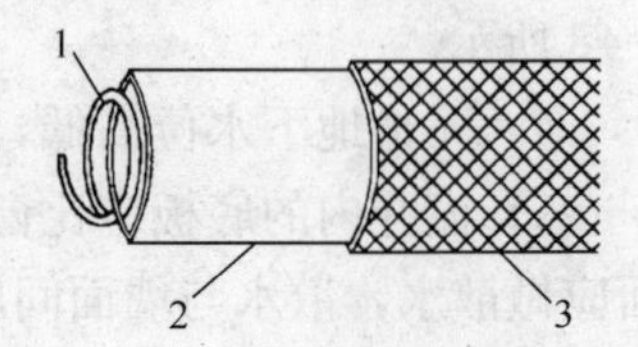

图 4-50 注浆管构造

1—螺旋钢丝；2—涤纶纤维无纺布；3—尼龙编制管

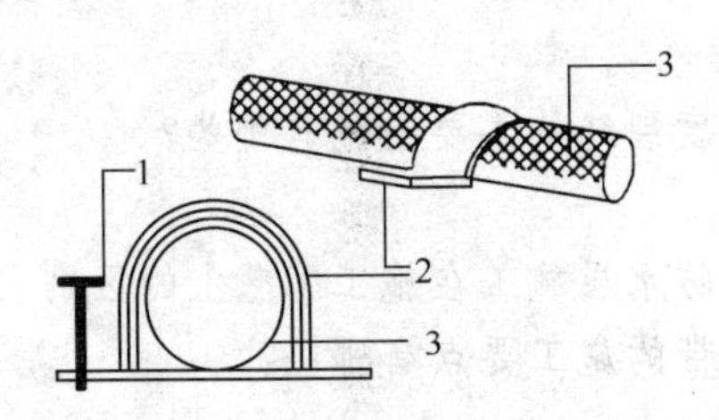

图 4-51　注浆管的固定夹及其用法

1—水泥钉；2—固定夹；3—注浆管

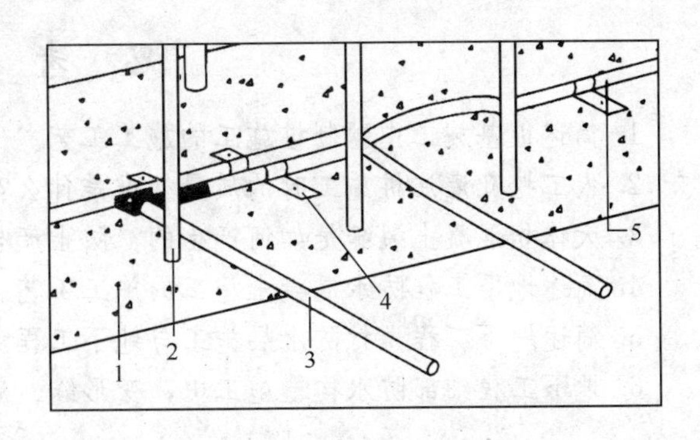

图 4-52　注浆管固定构造

1—钢筋混凝土结构；2—钢筋；3—注浆导管；4—固定夹；5—注浆管

4）变形缝注浆管防水构造。

①底板变形缝复合防水构造如图 4-53 所示。

②外墙变形缝复合防水构造如图 4-54 所示。

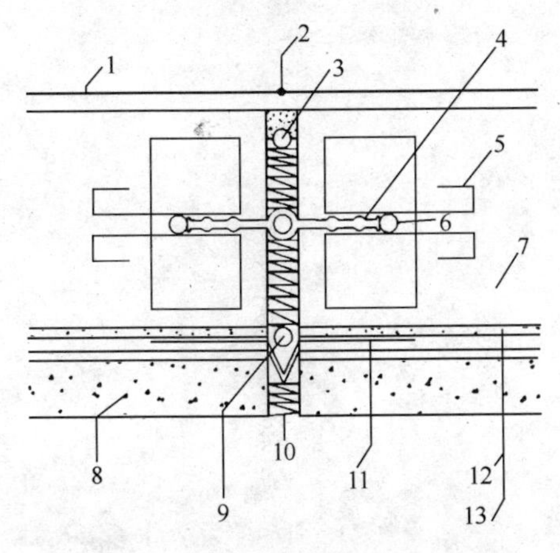

图 4-53　底板变形缝复合防水构造

1—保护层；2—（半缝）密封胶；3—密封胶背衬材料；4—橡胶止水带；5—ϕ6 钢筋@500（套夹）；6—注浆管；7—结构混凝土（自防水）；8—混凝土垫层；9—背衬材料；10—聚苯板；11—增强防水层；12—保护层；13—防水层

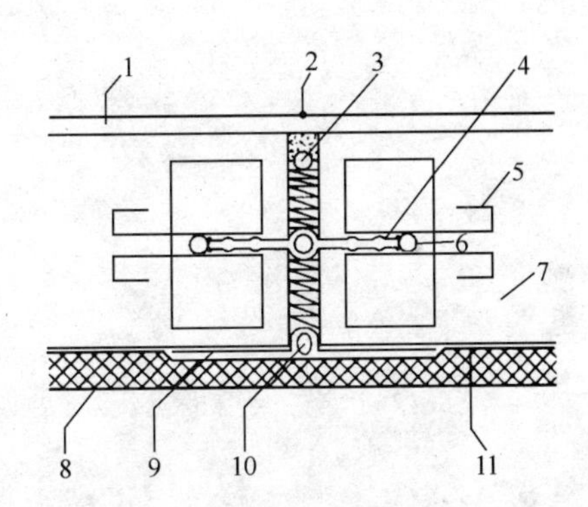

图 4-54　外墙变形缝复合防水构造

1—保护层；2—（半缝）密封胶；3—密封胶背衬材料；4—橡胶止水带；5—ϕ6 钢筋@500（套夹）；6—注浆管；7—结构混凝土（自防水）；8—聚乙烯泡沫塑料保护层；9—增强防水层；10—背衬材料；11—柔性防水层

上岗工作要点

1. 上岗前，应侧重掌握预制桩施工与灌注桩施工的施工工艺与质量标准。

2. 实际工作中，体会大体积混凝土基础施工的施工细节。

3. 实际工作中，总结地下防水工程的施工特点，掌握地下工程防水混凝土施工、地下工程水泥砂浆防水层施工、地下工程卷材防水层施工、地下工程涂膜防水层施工以及地下工程细部防水构造施工的施工工艺与质量标准。

思 考 题

1. 简述桩基施工中预制桩施工的施工工艺。
2. 人工挖孔灌注桩施工时的质量标准是什么?
3. 大体积混凝土裂缝是如何产生的? 防止产生温度裂缝的主要措施有哪些?
4. 简述地下工程防水混凝土施工的施工工艺。
5. 简述地下工程卷材防水层施工与地下工程涂膜防水层施工在施工工艺上的区别。
6. 地下工程细部防水构造施工中，变形缝、后浇带的施工要点有哪些?

第5章　主体结构施工

重　点　提　示

1. 掌握现浇混凝土结构高层建筑施工中钢筋连接技术、组合式模板施工、大模板施工、爬升模板施工以及滑升模板施工的施工工艺与质量标准。

2. 了解装配式混凝土结构高层建筑施工中装配式预制框架结构施工、装配整体式框架结构施工、装配式大板剪力墙结构工程施工、高层预制盒子结构施工以及高层升板法施工的施工工艺。

3. 掌握高层钢结构安装、钢结构防腐涂料涂装施工以及钢结构防火涂料涂装施工的施工工艺与质量标准。

5.1　高层建筑施工测量

施工测量应符合现行国家标准《工程测量规范》（GB 50026—2007）的有关规定，并应根据建筑物的平面、体形、层数、高度、场地状况和施工要求，编制施工测量方案。

场地平面控制网和建筑物主轴线，应根据复核后的建筑红线桩或城市测量控制点准确定位测量，并应保护好桩位。平面控制网桩位间距不应大于所用钢尺长度，并应组成闭合图形，其测量允许偏差应符合表5-1的规定。

表5-1　场地平面控制网允许偏差

等级	适用范围	边长（m）	测角允许偏差（″）	边长相对允许偏差
一级	重要高层建筑	100～300	±15	1/15000
二级	一般高层建筑	50～200	±20	1/10000

应根据场地平面控制网向混凝土底板垫层上投测建筑物外廓轴线，经闭合检测合格后，再放出细部轴线及有关边界线。基础放线尺寸允许偏差应符合表5-2的规定。

表5-2　基础放线尺寸允许偏差

长度 L、宽度 B（m）	允许偏差（mm）	长度 L、宽度 B（m）	允许偏差（mm）
$L(B)\leqslant 30$	±5	$60<L(B)\leqslant 90$	±15
$30<L(B)\leqslant 60$	±10	$L(B)>90$	±20

注：轴线的对角线尺寸的允许偏差应为边长偏差的$\sqrt{2}$倍；外廓轴线夹角的允许偏差应为±1′。

首层放线验收后，应将控制轴线引测至结构外表面上，并作为各施工层主轴线竖向投测的基准。轴线的竖向投测，应以建筑物轴线控制桩为测站。竖向投测的允许偏差应符合表5-3的规定。

表 5-3　轴线竖向投测允许偏差

项　　目		允许偏差（mm）	项　　目		允许偏差（mm）
每　　层		3	总高 H（m）	$90<H\leqslant120$	20
总高 H（m）	$H\leqslant30$	5		$120<H\leqslant150$	25
	$30<H\leqslant60$	10		$H>1550$	30
	$60<H\leqslant90$	15			

控制轴线投测至施工层后，应组成闭合图形，且其间距不应大于所用钢尺长度。控制轴线应包括：

1）建筑物外廓轴线。

2）伸缩缝、沉降缝两侧轴线。

3）电梯间、楼梯间两侧轴线。

4）单元、施工流水段分界轴线。

施工层放线时，应先在结构平面上校核投测轴线，再测设细部轴线和墙、柱、梁、门窗洞口等边线，放线的允许偏差应符合表 5-4 的规定。

表 5-4　施工层放线允许偏差

项　　目		允许偏差（mm）	项　　目	允许偏差（mm）
外廓主轴线长度 L（m）	$L\leqslant30$	±5	细部轴线	±2
	$30<L\leqslant60$	±10	承重墙、梁、柱边线	±3
	$60<L\leqslant90$	±15	非承重墙边线	±3
	$L>90$	±20	门窗洞口线	±3

场地标高控制网应根据复核后的水准点或已知标高点引测，引测标高宜采用附合测法，其闭合差不应超过$\pm6\sqrt{n}$mm（n 为测站数）或$\pm20\sqrt{L}$mm（L 为测线长度，mm 为单位）。

标高的竖向传递，应从首层起始标高线竖直量取，且每栋建筑应由三处分别向上传递。当三个点的标高差值小于 3mm 时，应取其平均值，否则应重新引测。标高的允许偏差应符合表 5-5 的规定。

表 5-5　标高竖向传递允许偏差

项　　目		允许偏差（mm）	项　　目		允许偏差（mm）
每　　层		±3	总高 H（m）	$90<H\leqslant120$	±20
总高 H（m）	$H\leqslant30$	±5		$120<H\leqslant150$	±25
	$30<H\leqslant60$	±10		$H>150$	±30
	$60<H\leqslant90$	±15			

建筑物围护结构封闭前，应将控制轴线引测至结构内部，作为室内装饰与设备安装放线的依据。

对于 20 层以上或造型复杂的 14 层以上的建筑物，应进行沉降观测，并应符合现行行业标准《建筑变形测量规范》（JGJ 8—2007）的有关规定。

在场地平面控制测量中，宜使用测距精度不低于±（3mm＋2×10－6×D）、测角精度不低于±5″级的全站仪或测距仪（D 为测距，以 mm 为单位）。

在场地标高测量中，宜使用精度不低于 S3 的自动安平水准仪。

在轴线竖向投测中，宜使用±2″级激光经纬仪或激光自动铅直仪。

5.2 现浇混凝土结构高层建筑施工

5.2.1 钢筋连接技术

1. 钢筋手工电弧焊连接

（1）检查设备

检查电源、焊机及工具。焊接地线应与钢筋接触良好，防止因起弧而烧伤钢筋。

（2）选择焊接参数

根据钢筋级别、直径、接头形式和焊接位置，选择适宜的焊条直径、焊接层数和焊接电流，保证焊缝与钢筋熔合良好。

（3）试焊、做模拟试件（送试/确定焊接参数）

在每批钢筋正式焊接前，应焊接 3 个模拟试件做拉力试验，经试验合格后，方可按确定的焊接参数成批生产。

（4）施焊

1）引弧。带有垫板或帮条的接头，引弧应在钢板或帮条上进行。无钢筋垫板或无帮条的接头，引弧应在形成焊缝的部位，防止烧伤主筋。

2）定位。焊接时应先焊定位点再施焊。

3）运条。运条时的直线前进、横向摆动和送进焊条三个动作要协调平稳。

4）收弧。收弧时，应将熔池填满，拉灭电弧时，也应将熔池填满，注意不要在工作表面造成电弧擦伤。

5）多层焊。如钢筋直径较大，需要进行多层施焊时，应分层间断施焊，每焊一层后，应清渣再焊接下一层。应保证焊缝的高度和长度。

6）熔合。焊接过程中应有足够的熔深。主焊缝与定位焊缝应结合良好，避免气孔、夹渣和烧伤缺陷，并防止产生裂缝。

7）平焊。平焊时要注意熔渣和铁水混合不清的现象，防止熔渣流到铁水前面。熔池也应控制成椭圆形，一般采用右焊法，焊条与工作表面成 70°。

8）立焊。立焊时，铁水与熔渣易分离。要防止熔池温度过高，铁水下坠形成焊瘤，操作时焊条与垂直面形成 60°～80°角使电弧略向上，吹向熔池中心。焊第一道时，应压住电弧向上运条，同时作较小的横向摆动，其余各层用半圆形横向摆动加挑弧法向上焊接。

9）横焊。焊条倾斜 70°～80°，防止铁水受自重作用坠到下坡口上。运条到上坡口处不作运弧停顿，迅速带到下坡口根部，作微小横拉稳弧动作，依次匀速进行焊接。

10）仰焊。仰焊时宜用小电流短弧焊接，熔池宜薄，且应确保与母材熔合良好。第一层焊缝用短电弧做前后推拉动作，焊条与焊接方向成 80°～90°角。其余各层焊条横摆，并在坡口侧略停顿稳弧，保证两侧熔合。

11）钢筋帮条焊。钢筋帮条焊适用于 HPB300、HRB335、HRB400、RRB400 钢筋。钢筋帮条焊宜采用双面焊，如图 5-1（a）所示，不能进行双面焊时，也可采用单面焊，如图

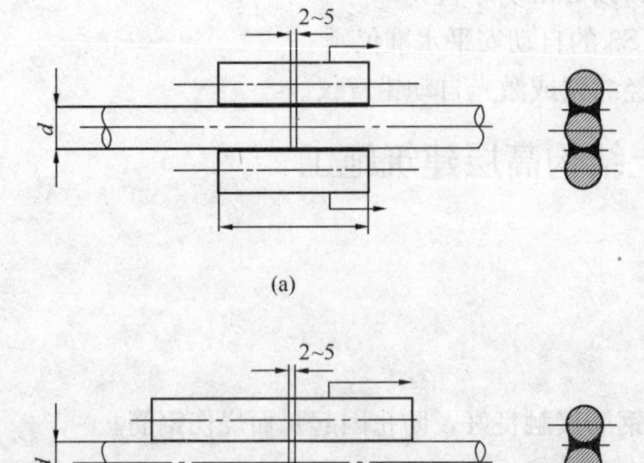

图 5-1　钢筋帮条焊接头
(a) 双面焊；(b) 单面焊

5-1 (b) 所示。

帮条宜采用与主筋同牌号、同直径的钢筋制作，其帮条长度 L 见表 5-6。如帮条牌号与主筋相同时，帮条的直径可与主筋相同或小一个规格。如帮条直径与主筋相同时，帮条牌号可与主筋相同或低一个牌号。

钢筋帮条接头的焊缝厚度 s 应不小于主筋直径的 0.3 倍；焊缝宽度 b 不小于主筋直径的 0.8 倍，如图 5-2 所示。

钢筋帮条焊时，钢筋的装配和焊接应符合下列要求：

①两主筋端头之间，应留 2～5mm 的间隙。

②主筋之间用四点定位固定，定位焊缝应离帮条端部 20mm 以上。

③焊接时，应在帮条焊或搭接焊形成焊缝中引弧，在端头收弧前应填满弧坑。第一层焊缝应有足够的熔深，主焊缝与定位焊缝，特别是在定位焊缝的始端与终端，应熔合良好。

12）钢筋搭接焊。钢筋搭接焊：适用于 HPB300、HRB335、HRB400、RRB400 钢筋。焊接时，宜采用双面焊，如图 5-3 (a) 所示。不能进行双面焊时，也可采用单面焊，如图 5-3 (b) 所示。搭接长度 l 应与帮条长度相同，见表 5-6。

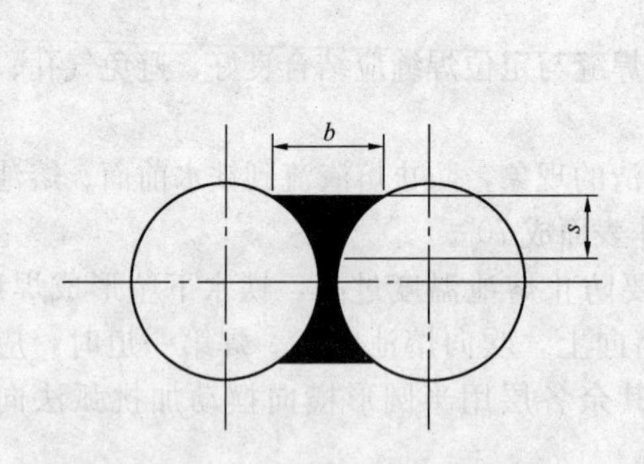

图 5-2　焊缝尺寸示意图
b—焊缝宽度；s—焊缝厚度

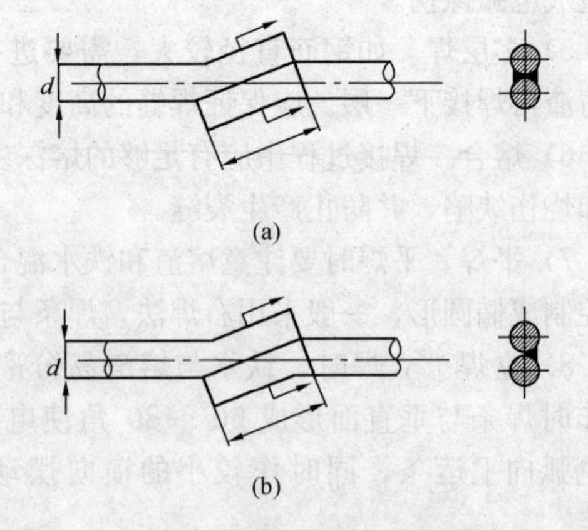

图 5-3　钢筋搭接焊接头
(a) 双面焊；(b) 单面焊

表 5-6　钢筋帮条长度

项　次	钢筋牌号	焊缝形式	帮条长度 L
1	HPB300	单面焊	$\geqslant 8d$
		双面焊	$\geqslant 4d$

续表

项　　次	钢筋牌号	焊缝形式	帮条长度 L
2	HRB335 HRB400 RRB400	单面焊	$\geqslant 10d$
		双面焊	$\geqslant 5d$

注：d 为钢筋直径。

搭接接头的焊缝厚度 s 应不小于 $0.3d$，焊缝宽度 b 不小于 $0.8d$。

搭接焊时，钢筋的装配和焊接应符合下列要求：

①钢筋应预弯以保证两钢筋同轴；在现场预制构件安装条件下，节点处钢筋进行搭接焊时，如钢筋预弯确有困难，可适当预弯。

②用两点固定，定位焊缝应离搭接端部 20mm 以上。

③焊接时，应在帮条焊或搭接焊形成焊缝中引弧，在端头收弧前应填满弧坑。第一层焊缝应有足够的熔深，主焊缝与定位焊缝，特别是在定位焊缝的始端与终端，应熔合良好。

13）预埋件 T 形接头电弧焊。预埋件 T 形接头电弧焊的接头形式分角焊和穿孔塞焊两种，如图 5-4 所示。

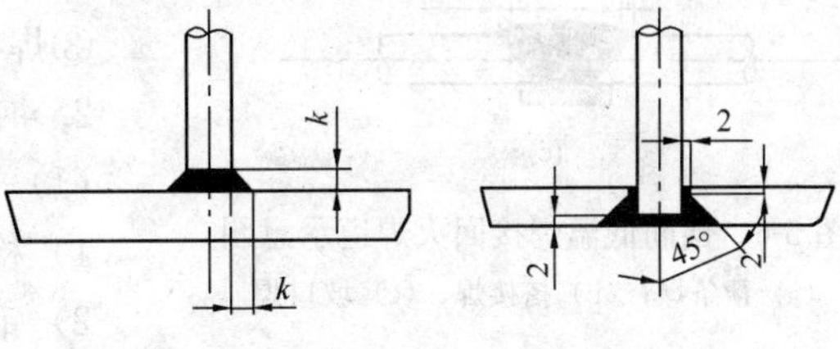

图 5-4　预埋件 T 形接头

(a) 贴角焊；(b) 穿孔塞焊

焊接时，应符合下列要求：

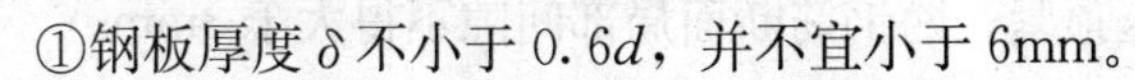

①钢板厚度 δ 不小于 $0.6d$，并不宜小于 6mm。

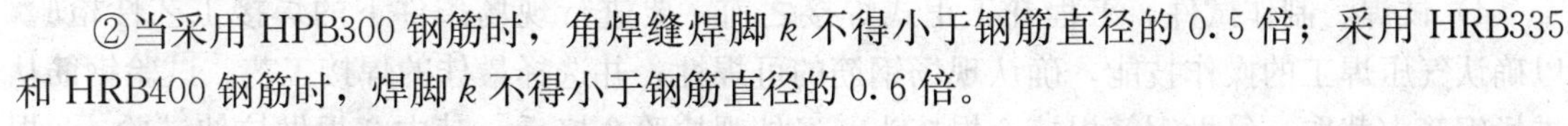

②当采用 HPB300 钢筋时，角焊缝焊脚 k 不得小于钢筋直径的 0.5 倍；采用 HRB335 和 HRB400 钢筋时，焊脚 k 不得小于钢筋直径的 0.6 倍。

③施焊中，不得使钢筋咬边和烧伤。

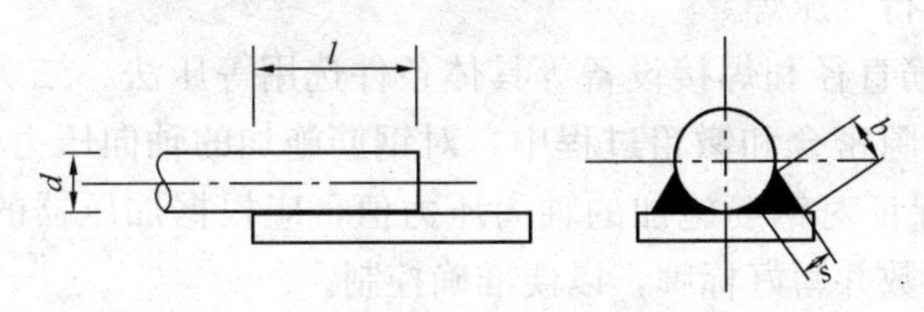

图 5-5　钢筋与钢板搭接接头

d—钢筋直径；l—搭接长度；b—焊缝宽度；s—焊缝厚度

14）钢筋与钢板搭接焊。钢筋与钢板搭接焊时，接头形式如图 5-5 所示。HPB300 钢筋的搭接长度 l 不得小于 4 倍钢筋直径。HRB335 和 HRB400 钢筋的搭接长度 l 不得小于 5 倍钢筋直径，焊缝宽度 b 不得小于钢筋直径的 0.6 倍，焊缝厚度 s 不得小于钢筋直径的 0.35 倍。

15）在装配式框架结构的安装中，钢筋焊接应符合下列要求：

①两钢筋轴线偏移较大时，宜采用冷弯矫正，但不得用锤敲击。如冷弯矫正有困难，可采用氧气乙炔焰加热后矫正，加热温度不得超过 850℃，避免烧伤钢筋。

②焊接时，应选择合理的焊接顺序，对于柱间节点，应对称焊接，以减少结构的变形。

16）钢筋低温焊接。在环境温度低于－5℃的条件下进行焊接时，为钢筋低温焊接。低温焊接时，除遵守常温焊接的有关规定外，应调整焊接工艺参数，使焊缝和热影响区缓慢冷却。当环境温度低于－20℃时，不宜施焊。风力超过 4 级时，焊接应有挡风措施。焊后未冷却的接头应避免碰到冰雪。

钢筋低温电弧焊时，焊接工艺应符合下列要求：

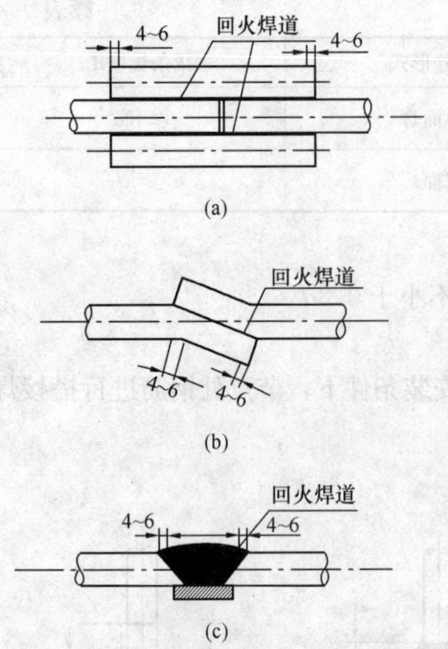

图 5-6　钢筋低温焊接回火焊道示意图

（a）帮条焊；（b）搭接焊；（c）坡口焊

①进行帮条平焊或搭接平焊时，第一层焊缝，先从中间引弧，再向两端运弧；立焊时，先从中间向上方运弧，再从下端向中间运弧，以使接头端部的钢筋达到一定的预热效果。在以后各层焊缝的焊接时，采取分层控温施焊。热轧钢筋焊接的层间温度控制在 150～350℃，余热处理Ⅲ级钢筋焊接的层间温度应适当降低，以起到缓冷的作用。

②HRB335 和 HRB400 钢筋电弧焊接头进行多层施焊时，采用“回火焊道施焊法”，即最后回火焊道的长度比前层焊道在两端各缩短 4～6mm（如图 5-6 所示），以消除或减少前层焊道及过热区的淬硬组织，改善接头的性能。

③焊接电流略微增大，焊接速度适当减慢。

2. 钢筋气压焊连接

（1）固态气压焊

1）检查设备、气源，确保处于正常状态。

2）钢筋端头制备。钢筋端面应切平，打磨，使其露出金属光泽，并宜与钢筋轴线相垂直；在钢筋端部两倍直径长度范围内，若有水泥等附着物，应予以清除，钢筋边角毛刺及端面上铁锈、油污和氧化膜应清除干净。

3）安装焊接夹具和钢筋。安装焊接夹具和钢筋时，应将两钢筋分别夹紧，并使两钢筋的轴线在同一直线上。钢筋安装后应加压顶紧，两钢筋断面局部间隙不得大于 3mm。

4）试焊、制作试件。工程开工正式焊接之前，要进行现场条件下的焊接工艺性检验，以确认气压焊工的操作技能，确认现场钢筋的可焊性，并选择最佳的焊接工艺。试验钢筋从进场钢筋中截取，每批钢筋焊接 6 根接头，经外观检验合格后，其中 3 根做拉伸试验，3 根做弯曲试验，试验合格后，按确定的工艺进行气压焊。

5）钢筋采用固态气压焊时，应根据钢筋直径和焊接设备等具体条件选用等压法、二次加压法或三次加压法焊接工艺。在两钢筋缝隙密合和镦粗过程中，对钢筋施加的轴向压力，按钢筋横截面积计，应为 30～40MPa。为保证对钢筋施加的轴向压力值，应根据加压器的型号，按钢筋直径大小事先换算成油压表读数并写好标牌，以便准确控制。

6）钢筋固态气压焊从开始加热至钢筋端面密合前，应采用炭化焰对准两钢筋接缝处集中加热，并使其内焰包住缝隙，防止钢筋端面产生氧化。

在确认两钢筋缝隙完全密合后，应改用中性焰，以压焊面为中心，在两侧各一倍钢筋直径长度范围内往复宽幅加热。

钢筋端面的合适加热温度应为 1150～1250℃；钢筋镦粗区表面的加热温度应稍高于该温度，并随钢筋直径大小而产生的温度梯差而定。焊接全过程不得使用氧化焰。

7）气压焊中，通过最终的加热加压，应使接头的镦粗区形成规定的合适形状，然后停止加热，略为延时，卸除压力，拆下焊接夹具。

（2）熔态气压焊

1）检查设备、气源，确保处于正常状态。

2）安装焊接夹具和钢筋。安装焊接夹具和钢筋时，应将两钢筋分别夹紧，并使两钢筋的轴线在同一直线上。两钢筋端面之间应预留3～5mm间隙。

3）试焊、制作试件。工程开工正式焊接之前，要进行现场条件下的焊接工艺性检验，以确认气压焊工的操作技能，确认现场钢筋的可焊性，并选择最佳的焊接工艺。试验的钢筋从进场钢筋中截取，每批钢筋焊接6根接头，经外观检验合格后，其中3根做拉伸试验，3根做弯曲试验，试验合格后，按确定的工艺进行气压焊。

4）当采用一次加压顶锻成型法时，先使用中性火焰以钢筋接口为中心沿钢筋轴向宽幅加热，加热宽幅约为钢筋直径的1.5倍加上约10mm的烧化间隙，待加热部位达到塑化状态（1100℃左右）时，加热器摆幅逐渐减小，然后集中加热焊口处，在清除接头端面上附着物的同时将钢筋端面熔化，此时迅速把加热焰调成碳化焰继续加热焊口处，待钢筋端面形成均匀连续的金属熔化层，端头烧成平滑的弧凸状时，再继续加热，并用还原焰保护下迅速加压顶锻，钢筋截面压力应在40MPa以上，挤出接口处液态金属，使接口密合，并在近缝区产生塑性变形，形成接头镦粗。如在现场作业，焊接钢筋直径应在25mm以下。

5）当采用两次加压顶锻成型法时，先使用中性火焰对接口处集中加热，直至金属表面开始熔化时，迅速把加热焰调成碳化焰继续加热并保护锻面免受氧化，待钢筋端面形成均匀连续的金属熔化层并成弧凸状时，迅速加压顶锻，钢筋截面压力约为40MPa，挤出接口处液态金属，并在近缝区形成不大的塑性变形，使接口密合，完成第一次顶锻，然后把火焰调成中性焰，在1.5倍钢筋直径范围内沿钢筋轴向均匀加热至塑化状态时，再次施加顶锻压力（钢筋截面压力应在35MPa以上），使其接头镦粗，完成第二次加压。适合焊接直径在25mm以上的钢筋。

6）在加热过程中，如果在钢筋端面缝隙完全密合之前发生灭火中断现象，应将钢筋取下重新打磨、安装，然后点燃火焰进行焊接。如果发生在钢筋端面缝隙完全密合之后，可继续加热加压，完成焊接作业。

7）质量检查。在焊接生产中焊工应认真自检，若发现偏心、弯折、镦粗直径及长度不够、压焊面偏移、环向裂纹、钢筋表面严重烧伤、接头金属过烧、未焊合等质量缺陷，应切除接头重焊，并查找原因及时消除。

3. 钢筋闪光对焊连接

（1）检查设备

1）全面彻底的检查设备、电源，确保始终处于正常状态，严禁超负荷工作。

2）检查电源、对焊机及对焊平台、地下铺放的绝缘、橡胶垫、冷却水、压缩空气等，一切必须处于安全可靠的状态。

（2）选择焊接工艺及参数

1）当钢筋直径较小，钢筋级别较低，可采用连续闪光焊。采用连续闪光焊所能焊接的最大钢筋直径应符合表5-7的规定。当钢筋直径较大，端面较平整，宜采用预热闪光焊，当断面不够平整，则应采用闪光-预热闪光焊。

2）HRB500钢筋焊接时，无论直径大小，均应采取预热闪光焊或闪光-预热闪光焊工艺。当接头拉伸试验结果发生脆性断裂或弯曲试验不能达到规定要求时，尚应在焊机上进行焊后热处理。

3）焊接参数选择。闪光对焊时，应合理选择调伸长度、烧化留量、顶锻留量以及变压器级数等焊接参数。连续闪光焊的留量如图5-7所示；闪光-预热闪光焊时的留量如图5-8所示。

表 5-7　连续闪光焊钢筋上限直径

焊机容量(kV·A)	钢筋级别（牌号）	钢筋直径（mm）	焊机容量(kV·A)	钢筋级别（牌号）	钢筋直径（mm）
160（150）	HPB300 HRB335 HRB400 RRB400	20 22 20 20	80（75）	HPB300 HRB335 HRB400 RRB400	16 14 12 12
100	HPB300 HRB335 HRB400 RRB400	20 18 16 16	40	HPB300 Q235 HRB335 HRB400 RRB400	10

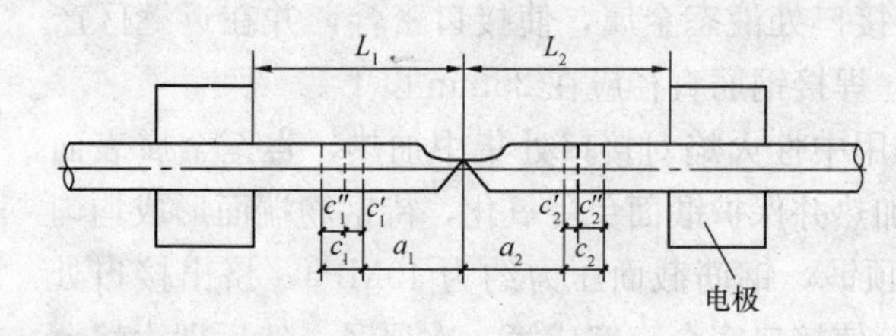

图 5-7　钢筋连续闪光焊

L_1、L_2—调伸长度；a_1+a_2—烧化留量；c_1+c_2—顶锻留量；$c'_1+c'_2$—有电顶锻留量；$c''_1+c''_2$—无电顶锻留量

图 5-8　钢筋闪光-预热闪光焊

L_1、L_2—调伸长度；$a_{1.1}+a_{2.1}$—一次烧化留量；$a_{1.2}+a_{2.2}$—二次烧化留量；b_1+b_2—预热留量；c_1+c_2—顶锻留量；$c'_1+c'_2$—有电顶锻留量；$c''_1+c''_2$—无电顶锻留量

（3）试焊、做模拟试件、送试、确定焊接参数

在正式焊接前，参加该项施焊的焊工应进行现场条件下的焊接工艺试验，经试验合格后，方可按确定的焊接参数成批生产。试验结果应符合质量检验与验收时的要求。

（4）焊接

1）焊接前和施焊过程中，应检查和调整电极位置，拧紧夹具丝杆。钢筋在电极内必须夹紧、电极钳口变形应立即调换和修理。

2）钢筋端头如有起弯或成马蹄形时不得进行焊接，必须调直或切除。

3）钢筋端头 120mm 范围内的铁锈、油污，必须清除干净。

4）焊接过程中，粘附在电极上的氧化铁要随时清除干净。

5）封闭环式箍筋采用闪光对焊时，钢筋端料宜采用无齿锯切割，断面应平整。当箍筋直径为 12mm 及以上时，宜采用 UN1-75 型对焊机和连续闪光焊工艺；当箍筋直径为 6～10mm，可使用 UN1-40 型对焊机，并应选择较大变压器级数。

6）当螺丝端杆与预应力钢筋对焊时，宜事先对螺丝端杆进行预热并减小调伸长度；钢筋一侧的电极应垫高，确保两者轴线一致。

7）连续闪光对焊。

①工艺流程

闭合电路→（闪光 / 两钢筋端面轻微接触）→（连续闪光加热到将近熔点 / 两钢筋端面徐徐移动接触）→带电顶锻→无电顶锻

②连续闪光焊。通电后，应借助操作杆使两钢筋端面轻微接触，使其产生电阻热，使钢筋端面的凸出部分互相熔化，并将熔化的金属微粒向外喷射形成火光闪光，再徐徐不断地移

动钢筋形成连续闪光，待预定的烧化留量消失后，以适当压力迅速进行顶锻，即完成整个连续闪光焊接。

8）预热闪光对焊。

①工艺流程

闭合电路$\xrightarrow[\text{两钢筋端面交替接触和分开}]{\text{断续闪光预热}}$$\xrightarrow[\text{两钢筋端面徐徐移动接触}]{\text{连续闪光加热到将近熔点}}$带电顶锻→无电顶锻

②预热闪光焊。通电后，应使两根钢筋端面交替接触和分开，使钢筋端面之间发生断续闪光，形成烧化预热过程。当预热过程完成，应立即转入连续闪光和顶锻。

9）闪光-预热闪光对焊。

①工艺流程

闭合电路$\xrightarrow[\text{两钢筋端面轻微徐徐接触}]{\text{一次闪光闪平端面}}$$\xrightarrow[\text{两钢筋端面交替接触和分开}]{\text{断续闪光预热}}$

$\xrightarrow[\text{两钢筋端面徐徐移动接触}]{\text{二次连续闪光加热到将近熔点}}$带电顶锻→无电顶锻

②闪光-预热闪光焊。通电后，应首先进行闪光，当钢筋端面已平整时，应立即进行预热、闪光及顶锻过程。

10）接近焊接接头区段应有适当均匀的镦粗塑性变形，端面不应氧化。

11）焊接后须经稍微冷却才能松开电极钳口，取出钢筋时必须平稳，以免接头弯折。

12）Ⅳ级钢筋焊接时，应采用预热闪光焊或闪光-预热闪光焊工艺，余热处理Ⅳ级钢筋。闪光对焊时，与普通热轧钢筋比较，应减小调伸长度，提高焊接变压器级数，缩短加热时间，快速顶锻，形成快热快冷条件，使热影响区长度控制在钢筋直径0.6倍范围之内。

（5）质量检查

在钢筋对焊生产中，焊工应认真进行自检，若发现接头处轴线偏移较大、弯折、烧伤、裂缝等缺陷，应切除接头重焊，并查找原因，及时消除。

4. 钢筋电渣压力焊连接

（1）检查设备、电源

全面彻底地检查设备、电源，确保始终处于正常状态，严禁超负荷工作。

（2）钢筋端头制备

钢筋安装之前，应将钢筋焊接部位和电极钳口接触（150mm区段内）位置的锈斑、油污、杂物等清除干净，钢筋端部若有弯折、扭曲，应予以矫直或切除，但不得用锤击矫直。

（3）选择焊接参数

钢筋电渣压力焊的焊接参数主要包括：焊接电流、焊接电压和焊接通电时间，当采用HJ431焊剂时应符合表5-8的要求。不同直径钢筋焊接时，按较小直径钢筋选择参数，焊接通电时间延长约10%。

表5-8　钢筋电渣压力焊焊接参数

钢筋直径（mm）	焊接电流（A）	焊接电压（V）		焊接通电时间（s）	
		电弧过程 U_{2-1}	电渣过程 U_{2-2}	电弧过程 t_1	电渣过程 t_2
14	200～220	35～45	18～22	12	3
16	200～250	35～45	18～22	14	4

续表

钢筋直径（mm）	焊接电流（A）	焊接电压（V）		焊接通电时间（s）	
		电弧过程 $U_{2\text{-}1}$	电渣过程 $U_{2\text{-}2}$	电弧过程 t_1	电渣过程 t_2
18	250～300	35～45	18～22	15	5
20	300～350	35～45	18～22	17	5
22	350～400	35～45	18～22	18	6
25	400～450	35～45	18～22	21	6
28	500～550	35～45	18～22	24	6
32	600～650	35～45	18～22	27	7

(4) 安装焊接夹具和钢筋

1) 夹具的下钳口应夹紧于下钢筋端部的适当位置，一般为 1/2 焊剂罐高度偏下 5～10mm，以确保焊接处的焊剂有足够的淹埋深度。

2) 上钢筋放入夹具钳口后，调准动夹头的起始点，使上下钢筋的焊接部位位于同轴状态，方可夹紧钢筋。

3) 钢筋一经夹紧，严防晃动，以免上下钢筋错位和夹具变形。

(5) 安放引弧用的铁丝圈（也可省去），安放焊剂罐、填装焊剂

(6) 试焊、做试件、确定焊接参数

1) 在正式进行钢筋电渣压力焊之前，参与施焊的焊工必须进行现场条件下的焊接工艺试验，以便确定合理的焊接参数。

2) 试验合格后，方可正式生产。

3) 当采用半自动、自动控制焊接设备时，应按照确定的参数设定好设备的各项控制数据，以确保焊接接头质量可靠。

(7) 施焊

1) 电渣压力焊的施焊过程：

闭合电路 → 引弧 → 电弧过程 → 电渣过程 → 挤压、断电

2) 闭合电路、引弧。通过操作杆或操纵盒上的开关，先后接通焊机的焊接电流回路和电源的输入回路，在钢筋端面之间引燃电弧，开始焊接。

3) 电弧过程。引燃电弧后，应控制电压值。借助操纵杆使上下钢筋端面之间保持一定的间距，进行电弧过程的延时，使焊剂不断熔化而形成必要深度的渣池。

4) 电渣过程。随后逐渐下送钢筋，使上钢筋端部插入渣池，电弧熄灭，进入电渣过程的延时，使钢筋全断面加速熔化。

5) 挤压断电。电渣过程结束，迅速下送上钢筋，使其断面与下钢筋端面相互接触，趁热排出熔渣和熔化金属，同时切断焊接电源。

(8) 回收焊剂及卸下夹具

接头焊毕，应停歇 20～30s 后（在寒冷地区施焊时，停歇时间应适当延长），才可回收焊剂和卸下焊接夹具。

(9) 质量检查

在钢筋电渣压力焊的焊接生产中，焊工应认真进行自检，若发现偏心、弯折、烧伤、焊包不饱满等焊接缺陷，应切除接头重焊，并查找原因，及时消除。切除接头时，应切除热影

响区的钢筋，即离焊缝中心约为1.1倍钢筋直径的长度范围内部分应切除。

5. 钢筋镦粗直螺纹连接

（1）钢筋下料

钢筋下料时，应采用砂轮切割机，切口的端面应与轴线垂直，不得有马蹄形或挠曲。

（2）冷镦扩粗

钢筋下料后在钢筋镦粗机上将钢筋镦粗，按不同规格检验冷镦后的尺寸。

（3）切削螺纹

钢筋冷镦后，在钢筋套丝机上切削加工螺纹。钢筋端头螺纹规格应与连接套筒的型号匹配。

（4）丝头检查带塑料保护帽

钢筋螺纹加工后，随即用配置的量规逐根检测，合格后，再由专职质检员按一个工作班10%的比例抽样校验。如发现有不合格螺纹，应全部逐个检查，并切除所有不合格的螺纹，重新镦粗和加工螺纹。对检验合格的丝头加塑料帽进行保护。

（5）运送至现场

运送过程中注意丝头的保护，虽然已经戴上塑料帽，但由于塑料帽的保护有限，所以仍要注意丝头的保护，不得与其他物体发生撞击，造成丝头的损伤。

（6）钢筋接头工艺检验

钢筋连接工程开始前及施工过程中，应对每批进场钢筋进行接头工艺检验，工艺检验应符合下列要求：

1）每种规格钢筋的接头试件不应少于3根。

2）对接头试件的钢筋母材应进行抗拉强度试验。

3）3根接头试件的抗拉强度均应满足现行国家现行标准《钢筋机械连接技术规程》（GB 107—2010）的规定。

（7）连接施工

1）钢筋连接时连接套规格与钢筋规格必须一致，连接之前应检查钢筋螺纹及连接套螺纹是否完好无损，钢筋螺纹丝头上如发现杂物或锈蚀，可用钢丝刷清除。

2）标准型和异型接头连接。首先用工作扳手将连接套与一端的钢筋拧到位，然后再将另一端的钢筋拧到位，其操作方法如图5-9（a）所示。

3）活连接型接头连接。先对两端钢筋向连接套方向加力，使连接套与两端钢筋丝头挂上扣，然后用工作扳手旋转连接套并拧紧到位，其操作如图5-9（b）所示。在水平钢筋连接时，一定要将钢筋托平对正后，再用工作扳手拧紧。

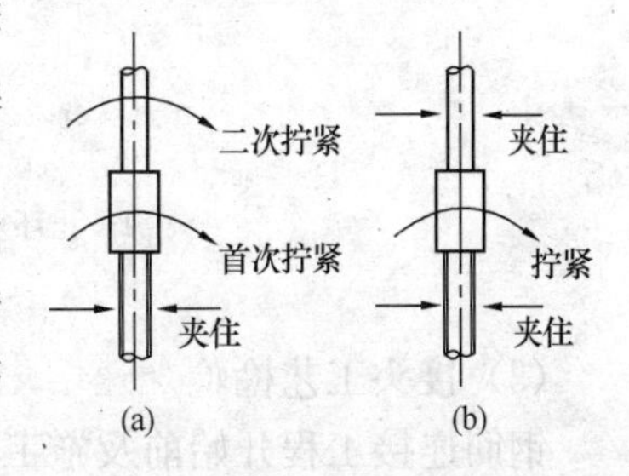

图5-9 钢筋镦粗直螺纹连接

（a）标准型和异型接头连接；

（b）活连接型接头连接

4）被连接的两钢筋端面应处于连接套的中间位置，偏差不大于一个螺距，并用工作扳手拧紧，使两钢筋端面顶紧。

5）每连接完1个接头必须立即用油漆作上标记，防止漏拧。

（8）质量检查

1）外观质量检查。在钢筋连接生产中，操作人员应对所有接头逐个进行自检，然后由质量检查员随机抽取同规格接头数的10%进行外观质量检查。应满足钢筋与连接套的规格一致，外露丝扣不得超过1个完整扣，并填写检查记录。如发现外露丝扣超过1个完整扣，应重拧并查找原因及时消除。用工作扳手抽检接头的拧紧程度。若有不合格品，应全数进行检查。

2）单向拉伸试验。接头的现场检验应按批进行。同一施工条件下采用同一批材料的同等级、同型式、同规格接头，以500个为一个验收批进行检验和验收，不足500个也作为一批。

对接头的每一验收批，必须在工程中随机截取3个试件做拉伸试验。

当3个试件单向拉伸试验结果均符合国家现行标准《钢筋机械连接技术规程》（JGJ 107—2010）的规定时，该验收批评为合格。

如有1个试件的强度不符合要求，应再取6个试件进行复检。复检中仍有1个试件试验结果不符合要求，则该验收批评为不合格。

在现场连续检验10个验收批，全部单向拉伸试件一次抽样均合格时，验收批接头数量可扩大一倍。

6. 钢筋滚轧直螺纹连接

（1）钢筋下料

钢筋应先调直后下料，应采用切割机下料，不得用气割下料。钢筋下料时，要求钢筋端面与钢筋轴线垂直，端头不得弯曲，不得出现马蹄形。

（2）钢筋套丝

1）套丝机必须用水溶性切削冷却润滑液，不得用机油润滑。

2）钢筋丝头的牙形、螺距，必须与连接套的牙形、螺距规相吻合，有效丝扣内的秃牙部分累计长度小于一扣周长的1/2。

3）检查合格的丝头，应立即将其一端拧上塑料保护帽，另一端拧上连接套，并按规格分类堆放整齐待用，如图5-10所示。

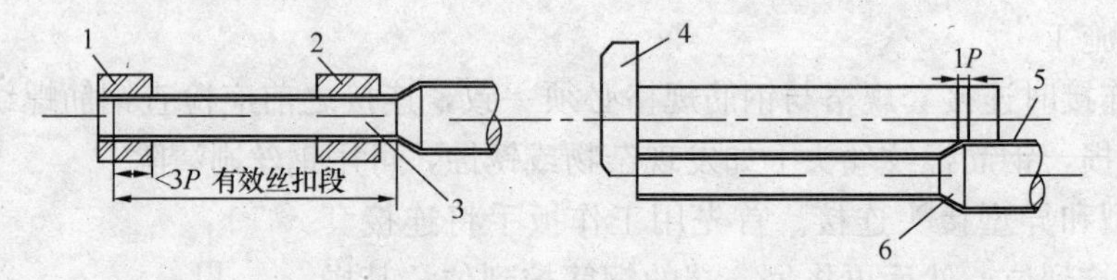

图5-10 钢筋套丝要求

1—止环规；2—通环规；3—钢筋丝头；4—丝头卡扳；5—纵肋；6—第一小牙扣底

（3）接头工艺检验

钢筋连接工程开始前及施工过程中，应对每批进场钢筋进行接头工艺检验，工艺检验应符合下列要求：

1）每种规格钢筋的接头试件不应少于3根。

2）对接头试件的钢筋母材应进行抗拉强度试验。

3）3根接头试件的抗拉强度均应满足现行国家标准《钢筋机械连接技术规程》（GB 107—2010）的规定。

（4）钢筋连接

参考5. 钢筋镦粗直螺纹连接（7）连接施工的内容进行。

(5) 质量检查

1) 外观质量检查。参考5. 钢筋镦粗直螺纹连接（8）质量检查的内容进行。此外，用工作扳手抽检接头的拧紧程度，应按表5-9中的拧紧力矩值检查并加以标记。

表5-9　滚轧直螺纹钢筋接头拧紧力矩值

钢筋直径（mm）	≤16	18～20	22～25	28～32	36～40
拧紧力矩值（N·m）	80	160	230	300	360

注：当不同直径的钢筋连接时，拧紧力矩值按较小直径钢筋的相应值取用。

2) 单向拉伸试验。参考5. 钢筋镦粗直螺纹连接（8）质量检查的内容进行。

5.2.2　组合式模板施工

1. 施工准备

(1) 放线。

按照施工图纸要求，在基础顶面或楼（地）面上弹出柱模板的内边线和十字中心线，墙模板要弹出模板的内外边线，以方便模板的安装与校正。

(2) 标高量测。

用水准仪把建筑物水平标高按照模板实际标高的要求，引测到安装模板的位置，以控制支模高度。

(3) 轴线竖向投测。

每隔3～5条轴线选取一条竖向控制轴线，用以控制模板的竖向垂直度。

(4) 找平和设置模板定位基准。

为确保模板位置准确和避免模板底部漏浆，模板安装前，常用1∶3水泥砂浆沿模板内边找平。外柱、墙在继续安装模板时，可在下层结构上设置模板承垫条带（图5-11），并且用仪器校正其平直。

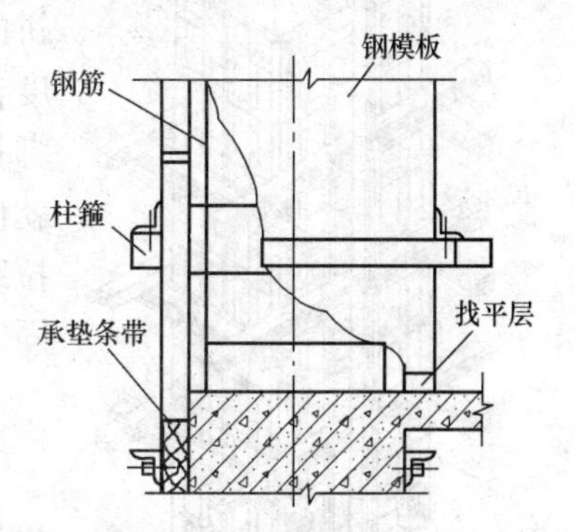

图5-11　外柱外模板设承垫条带示意图

设置模板定位基准是为确保模板上、下端在浇混凝土时，不致左右移位。模板下端固定，在施工中多用点焊短钢筋为定位基准，按照柱、墙截面尺寸，切割相应长短的短筋，在距楼面100mm处点焊在主筋上，往上每隔1m左右设一道，既确保了模板几何尺寸，也确保了模板与钢筋之间保护层厚度的准确性（图5-12）。模板上端的固定，通常在模板安装后，用缆风绳一端与墙、柱模板顶连接，另一端与地锚连接，使用缆风绳上的紧线器（花篮螺丝）来校正模板的垂直度。施工中应注意在每层现浇梁板的适当位置预埋$\phi6$～$\phi8$钢筋作地锚。

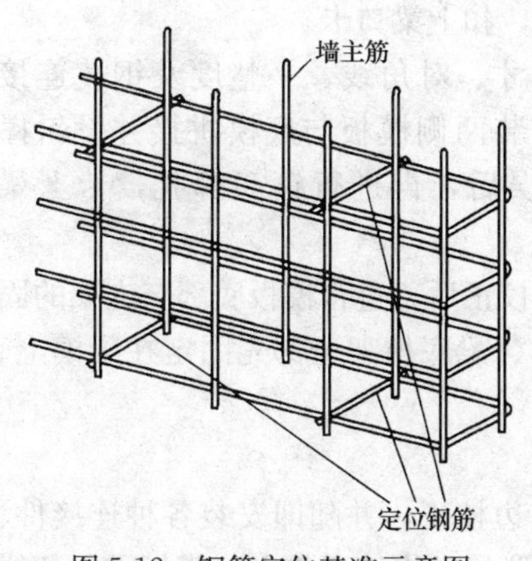

图5-12　钢筋定位基准示意图

2. 模板的支设

模板的支设方法分为：单块就位组拼和预组拼两种。其中预组拼又可分为分片组拼和整体组拼两种。采用预组拼方法，可加快施工速度，提高模板的安装质量，但是必须具备相适应的吊装设备，有较大的拼装场地，场地平整、坚实。

(1) 柱模板

单块就位组拼的方法是：首先将柱子第一段四面模板就位组拼好，校正调整好对角线，要求模板竖直，位置准确，并用柱箍固定，然后以第一段模板为基准，用相同的方法组拼第二段模板，直到柱全高。各段组拼时，其水平接头和竖向接头要同时用U形卡正反交替连接，在安装到一定高度时，要进行支撑或拉结，避免倾倒，并用支撑或拉杆上的调节螺栓校正模板的垂直度。

单片预组拼的方法是：将事先预组拼的单片模板，检查其对角线、板边平直度和外形尺寸合格后，吊装就位并作临时支撑；然后进行第二片模板吊装就位，并用U形卡与第一片模板组合成L形，同时做好支撑。如此再完成第三、第四片的模板吊装就位和组拼。模板就位组拼后，检查其位移、垂直度、对角线情况，经校正无误后，马上自下而上地安装柱箍。

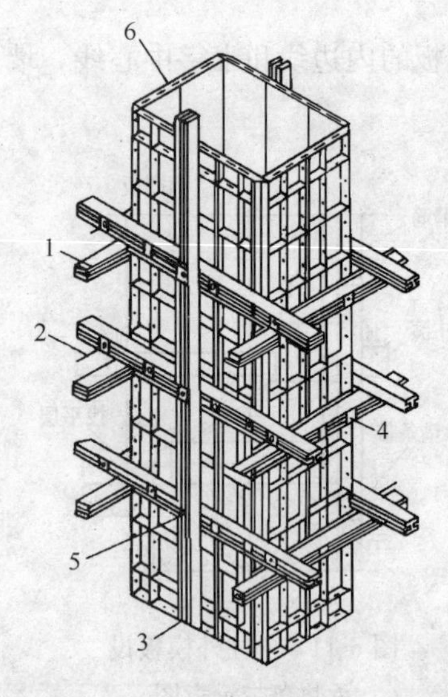

图 5-13 柱模板

1—横楞；2—拉杆；3—竖楞；4—钩头螺栓；5—穿柱拉杆；6—模板

柱模板全部安装后，再进行一次全面检查，合格后与相邻柱群或四周支架临时拉结固定。

整体预组拼的方法是：在吊装前，先检查已经整体预组拼的模板上、下口对角线的偏差及连接件、柱箍等的牢固程度，检查钢筋是否妨碍柱模的安装，并用钢丝将柱顶钢筋先绑扎在一起，以利柱模从顶部套入。待整体预组拼模板吊装就位后，马上用4根支撑或有花篮螺丝的缆风绳与柱顶四角拉结，并且校正其中心线和偏斜，全面检查合格后，再群体固定。

柱模组装后情况如图5-13所示。

(2) 梁模板

单块就位组拼复核梁底标高、校正轴线位置无误后，搭设和调平梁模支架（包括安装水平拉杆和剪刀撑），固定钢棱或梁卡具，然后在横棱上铺放梁底板，并用钩头螺栓与钢棱固定，拼接角模，再绑扎梁钢筋，安装并固定两侧模板。有对拉螺栓时插入对拉螺栓，并套上套管。按设计规定起拱（通常跨度大于4m时，起拱0.2%～0.3%)。安装钢棱，拧紧对拉螺栓，调整梁口平直。采用梁卡具时，夹紧梁卡具，扣上梁口卡。

单片预组拼在检查预组拼的梁底模和两侧模板的尺寸、对角线、平整度及钢棱连接以后，先把梁底模吊装就位并与支架固定，然后分别吊装两侧模板与底模拼接并设斜撑固定，再按设计规定起拱。在检查梁模位置、尺寸无误后，再进行钢筋绑扎，卡上梁口卡。

整体预拼采用支架支模时，在整体梁模板吊装就位并校正后，进行模板底部与支架的固定，侧面用斜撑固定；当采用桁架支模时，可以将梁卡具、梁底桁架全部先固定在梁模上。当安装就位时，梁模两端准确安放在立柱上。

(3) 墙模板

墙模板通常都采用预组拼方式。安装时，应边就位、边校正，并随即安装各种连接件、支承件或加设临时支撑。一定要待模板支撑稳固后，才能脱钩。当墙面较大，模板需分几块预拼安装时，模板之间应按照设计规定增加纵横附加钢棱。当无规定时，连接处的钢棱数量和位置应与预组拼模板上的钢棱数量和位置等同。附加钢棱的位置在接缝处两边，与预组拼模板上钢棱的搭接长度，通常为预组拼模板全长（宽）的15%～20%。

相邻模板边肋用U形卡连接的间距，不应大于300mm，预组拼模板接缝处宜满上。U形卡要反正交替安装。

门窗预留洞口模板应有锥度，方便拆除。预留的小型设备孔洞，当遇到钢筋时，应确保钢筋位置正确，不能将钢筋移向一侧。

墙模板的浇筑口（门子板），通常留在浇筑一侧，设置方法与柱模板相同。门子板的水平间距通常为2.5m。墙模板组装情况，如图5-14所示。

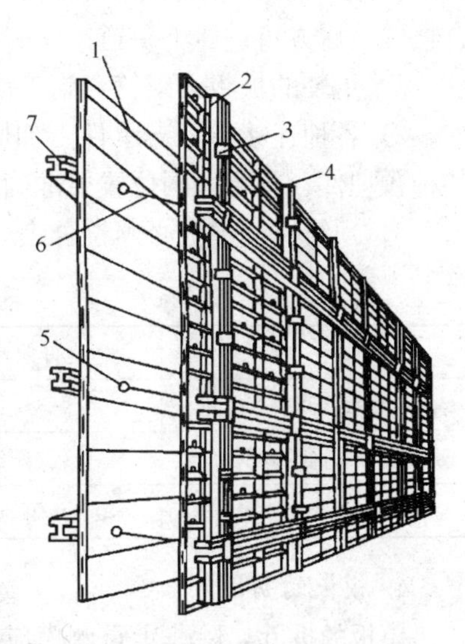

图5-14 墙模板

1—模板；2—内钢棱；3—扣件；4—U形卡；5—顶帽；6—穿墙螺栓；7—外钢棱

（4）楼板模板

采用立柱做支架时，从边跨一侧开始逐排安装立柱，并且同时安装外钢棱（大龙骨）。立柱和钢棱的间距，通过模板设计计算确定，通常情况下立柱与外钢棱间距为600～1200mm，内钢棱（小龙骨）间距为400～600mm。调平后方可铺设模板。

在模板铺设完标高校正后，立柱之间应加设水平拉杆，其道数按照立柱高度决定。通常情况下离地面200～300mm处设一道，往上纵横方向每隔1.6m左右设一道。

采用桁架作支承结构时，通常应预先支好梁、墙模板，然后把桁架按模板设计规定支设在梁侧模板通长的型钢或方木上，调平固定后再铺设模板。

单块就位组拼时，宜以每个节间从四周先用阴角模板与墙、梁模板连接，然后向中央铺设。相邻模板边肋应按照设计要求用U形卡连接，也可以用钩头螺栓与钢棱连接，还可采用U形卡预拼几块再铺设。

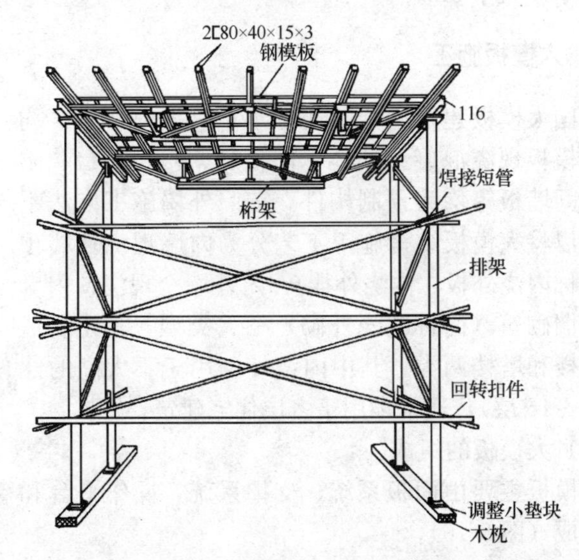

图5-15 桁架支设楼板模板预组拼模板允许偏差

预组拼模板块较大时，应加钢棱再吊装，用来增加板块的刚度。吊运前应检查模板的尺寸、对角线、平整度以及预埋件和预留孔洞的位置。安装就位后，马上用角模与梁、墙模板连接。

采用钢管脚手架作支撑时，在支柱高度方向每隔1.2～1.3m设一道双向水平拉杆。支撑与地面接触处应夯实，并垫通长脚手板，避免下沉。

楼板模板支设情况，如图5-15所示。

（5）楼梯模板

楼梯模板通常比较复杂，常见的有板式和梁式楼梯，其支模工艺基本相同。

施工前应按照实际层高放样，首先安

装休息平台梁模板，然后安装楼梯模板斜棱，铺设楼梯底模、安装外帮侧模和踏步模板。安装模板时要尤其注意斜向支柱（斜撑）的固定，避免浇筑混凝土时模板移动。

3. 模板安装质量要求

组合钢模板安装完毕后，应按照现行《混凝土结构工程施工质量验收规范》（GB 50204—2002）和《组合钢模板技术规范》（GB 50214—2013）的有关规定，进行全面检查，合格验收后方可进行下一道工序。其质量要求如下：

1）组装的模板必须符合施工设计的要求。

2）各种连接件、支承件、加固配件一定要安装牢固，无松动现象。模板拼缝要严密。各种预埋件、预留孔洞位置要准确，固定要牢固。

3）预组拼的模板必须符合表 5-10 的要求。

表 5-10　预组拼模板允许偏差

项　　目	允许偏差（mm）	项　　目	允许偏差（mm）
两块模板之间拼接缝隙	≤2.0	组装模板板面的长宽尺寸	+4，−5
相邻模板面的高低差	≤2.0	组装模板对角线长度差值	≤7.0（≤对角线长度的 1/1000）
组装模板板面平整度	≤0.4（用 2m 直尺检查）	—	—

4. 模板的拆除

模板的拆除，除非承重侧模应以能确保混凝土表面及棱角不受损坏时（大于 $1N/mm^2$）可拆除外，承重模板应按照现行《混凝土结构工程施工质量验收规范》（GB 50204—2002）的有关规定执行。

模板拆除的顺序和方法，应按照配板设计的规定进行，遵循先支后拆、后支先拆、先非承重部位和后承重部位以及自上而下的原则。拆模时，严禁用大锤和撬棍硬砸硬撬。

多层楼板模板支架的拆除，应按照下列要求进行：上层楼板正在浇筑混凝土时，下层楼板模板的支架不得拆除，再下一层楼板模板的支架，可拆除一部分；跨度大于 4m 的梁下均应保留支架，其间距不应大于 3m。

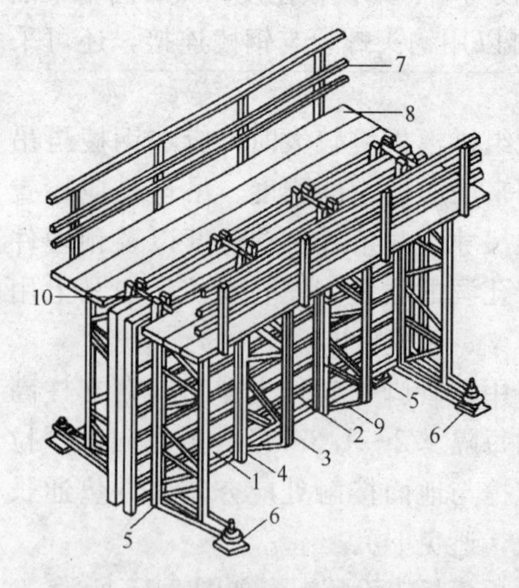

图 5-16　大模板组成构造示意图

1—面板；2—水平加劲肋；3—支撑桁架；4—竖楞；5—调整水平度的螺旋千斤顶；6 调整垂直度的螺旋千斤顶；7—栏杆；8—脚手板；9—穿墙螺栓；10—上口卡具

5.2.3　大模板施工

我国大模板建筑通常是横墙承重，故内墙通常均采用大模板现浇混凝土墙体，而楼梯、楼梯平台、阳台、分间墙板等均为预制构件。按照外墙施工方法不同，可以将大模板结构施工工艺分为内墙现浇外墙预制（简称内浇外板、内浇外挂）、内外墙全现浇、内墙现浇外墙砌筑（简称内浇外砌）三大类型，其建筑造型分板楼和塔楼两类。其中内浇外砌用于不太高的建筑（12～16 层），通常多用于多层住宅建筑。

（1）大模板的组成

大模板主要由面板系统、支撑系统、操作平台和附件组成（图 5-16）。

1）面板系统。面板系统包括面板、横肋和竖肋。

其作用是使混凝土墙面具有设计规定的外观，所以要求其表面平整、拼缝严密，具有足够的刚度。面板常采用：

①整块钢板。用4～6mm钢板拼焊而成。它具有良好的强度和刚度，能承受较大的混凝土侧压力及其他施工荷载，重复利用率高，通常周转次数在200次以上。但自重重，灵活性差。

②木、竹胶合板。此类面板自重轻，周转约20次左右，但需解决好板四周的封边，以避免水分及潮湿空气进入板内，造成局部起鼓变形而影响使用寿命。

③组合钢模板组拼面板。组合钢模便于拆装，重新组合。但是刚度、平整度以及周转次数都不如整块板，且板缝较多，需随时处理。其他还可以用钢框胶合板等材料。

2）支撑系统。支撑系统包括支撑架和地脚螺栓，它的作用是传递水平荷载，避免模板倾覆。

3）操作平台。包括平台架、脚手平台和防护栏杆三个部分。它是施工人员操作的平台和运行的通道。平台架插放在焊于竖肋上的平台套管内，脚手板铺在平台架上。防护栏杆可上下伸缩。

4）附件。穿墙螺栓、上口卡子是模板最重要的附件。穿墙螺栓的作用是加强模板刚度，用来承受新浇混凝土侧压力。墙体的厚度由两块模板之间套在穿墙螺栓上的硬塑料管来控制，塑料管长度等于墙的厚度，拆模以后可敲出重复使用。穿墙螺栓通常设在大模板的上、中、下三个部位。上穿墙管距模板顶部250mm左右，下穿墙螺栓距模板底部200mm左右。

模板上口卡子用来控制墙体厚度并承受一部分混凝土侧压力。

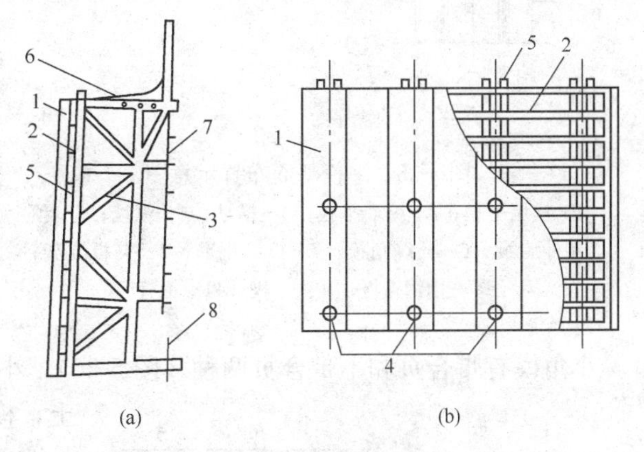

图5-17　平模构造示意图

（a）整体式平模；（b）组合式平模；

1—面板；2—横肋；3—支架；4—穿墙螺栓；5—竖向主肋；6—操作平台；7—铁爬梯；8—地脚螺栓

（2）模板的构造及布置方案

1）平模。平模尺寸相当于房间每面墙的大小。按照拼装的方式分为整体式、组合式、装拆式三种（图5-17）。整体式平模的板面、骨架、支撑系统和操作平台、爬梯等组焊接成整体。模板的整体性好，但是通用性差，使用于大面积标准住宅施工。组合式平模将面板和骨架、支撑系统、操作平台三部分用螺栓连接而成，不用时可以解体，以方便运输和堆放。装拆式平模既支撑系统和操作平台与竖肋用螺栓连接，而且板面与钢边框、横助、竖肋之间也用螺栓连接，其灵活性更强。

采用平模布置方案时，横墙与纵墙的混凝土分两次浇筑的，先支横墙模板，待拆模后再支纵墙模板。平模平面布置如图5-18所示。

平模方案能够较好地确保墙面的平整度，全部模板接缝均在纵横墙交接的阴角处，便于接缝处理，减少修理用工，模板加工量不多，周转次数多，适用性强，模板组装和拆卸方便，模板不落地或少落地。但因为纵横墙要分开浇筑，竖向施工缝多，影响房屋整体性，组织施工比较麻烦。

2）小角模。小角模是为适应纵横墙一起浇筑而在纵横墙相交处附加的一种模板，通常用100mm×100mm的角钢制成。其设置在平模转角处，从而使每个房间的内模形成封闭支撑体系（图5-19）。

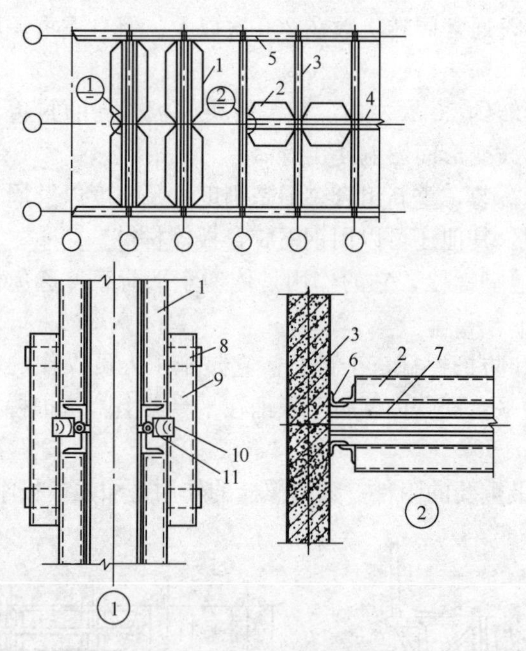

图5-18　平模平面布置示意图

1—横墙平模；2—纵墙平模；3—横墙；4—纵墙；5—预制外墙板；6—补缝角模；7—拉结钢筋；8—夹板支架；9—槽钢夹板；10—木楔；11—钢管

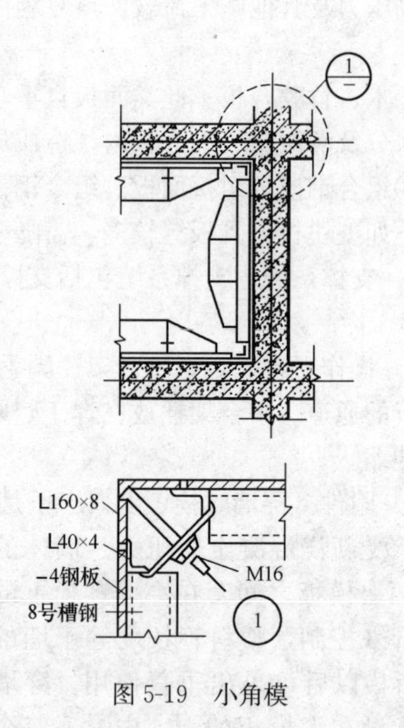

图5-19　小角模

小角模有带合页和不带合页两种（图5-20）。小角模布置方案使纵横墙可一起浇筑混凝土，模板整体性好，组拆方便，墙面平整，但是墙面接缝多，修理工作量大，角模加工精度要求也比较高。

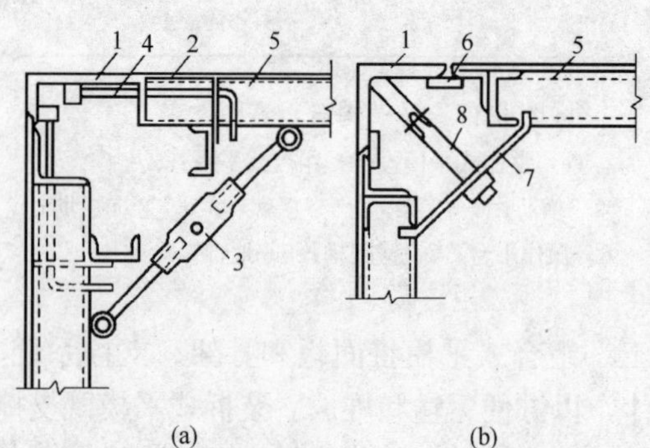

图5-20　小角模构造示意图

(a) 带合页的小角模；(b) 不带合页的小角模

1—小角模；2—合页；3—花篮螺栓；4—转动铁拐；5—平模；6—扁铁；7—压板；8—转动拉杆

3）大角模。大角模系由上下四个大合页连接起来的两块平模、三道活动支撑和地脚螺栓等组成，其构造如图5-21所示。

大角模方案，使房间的纵横墙体混凝土可以同时浇筑，所以结构整体性好。它还具有稳定、拆装方便、墙体阴角方整、施工质量好等优点。但是大角模也有加工要求精细、运转麻烦、墙面平整度较差及接缝在墙中部等缺点。

4）筒子模。它是指一个房间三面现浇墙体的模板，使用挂轴悬挂在同一钢架上，墙角用小角模封闭而构成的一个筒形单元体（图5-22）。

采用筒子模方案，因为模板的稳定性好，纵横墙体混凝土同时浇筑，所以结构整体性好，施工简单。减少了模板的吊装次数，操作安全，劳动条件好。其缺点是模板每次都要落地，并且模板自重大，需要大吨位起重设备，加工精度要求高，灵活性差，安装时必须按照房间弹出十字中线就位，比较麻烦。

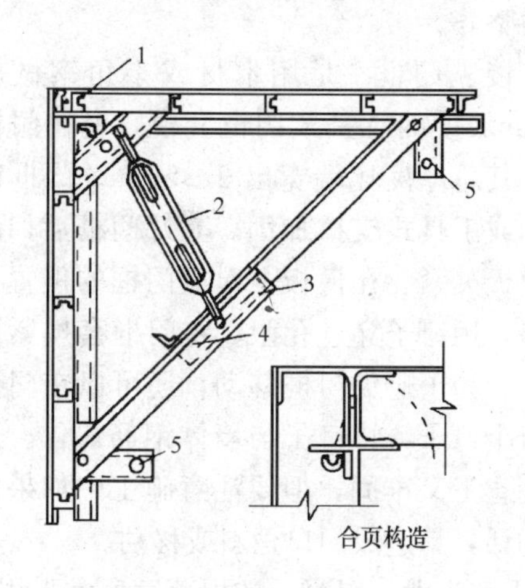

图 5-21 大角模构造示意图

1—合页；2—花篮螺栓；3—固定销；4—活动销；5—调整用螺旋千斤顶

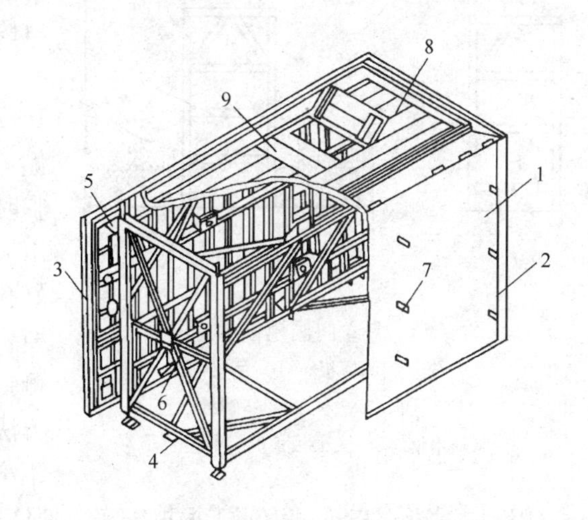

图 5-22 筒子模

1—模板；2—内角模；3—外角模；4—钢架；5—挂轴；6—支杆；7—穿墙螺栓；8—操作平台；9—出入孔

(3) 施工工艺

1) 内墙现浇外墙预制的大模板建筑施工。这种大模板建筑的施工有三类做法：预制承重外墙板，现浇内墙；预制非承重外墙板，现浇内墙；预制承重外墙板和非承重内纵墙板，现浇内横墙。

①抄平放线。抄平放线包含有弹轴线、墙身线、模板就位线、门口、隔墙、阳台位置线和抄平水准线等工作。

②敷设钢筋。墙体钢筋应尽量预先在加工厂按图纸点焊成网片，运至现场。在运输、堆放和吊装过程中，应采取措施避免钢筋产生弯折变形或焊点脱开。

③安装模板。大模板进场后要核对型号，清点数量，清除表面锈蚀，用醒目的字体在模板背面注明标号。模板就位前还应认真涂刷脱模剂，把安装处楼面清理干净，检查墙体中心线及边线，精确后方可安装模板。

安装模板时，应按照顺序吊装，按墙身线就位，并通过调整地脚螺栓，用“双十字”靠尺反复检查校正模板的垂直度。模板合模前，还要检查墙体钢筋、水暖电器管线、预埋件、门窗洞口模板和穿墙螺栓套管是否遗漏，位置是否正确，安装是否牢固，是否影响墙体强度，并且清除在模板内的杂物。模板校正合格后，在模板顶部安放上口卡子，并且紧固穿墙螺栓或销子。

门口模板的安装方法有两种：先立门洞模板（俗称“假口”），后安门框；直接立门框。

先立门洞模板。如果门洞的设计位置固定，则可以在模板上打眼，用螺栓固定门洞模板比较简便。如门洞设计位置不固定，则可以在钢筋网片绑完后，按设计位置将门洞模板钉上钉子，与钢筋网片焊在一起固定。模板框中部均需加三道支撑（图 5-23），前后两面（或一面）各钉一木框（用 5cm×5cm 木方），使模框侧边与墙厚相同。拆模时，拆掉木方和木框。浇筑混凝土时，要注意使两侧混凝土的浇筑高度大体相等，高差不超过 50cm，振捣时，要避免挤动模框。先立门洞模板的缺点是拆模困难，门洞周围后抹的灰浆易开裂空鼓。另外，

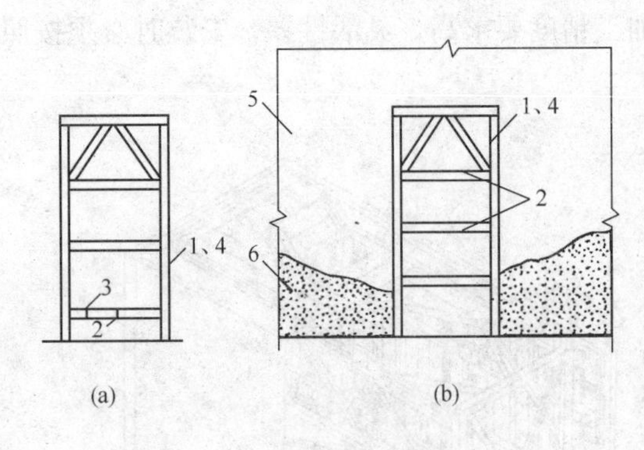

图 5-23　先立门洞模框示意图

（a）先立门洞模板；（b）后安门框

1—门框；2—木方；3—螺栓；

4—木框；5—大模板；6—混凝土

采用先立门洞模板工艺时，最好多准备一个流水段的门洞模板，采取隔天拆模板，以确保洞口棱角整齐。

直接立门框。是用木材或小角钢做成带1～2mm坡度的工具式门框套模，夹在门框两侧，使其总厚度比墙宽出 3～5mm。门框内设临时的或工具式支撑加固。立好门框后，两边由大模板夹紧。在模板上对应门框的位置预留好孔眼，用钉子穿过孔眼，将门框套模紧固于模板上。为了避免门框移动，还可以在门框两侧钉若干钉子，将钉子与墙体钢筋焊住。这种方法既省工又牢固，但要注意施工中如果定位不牢的话，易造成门口歪斜或移动。

④墙体混凝土浇筑。为便于振捣密实，使墙面平整光滑，混凝土的坍落度通常采用 7～8cm。用 $\phi50$ 的软轴插入式振捣棒连续分层振捣。每层的间隔时间不得超过 2～3h，或按照水泥的初凝时间确定。混凝土的每层浇筑高度控制在 500mm 左右，确保混凝土振捣密实。

浇筑门窗洞位置的混凝土时，应注意从门窗洞口正上方下料，使两侧能同时均匀浇筑，避免发生偏移。

墙体的施工缝通常宜设在门窗洞口上，次梁跨中 1/3 区段。当使用组合平模时，可留在内纵墙与内横墙的交接处，接槎处混凝土应加强振捣，确保接槎严密。

⑤拆模与养护。在常温下，墙体混凝土强度达到 1.2MPa 时方准拆模。拆模的顺序是：先拆除全部穿墙螺栓、拉杆及花篮卡具，再拆除补缝钢管或木方，卸掉埋设件的定位螺栓和其他附件，之后将每块模板的地脚螺栓稍稍升起，使模板在脱离墙面之前应有少许的平行下滑量，然后再升起后面的两个地脚螺栓，使模板自动倾斜脱离墙面，最后将模板吊起。在任何情况下，不得在墙上口晃动、撬动或敲砸模板。模板拆除后，应及时清理干净。

2）内外墙全现浇大模板建筑施工。内外墙均为现浇混凝土的大模板体系，以现浇外墙代替预制外墙板，提高了整体刚度。因为减少了外墙的加工环节，造价较便宜，但是增加了现场工作量。要解决好现浇外墙材料的保温隔热、支模及混凝土的收缩等问题。

①外墙支模。外墙的内侧模板与内墙模板一样，支承在楼板上，外侧模板则有悬挑式外模和外承式外模两种施工方法。当使用悬挑式外模板施工方法时，支模顺序为：先安装内墙模板，然后安装外墙内模板，将外墙外模板通过内墙模板上端的悬臂梁直接悬挂在内墙模板上。悬臂梁可以采用一根 8 号槽钢焊在外墙外模板的上口横肋上，内外墙模板之间用两道对销螺栓拉紧，下部靠在下层外墙混凝土壁上（图 5-24）。

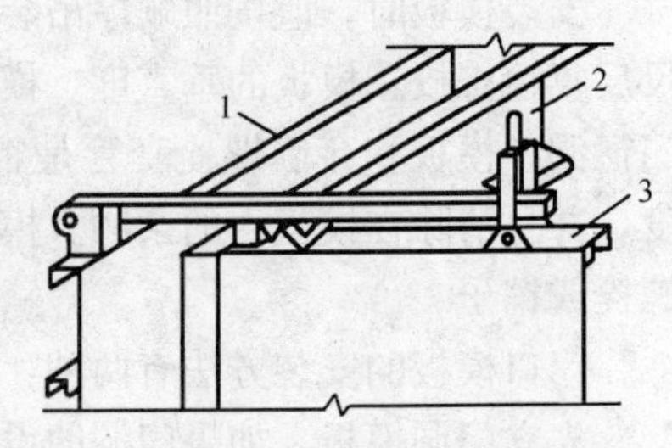

图 5-24　悬挑式外模

1—外墙外模板；2—外墙内模板；3—内墙模板

当使用外承式外模板施工方法时，可以先将外墙外模板安装在下层混凝土外墙面上挑出的支承架上（图 5-25）。支承架可做成三角架，用 L 形螺栓通过下一层外墙预留孔挂在外墙上。为确保安全，要设防护栏杆和安全网。外墙外模板安装好后，再安装内墙模板和外墙的内模板。

②门窗洞口支撑。全现浇结构的外墙门窗洞口模板，最好采用固定在外墙内模板上活动折叠模板。门窗洞口模板与外墙钢模用合页连接，可转动60°。洞口支好后，用固定在模板上的钢支撑顶牢。

3）内浇外砌大模板建筑施工。为增强砖砌体与现浇内墙的整体性，外墙转角、内外墙的节点以及沿砖高度方向，都应设钢筋拉结（图5-26）。墙体砌筑技术要求与通常砌筑工程相同。

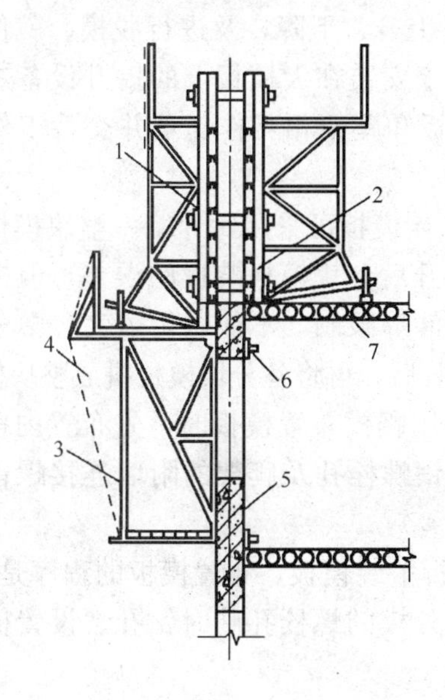

图5-25　外承式外模

1—外墙外模；2—外墙内模；3—外承架；4—安全网；5—现浇外墙；6—穿墙卡具；7—楼板

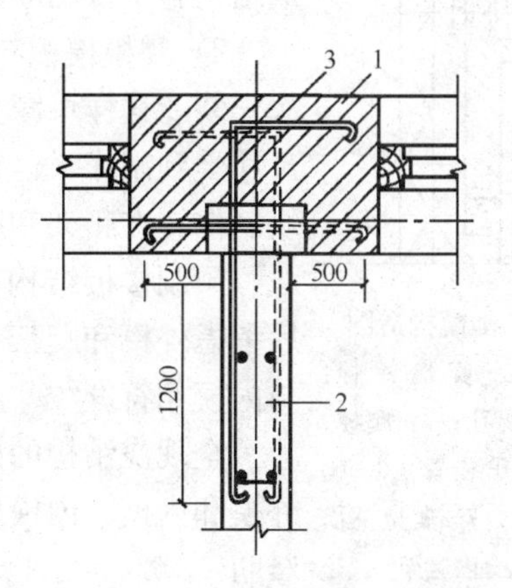

图5-26　外砖墙与现浇内墙连接节点

1—外墙砖垛；2—现浇混凝土内墙；3—水平拉结筋

①支模。内墙支模不同部位模板的安装顺序为，在纵横墙相交十字节点处，先立横墙正号模板，依次立门洞模板，安设水电预埋件及预留孔洞，进行隐蔽工程验收，立横墙反号模板，立纵墙正号模板，让纵墙板端头角钢紧贴横墙模端头挑出的钢板翼缘，立纵墙的门洞模板并且安设预埋件，立纵墙反号模板。外墙与内墙模板交接处的小角模，必须固定牢固，保证不变形。

②混凝土浇筑。内浇外砌结构四大角构造柱的混凝土应分层浇筑，每层厚度不得超过300mm；内外墙交接处的构造柱和混凝土墙应同时浇筑，振捣要密实。

5.2.4　爬升模板施工

（1）爬升模板（简称“爬模”）的构造

爬模（图5-27）主要包括：爬升模板、爬升支架和爬升设备。

1）爬升模板。爬升模板的构造与大模板中的平模基本相同。高度为层高加50～100mm，其长出部分用来与下层墙搭接。模板下口需装有避免漏浆的橡皮垫衬。模板的宽度按照需要而定，通常与开间宽度相适应，对于山墙有时则更大。模板下面还可装吊脚手架，以方便操作和修整墙面。

2）爬升支架（简称爬架）。为一格构式钢架，是由上部支承架和下部附墙架两部分组成。支承架部分的长度大于两块爬模模板的高度。支承架的顶端装有挑梁，用来安装爬升设备。附墙架由螺栓固定在下层墙壁上，仅有当爬架提升时，才暂时与墙体脱离。

3）爬升设备。爬升设备有手拉葫芦以及滑模用的QYD-35型穿心千斤顶，还有用电动提升设备。当使用千斤顶时，在模板和爬架上分别增设爬杆，以方便使千斤顶带着模板或爬架上下爬动。

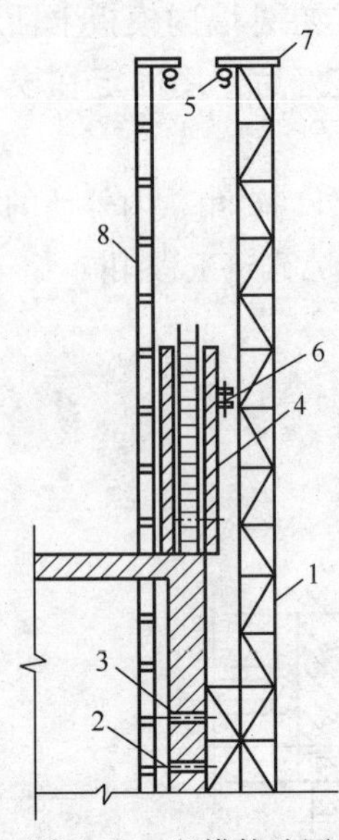

图 5-27　爬模构造图

1—爬架；2—穿墙螺栓；3—预留爬架孔；4—爬模；5—爬模提升装置；6—爬架提升装置；7—爬架挑横梁；8—内爬架

（2）爬升原理及布置原则

1）爬升原理。爬模的大模板依靠固定于钢筋混凝土墙身上的爬架和安装在爬架上的提升设备上升、下降，及进行脱模、就位、校正、固定等作业。爬架则借助于安装在大模板上的提升设备进行升降、校正、固定等作业。大模板和爬架相互作支承并交替工作来完成结构施工（图5-28）。

2）爬模模板布置原则。外墙模板可采用每片墙一整块模板，一次安装。这样可减少起模和爬升后分块模板装拆的误差，但模板的尺寸受到制作、运输和吊装条件等限制，不能做得过大，常分成几块制作，在爬架和爬升设备安装后，再将各分块模板拼成整块模板。

预制楼板结构高层建筑采用爬模布置模板时，先布置内模，然后考虑外模和爬架。外模的对销螺栓孔及爬架的附墙连接螺栓孔应与内模相符。

全现浇结构的内模如用散拆散装模板，布置模板的程序是爬架、外模和内模。内模固定是按照外模的螺栓孔临时钻孔、设置横肋与竖肋。

因角模在起模时容易使角部混凝土遭受损伤，尽量防止使用角模，如必须用角模时，应将角模做成校链形式，使带角部分的模板在起模前先行脱离混凝土面。

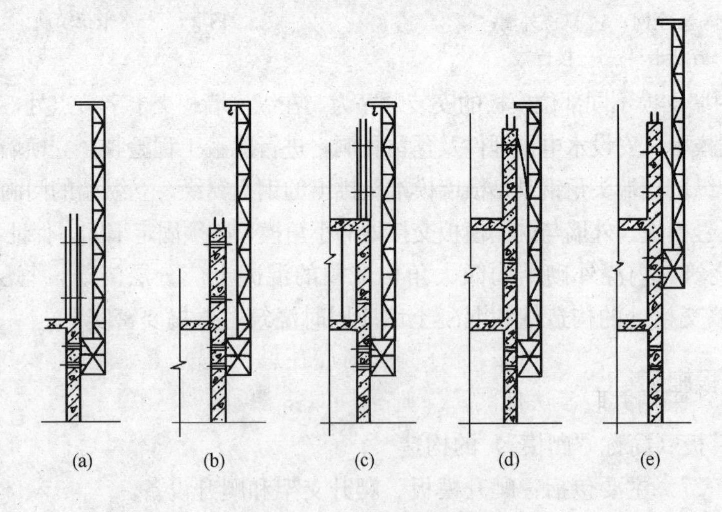

图 5-28　爬升原理示意图

（a）固定爬架，支上层墙大模板；（b）浇上层墙混凝土；（c）提升爬模，浇筑上层楼面混凝土；（d）浇墙身混凝土；（e）提升爬架

3）爬架布置原则。爬架间距要按照爬架的承载能力和重量综合考虑。因为每个爬架装2只液压千斤顶或2只环链手动葫芦，每只爬升设备的起重能力为10～15kN，每个爬架的承载能力为20～30kN，再加模板连同悬挂脚手架重3.5～4.5kN/m，所以爬架间距通常为4～5m。

爬架位置应尽量避开窗洞口，使爬架的附墙架始终能固定在无洞口的墙上，如果必须设在窗洞位置且用螺栓固定时，应假设全部荷载作用在窗洞上的钢筋混凝土梁上，对梁的强度要进行验算。爬架设在窗洞口上，最好是在附墙架上安活动牛腿搁在窗盘上，由窗盘承受爬架传来的垂直力，然后用螺栓连接以承受水平力。

爬架不宜设在墙的端部。由于模板端部必须有脚手架，操作人员要在脚手架上进行模板封头和校正。

一块模板上按照宽度需布置 3 个及 3 个以上爬架时，应按照每个爬架承受荷载相等的原则进行布置。

(3) 爬模施工工艺

1) 施工程序。因为爬模的附墙架需安装在混凝土墙面上，所以采用爬模施工时，底层结构施工仍须用大模板或者普通支模的方法。当底层混凝土墙拆除模板后，方可进行爬架的安装。爬架安装好以后，就可利用爬架上的提升设备，将二层墙面的大模板提升到三层墙面的位置就位，到时完成了爬模的组装工作，可进行结构标准层爬模施工。

2) 爬架组装。爬架的支承架和附墙架是横卧在平整的地面上拼装的，经过质量检查合格后方可用起重机安装到墙上。

被安装爬架的墙面需预留安装附墙架的螺栓孔，孔的位置要与上面各层的附墙螺栓孔位置处于同一垂直线上。墙上留孔的位置越精确，爬架安装的垂直度就越容易确保，安装好爬架后要校正垂直度，其偏差值宜控制在 $h/1000$ 以内。

3) 模板组装。高层建筑钢筋混凝土外墙采用爬模施工，当底层墙施工时爬架没有地方安装，可以在半地下室或基础顶部设置牛腿支座，大模板搁置在牛腿支座上组装。爬升模板在开始层有如下的组装程序：

①安装爬架并安装提升设备。

②吊装分块模板。

③利用校正工具校正和固定模板。

④当爬升模板到达二层墙高度时，开始安装悬挂脚手架及各种安全设施。

4) 爬架爬升。爬架在爬升之前一定要将外模与爬架间的校正支撑拆去，检查附墙连接螺栓是否都已抽除，清除爬模爬升过程中可能遇到的障碍，还应确定固定附墙架的墙体混凝土强度不得小于 $10N/mm^2$。

爬架在爬升过程中两套爬升设备要同步提升，使爬架处于垂直状态。当用环链手拉葫芦时应两只同时拉动；使用单作用液压千斤顶时应在总油路的分流器上用两根油管分别接到千斤顶的油嘴上，采用并联接法使两只千斤顶同时进油。爬架先爬升 50～100mm，再进行全面检查，待一切都通过检验后，就可进入正常爬升。

爬升过程中操作工人不得站在爬架内，可以站在模板的外附脚手架上操作。

爬架爬升到位时要逐个及时插入附墙螺栓，校正好爬架垂直度后拧紧附墙螺栓的螺母，使得附墙架与混凝土的摩擦力足够平衡爬架的垂直荷载。

5) 模板爬升。模板的爬升须待模板内的墙身混凝土强度达到 $1.2\sim3.0N/mm^2$ 后方可进行。

首先要拆除模板的对销螺栓、固定模板的支撑以及不同时爬升的相邻模板间的连接件，然后起模。起模时可以用撬棒或千斤顶使模板与墙面脱离，接着就可以用提升爬架的同样方法和程序将模板提升到新的安装位置。

模板到位后要进行校正。此时既要校正模板的垂直度，还要校正它的水平位置，尤其是拼成角模的两块模板间的拼接处，其高度必须相同，以方便连接。

5.2.5 滑升模板施工

液压滑升模板（简称滑模）施工工艺，是一种机械化程度较高的施工方法。它只需要一套1m多高的模板及液压提升设备，根据工程设计的平面尺寸组装成滑模装置，就可以绑扎钢筋，浇筑混凝土，连续不断地施工，直至结构完成。

滑模施工工艺机械化程度高，施工速度快，整体性强，结构抗震性能好，还能获得没有施工缝的混凝土构筑物。与传统的结构施工方法比较，滑模可缩短工期50%以上，提高工效60%左右，还可改善劳动条件，减少用工量。

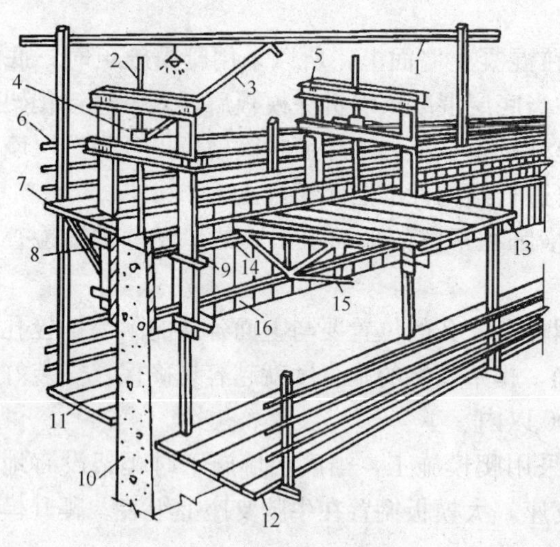

图5-29 滑升模板的组成

1—支架；2—支承杆；3—油管；4—千斤顶；5—提升架；6—栏杆；7—外平台；8—外挑架；9—收分装置；10—混凝土墙；11—外吊平台；12—内吊平台；13—内平台；14—上围圈；15—桁架；16—模板

(1) 滑升模板的构造

滑模装置主要包括模板系统、操作平台系统和提升机具系统，由模板、围圈、提升架、操作平台、内外吊脚手架、支承杆及千斤顶等组成（图5-29）。

1) 模板系统。模板系统主要包括模板、围圈、提升架等基本构件。

①模板。模板的作用主要是承受混凝土的侧压力、冲击力和滑升时混凝土与模板之间的摩阻力，并且使混凝土按设计规定的截面形状成型。

模板的材料不同，可分为钢模板、木模板和钢木混合模板三种。最常使用的是钢模板，可以采用设角钢肋条或直接压制边肋以加强模板刚度，亦可采用定型组合钢模板。

模板的高度主要取决于滑升速度和混凝土达到出模强度所需的时间，通常采用900～1200mm。为避免混凝土浇筑时向外溅出，外模上端可以比内模高100～200mm。模板的宽度可设计成几种不同的尺寸，考虑组装及拆卸方便，通常宜采用150～500mm，当所施工的墙体尺寸变化不大时，也可按照实际情况适当加宽模板，以节约装卸用工。

②围圈（围檩）。围圈的作用主要是使模板保持组装好的平面形状，并且将模板与提升架连成一个整体。围圈工作时，承担水平荷载和竖向荷载，并且将它们传递到提升架上。

围圈布置在模板外侧，沿建筑物的结构形状组成闭合圈，上下各一道，分别支承在提升架的立柱上。围圈的间距通常为500～700mm，上围圈距模板上口的距离不大于250mm为宜。当提升架间距大于2.5m或操作平台的承重骨架直接支承在围圈上时，围圈宜设计成桁架式（图5-30）。在使用荷载时，两个提升架之间围圈的垂直与水平方向的变形不得大于跨度的1/500。

③提升架（千斤顶架、门架）。提升架的作用主要是控制模板和围圈因为混凝土侧压力和冲击力而产生的向外变形，并承受作用在整个模板和操作平台上的全部荷载，将荷载传递给千斤顶。其次，提升架又是安装千斤顶，连接模板、围圈以及操作平台成整体的主要构

件。目前使用较广的是钳形提升架，如图 5-31 所示。

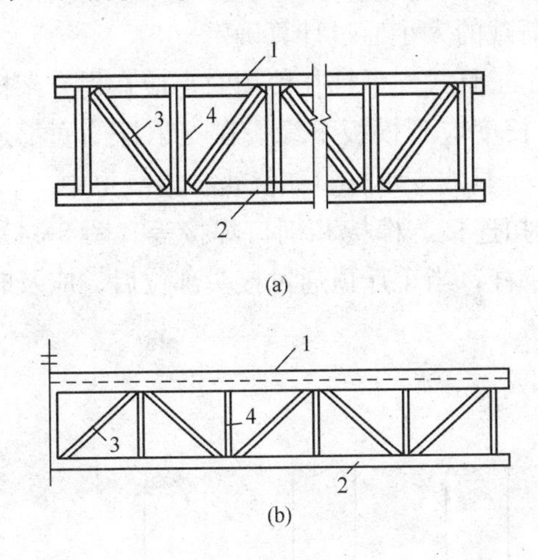

图 5-30　桁架式围圈构造

（a）螺栓连接；（b）焊接

1—上围圈；2—下围圈；3—斜腹杆；4—直腹杆

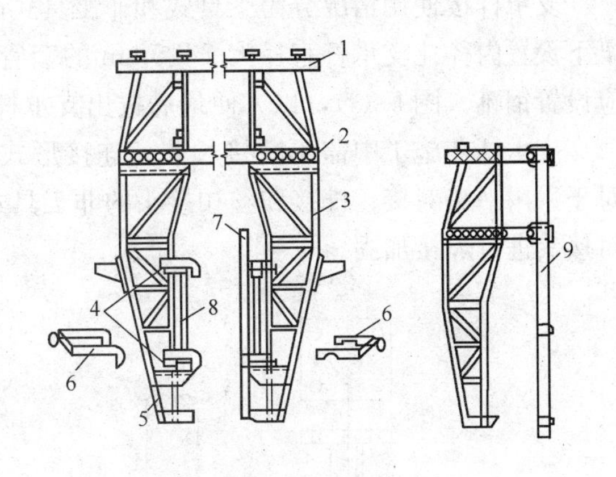

图 5-31　钳形提升架构造示意图

1—上横梁；2—下横梁；3—立柱；4—顶紧螺栓；5—接长脚；6—扣件；7—滑模模板；8—围圈；9—直腿方钢

提升架的布置应与千斤顶的位置相适应。当均匀布置时，间距最好不超过 2m，当非均匀布置或集中布置时，可按照结构部位的实际情况确定。

2）操作平台系统。操作平台系统是指操作平台、内外吊脚手架以及某些增设的辅助平台（图 5-32）。

①操作平台（工作台）。操作平台是施工人员绑扎钢筋、浇筑混凝土、提升模板等的操作场所，亦是混凝土中转、存放钢筋等材料以及放置振捣器、液压控制台、电焊机等机械设备的场地。

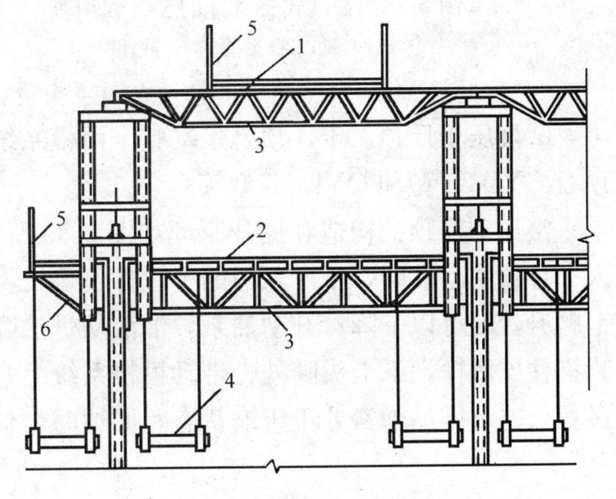

图 5-32　操作平台构造

1—上辅助平台；2—主操作平台；3—承重桁架；4—吊脚手架；5—防护栏杆；6—三角挑架

操作平台按照其搭设部位分内操作平台和外操作平台两部分。内操作平台由承重桁架（或梁）与楞木、铺板组成。承重桁架（或梁）的两端可支承在提升架的立柱上，也可以通过托架支承在上下围圈上。外操作平台悬挑在混凝土外墙面外侧，通常由三角挑架与楞木、铺板等组成。三角挑架同样可支承在提升架立柱上，或支承在上下围圈上。

按照楼板的施工工艺的不同要求，可以将操作平台板做成固定或活动两种式样。

②内外吊脚手架（吊架）。内外吊脚手架主要用于检查混凝土的质量、表面装饰以及模板的检修和拆卸等工作，由吊杆、横梁、脚手板防护栏杆等构件组成，吊杆上端通过螺栓悬吊于挑三角架或提升架的立柱上，其下端与横梁连接。

3）提升机具系统。提升机具系统包含有支承杆、液压千斤顶、针形阀、油管系统、液压控制台、分油器、油液、阀门等。

①支承杆（爬杆）。支承杆是千斤顶向上爬升的轨道，也是滑模的承重支柱，承受滑模施工中的全部荷载。支承杆的直径与数量按照提升荷载的大小通过计算确定。

支承杆按使用情况分为工具式和非工具式两种。工具式支承杆在使用时，应在提升架横梁下设置内径比支承杆直径大 2～5mm 的套管，其长度应到模板下缘。在支承杆的底部还应设置钢靴（图 5-33），以方便最后拔出支承杆。非工具式支承杆直接浇筑在混凝土中。

支承杆在施工中需不断接长，其连接形式有丝扣连接、榫接和剖口焊接等（图 5-34）。对于采用平头对接、榫接和丝扣接头的非工具式支承杆，当千斤顶通过接头部位后，应及时对接头进行焊接加固。

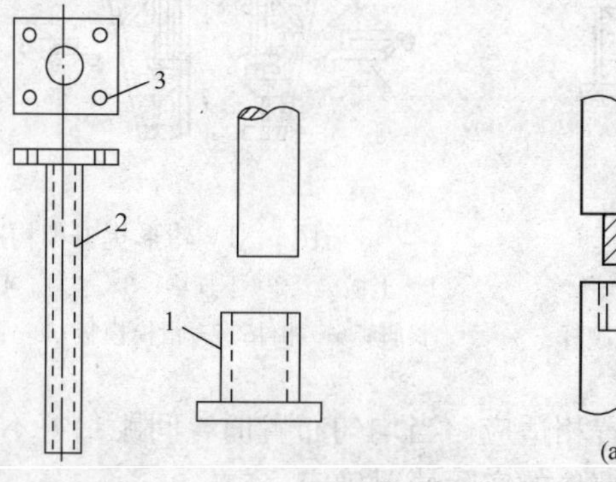

图 5-33　工具式支承杆的套管和钢靴

1—钢靴；2—套管；3—底座

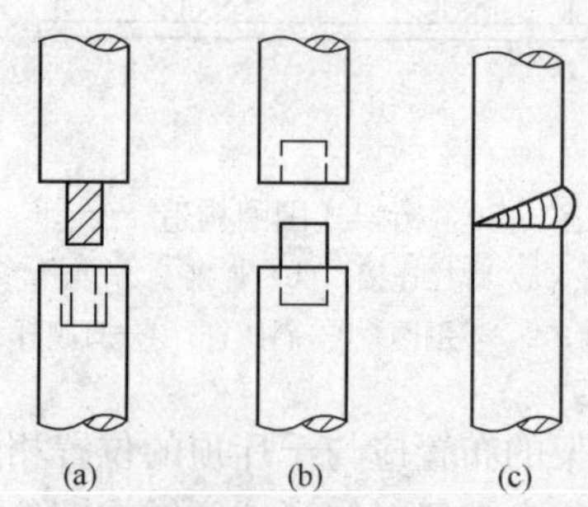

图 5-34　支承杆的连接

(a) 丝扣连接；(b) 榫接；(c) 焊接

②液压千斤顶。千斤顶是带动整个滑模系统沿支承杆上爬的机械设备。常用的油压千斤顶有 GYD-35 型和 QYD-35 型等。

液压千斤顶的构造和提升原理如图 5-35 所示。千斤顶内装上下两个卡头，当支承杆穿入千斤顶中心孔时，千斤顶内的卡块像倒刺，将支承杆紧紧抱住，使千斤顶只能沿支承杆向上爬升，不可以下降；开动油泵，油液从进油嘴进入油缸，油液压缩大弹簧，此时上卡头紧紧抱住支承杆，下卡头随外壳带动模板系统上升。当上升到上下卡头相互顶紧时，完成举重过程，这时排油弹簧处于压缩状态。回油时，油压解除，弹簧复位回弹，在其压力作用下，

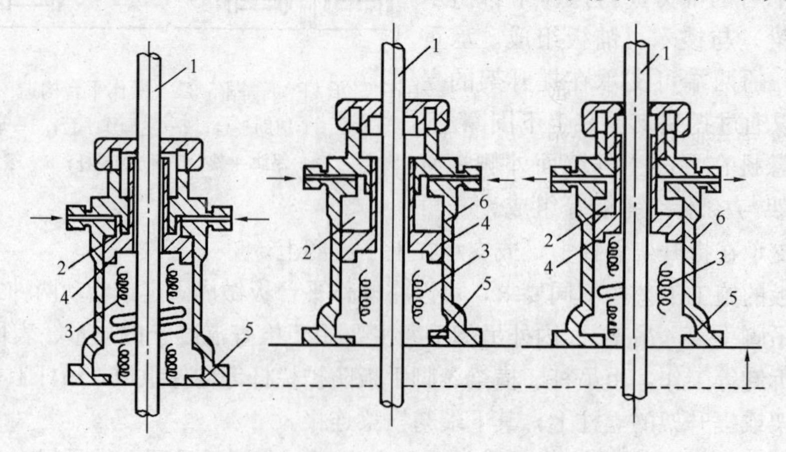

图 5-35　液压千斤顶构造与提升原理

1—支承杆；2—活塞；3—排油弹簧；4—上卡头；5—下卡头；6—缸体

下卡头锁紧支承杆，把上卡头和活塞向上举起，油液从油嘴排出油缸，完成复位过程。

③提升操作装置。提升操作装置是液压控制台和油路系统的总称。其像滑模系统的头脑和血管，操纵模板提升并供给千斤顶油压。液压控制台主要由电动机、油泵、换向阀、溢流阀、液压分配器和油箱等组成。

(2) 滑模施工程序

滑模施工程序如下：

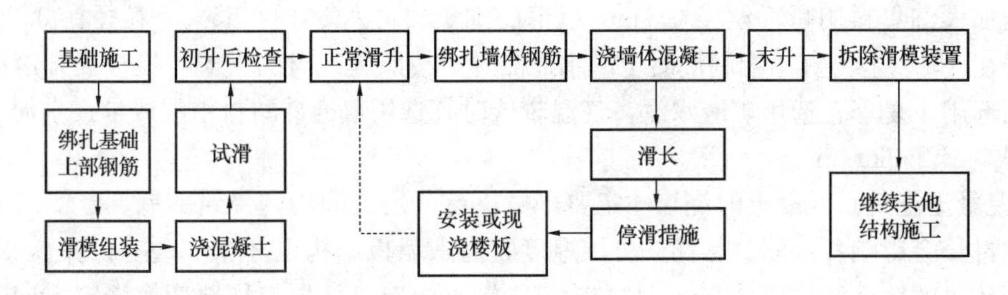

(3) 滑模组装

滑模施工的特点之一是将模板一次组装完，一直使用到结构施工完毕，中途通常不再变化。

1) 组装前的准备工作。滑模组装工作应在建筑物的基础顶板或楼板混凝土浇筑并达到一定强度后进行。组装前一定要清理场地，设置运输道路和施工用水、用电线路，同时将基础回填平整。按照图纸设计规定，在底板上弹出建筑物各部位的中心线及模板、围圈、提升架、平台构架等构件的位置线。对于各种模板部件、设备等进行检查，核对数量、规格以备使用。

进行钢筋绑扎，柱子的钢筋较粗，可以先绑扎钢筋骨架；对直径较小的墙板钢筋，可待安装好一面侧模板后进行绑扎。

2) 组装。组装的顺序是安装提升架→安装围圈→安装模板→安装操作平台→安装液压设备→安装支承杆。

模板安装要控制其倾斜度适当，要求上口小，下口大，单面倾斜度为0.2%～0.5%较适宜。

支承杆的安装必须在模板全部安装验收合格，千斤顶空载试车，排气之后进行。

为了增加支承杆的稳定性，防止支承杆基底处局部应力过于集中，在支承杆下端应垫一块50mm×50mm、厚5～10mm的钢垫板，扩大承压面积。因为支承杆较长，上端容易歪斜，可以在提升架上焊钢筋限位或三角架来扶正支承杆的位置。

滑模安装完毕，必须按照规范要求的质量标准进行检查。

(4) 墙体滑模施工

1) 准备工作。滑模施工要求连续性，机械化程度较高。为确保工程质量，发挥滑模的优越性，必须按照工程实际情况和滑模施工待点，周密细致地做好各项施工组织设计和现场准备工作。

2) 钢筋绑扎。钢筋绑扎要与混凝土浇筑及模板的滑升速度相配合。事先按照工程结构每个平面浇筑层钢筋量的大小，划分操作区段，合理安排绑扎人员，使每个区段的绑扎工作能够基本同时完成，尽可能缩短绑扎时间。

钢筋的加工长度，应按照工程对象和使用部位来确定，水平钢筋长度通常不宜大于7m，垂直钢筋通常与楼层高度一致。

钢筋绑扎时，必须注意留足混凝土保护层的厚度，钢筋的弯钩，必须全部背向模板面，避免模板滑升时被弯钩挂住。当支承杆兼作结构主筋时，应及时清除油污。

绑扎截面较高的大梁，其水平钢筋也采取边滑升边绑扎的方法。为便于绑扎，可将箍筋做成上口开放的形式，待水平钢筋穿入就位后，再将上部绑扎闭合。

3）混凝土配制。为滑模施工配制的混凝土，除了须满足设计强度要求之外，还应满足模板滑升的特殊工艺要求。为了提高混凝土的和易性，减少滑模时的摩阻力，在颗粒级配中可以适当加大细集料用量，粒径在 7mm 以下的细集料可达 50%～55%，粒径在 0.2mm 以下的砂子在 5%以上为宜。配制混凝土的水泥品种，按照施工时的气温，模板提升速度及施工对象而选用。夏季宜选用矿渣水泥，气温较低时宜选用普通硅酸盐水泥或早强水泥，水泥用量不得少于 $250kg/m^3$。

4）混凝土浇筑。混凝土的浇筑一定要严格执行分层交圈均匀浇筑的制度。浇筑时间不宜过长，过长会影响各层间的粘结，分层厚度，通常墙板结构以 200mm 左右为宜，框架结构及面积较小的筒壁结构以 300mm 左右为宜。混凝土应有计划匀称地变换浇筑方向，避免结构的倾斜或扭转。

气温较高时，宜先浇筑内墙，后浇筑受阳光直射的外墙；先浇筑直墙，后浇筑墙角和墙垛；先浇筑较厚的墙，后浇筑较薄的墙。预留洞、门窗洞口、变形缝、烟道及通风管两侧的混凝土，应对称均衡浇筑。墙垛、墙角和变形缝处的混凝土，应浇筑稍高一些，避免游离水顺模板流淌而冲坏阳角和污染墙面。

混凝土的施工和滑模模板提升是反复交替进行的，整个施工过程及相应的模板提升可分为下列三个施工阶段：

初浇阶段：这个施工阶段是从滑模组装并且检查结束后，开始浇筑混凝土至模板开始提升为止，此阶段混凝土浇筑高度通常只有 600～700mm，分 2～3 个浇筑层。

随浇随升阶段：滑模模板初升后即开始随浇随升施工阶段。这个阶段中，混凝土浇筑与钢筋绑扎、模板提升相互交替进行，紧密衔接。每次模板提升前，混凝土宜浇筑到距模板上口以下 50～100mm 处，并应将最上一道水平钢筋留置在混凝土外，作为绑扎上一层水平钢筋的标志。

末浇阶段：混凝土浇筑至与设计标高相差 1m 左右时，即进入末浇施工阶段。这时混凝土的浇筑速度应逐渐放慢。

5）模板的滑升。初升阶段：模板的初升应在混凝土达到出模强度，浇筑高度为 700mm 左右时进行。开始初升前，为了实际观察混凝土的凝结情况，必须先进行试滑升，滑升过程必须尽量缓慢平稳。

正常滑升阶段：模板经初升调整后，方可按照原计划进行混凝土和模板的随浇随升。正常滑升时，每次提升的总高度应与混凝土分层浇筑的厚度相配合，两次滑升的间隔停歇时间，通常不宜超过 1h，在常温下施工，滑升速度为 150～350mm/h，最慢不得少于 100mm/h。

末升阶段：当模板升至距建筑物顶部标高 1m 左右时，即进入末升阶段，此时应放慢滑升速度，进行准确的抄平和找正工作。混凝土末浇结束后，模板仍应继续滑升，直至与混凝土脱离为止。

6）预埋件和预留孔的留设。滑模施工中，预埋铁件、预埋钢筋及水电管线等是随模板滑升而逐步安设的。

门窗洞及其他孔洞的留设方法有：

①框模法。事先按设计图纸尺寸制成孔洞框模，如图 5-36（a）所示，其材料可以用钢材、木材或钢筋混凝土预制。尺寸比设计尺寸大 20～30mm，厚度比模板的上口尺寸小 5～10mm。正式门窗口作框模如图 5-36（b）所示。

②堵头模板法。堵头模板是在孔洞两侧的内外模板之间设置堵头模板，如图 5-36（c）所示。堵头模板（插板）通过角钢导轨与内外模配合。安装时应先使插板沿插板支架滑下到与模板门窗框模板相平，随后与模板一起滑升。

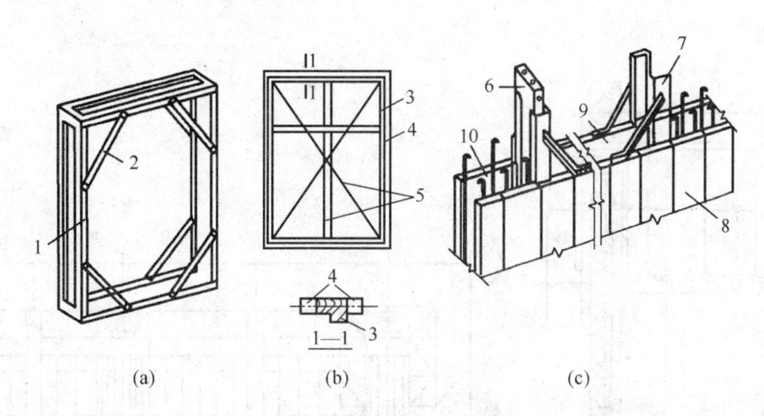

图 5-36　门窗留洞示意图

（a）框模；（b）正式门窗口作框模；（c）堵头模板法

1—门窗框模板；2—支撑；3—正式门窗；4—挡条；5—临时支撑；6—堵头模板；7—导轨；8—滑模板；9—门窗预留洞；10—待浇筑的混凝土墙身

③孔洞胎模法。对于较小的预留孔洞及接线盒等，可以事先按孔洞具体形状制作空心或实心的孔洞胎模，尺寸应比设计规定大 50～100mm，厚度至少应比内外模上口小 10～20mm，四边应稍有倾斜，便于模板滑过后取出胎模。

（5）楼板施工工艺

滑模施工中，楼板与墙体的连接，通常分为预制安装与现浇两大类。预制楼板的施工又分为滑空安装法、牛腿安装法和平接法。因为高层建筑结构抗震要求，50m 以上的高层建筑最好采用现浇结构，所以高层建筑不采用预制安装方法。采用现浇楼板的施工方法，可提高建筑物的整体性，加快施工进度，并且安全。属于此类方法的现有“滑一浇一”逐层支模现浇法、“滑三浇一”支模现浇法和降模施工法等。

1）“滑三浇一”支模现浇法。此法是墙体不断向上滑，预留出楼板插筋及梁端孔洞。在内吊脚手架下面，加吊一层满堂铺板及安全网。当墙面滑出一层后，拔出墙内插筋，利用梁、柱及墙体预留洞或设置一些临时牛腿、插筋及挂钩，作为支设模板的支承点，在支承点上开始搭设楼板模板铺设钢筋等。当墙体滑升到三层时，浇捣第一层楼板混凝土。这样墙体滑升速度快。

2）降模施工法。降模施工是当墙体连续滑升到顶或滑到 10 层左右高度后，利用滑模操作平台改装成为楼板底模板，在四个角及适当位置布设吊点，吊点应符合降模要求。把楼板模板降至要求高度，方可以进行该层楼板施工（图 5-37）。当该层楼板混凝土达到拆模强度要求时，可将模板降至下一层楼板位置，进行下一层楼板的施工。这时悬吊模板的吊杆也随之接长。这样依次逐层下降，直至最后在底层将模板拆除。

3）“滑一浇一”逐层支模法。“滑一浇一”又称逐层空滑现浇楼板法，它是高层建筑采用滑模时，楼盖施工应用较多的一种施工工艺。采用它，就是在墙体混凝土滑升一层，紧跟着支模现浇一层楼板，每层结构按滑一层浇一层的工序进行，所以将原来的滑模连续施工改变为分层间断的周期性施工。

具体施工时，当每层墙体混凝土浇筑至上一层楼板底部标高后，将滑升模板继续空滑至模板下口与墙体上皮脱空一段高度为止（脱空高度按照楼板厚度而定；通常比楼板厚度多50～100mm），再将操作平台的活动平台吊去，进行现浇楼板的支模、绑扎钢筋和浇筑混凝土，如此逐层进行（图5-38）。

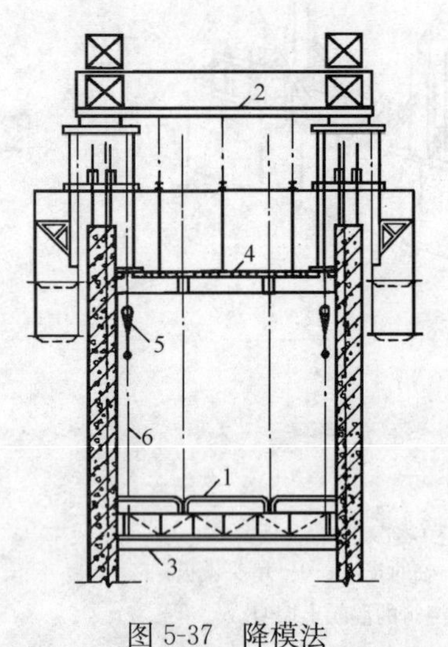

图5-37　降模法

1—操作平台改装降模模板；2—上钢梁；3—下钢梁；4—屋面板；5—起重机械；6—吊索

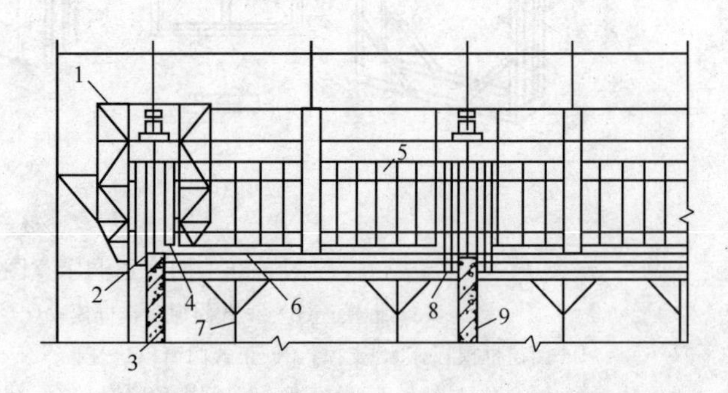

图5-38　“滑一浇一”模板空滑示意图

1—加长腿钳形提升架；2—加长的外墙模板；3—混凝土外墙；4—外墙内模板；5—内墙模板；6—现浇楼板底模板；7—顶撑；8—加长阴角模；9—内墙混凝土

每一楼层的墙身顶皮混凝土施工时，因为上部无混凝土重量压住，模板滑空时容易将混凝土墙身拉裂，特别在门窗过梁部分，下部也无混凝土相连，更容易产生混凝土随模板上浮面出现的疏散现象，所以一方面在门窗框部位浇筑混凝土前使用在框侧板上打孔，插入与主筋焊接的短钢筋加以固定；另一方面将门窗过梁部分混凝土浇筑安排到与楼板混凝土同时进行。其他墙身顶皮混凝土滑空前，将其滑升间隔时间在原来浇一皮升一皮的基础上相应缩短，次数增加，直到混凝土达到终凝后才滑空。

现浇楼板的支模方法，可以采用支柱法（即传统的楼板支模方法）或桁架支模，还可采用台模法施工。

楼板混凝土浇筑完毕后，楼板上表面与滑模模板下皮通常存在50～100mm的水平缝隙，处理方法可以用木板封口，继续浇筑混凝土。

5.3　装配式混凝土结构高层建筑施工

5.3.1　装配式预制框架结构施工

1. 构造要求

高层建筑中装配式预制框架结构的节点，大多采用装配整体式。这种结构体系按地震烈度 8 度设防，建筑总高度可达 50m。

（1）构件体系

由柱、横梁、纵梁、走道梁以及楼板（通常为预应力空心板）组成。

（2）节点处理

梁、柱节点构造如图 5-39 所示。

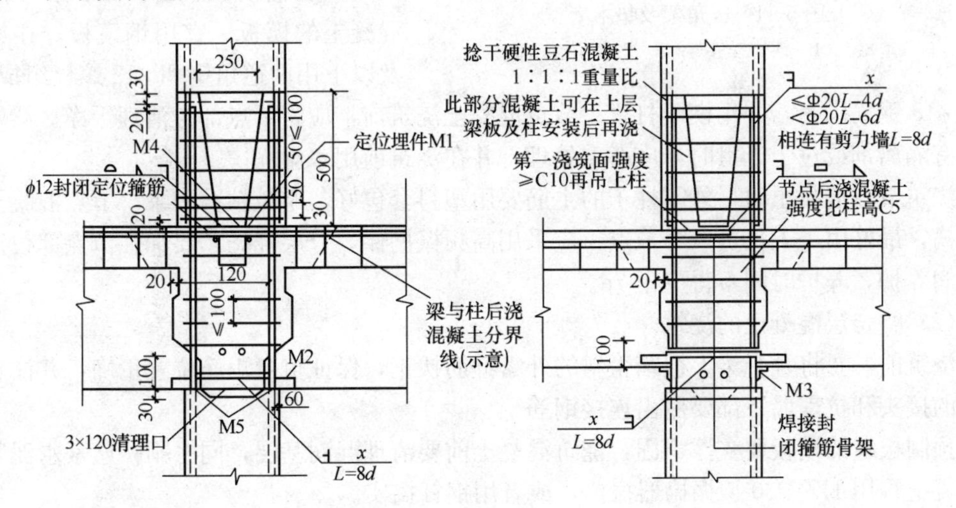

图 5-39　梁、柱节点

为了增加建筑的抗震性能和确保楼盖的整体刚度，通常在预制板上和梁叠合层上，设 40mm 厚度现浇混凝土层，并配置双向 $\phi4 \sim \phi6$ 钢筋，间距 250mm。这种节点处理，不仅抗震性能好，还因柱的安装无需临时支撑，接缝混凝土密实，焊接量少，并解决了节点核心不便设置箍筋的问题，是较好的节点做法。

2. 施工工艺

（1）工艺流程

首先进行施工准备工作，重点是抄平、放线以及验线工作；无误后方可吊装框架柱，焊接柱根钢筋；支设柱根模板，浇筑柱根混凝土。接下来吊装框架梁，焊接框架梁钢筋；与此同时绑扎剪力墙钢筋和吊装预制板，剪力墙支设模板，浇筑剪力墙混凝土，养护墙体混凝土后，吊装剪力墙上的预制板；支设叠合梁、柱头模板，支设板缝模板，绑扎叠合梁、叠台板钢筋；浇筑柱头混凝土，浇筑板缝、叠合梁、叠合板混凝土；柱头预埋钢板并找中找平。

（2）结构吊装

1）吊装准备。吊装前应按照结构安装工程的要求进行构件的检查和弹线。

为了避免柱子翻身起吊小柱头触地而产生裂缝和外露钢筋弯折，可以采用安全支腿（图 5-40），这种安全支腿在柱子起吊后，方可自动脱落；也可以用钢管三角架套在柱端钢筋处或撑垫木（图 5-41）。

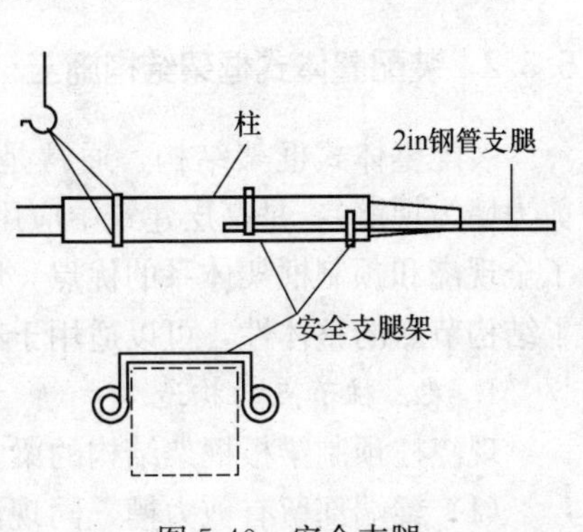

图 5-40　安全支腿

2）吊装。通常采用分层、分段流水吊装方法。

吊装过程的质量控制：对于柱子控制平面位置和垂直度，对预制梁，重点控制伸入柱内的有效尺寸和顶面标高；对楼板，重点控制顶面标高。

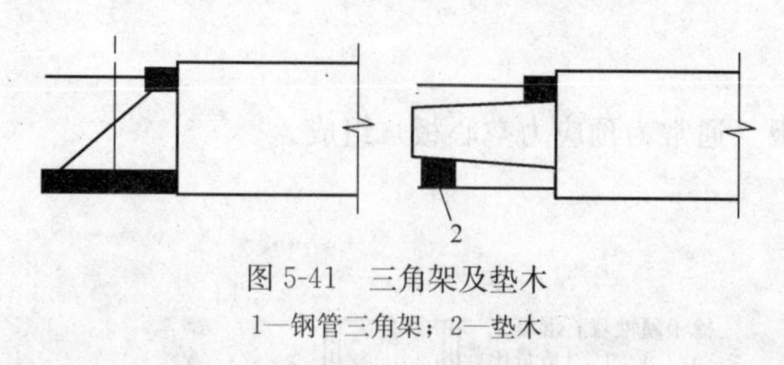

图 5-41　三角架及垫木

1—钢管三角架；2—垫木

3. 施工注意事项

（1）梁、柱节点处理

节点梁端柱体的箍筋，最好采用预制焊接钢筋笼，待主、次梁吊装焊接完毕后，从柱顶往下套。梁、柱节点浇筑混凝土的模板，宜用钢模板，在梁下皮及以下用两道角钢和 ϕ12 螺栓组成围圈，或用 ϕ18 钢筋围套，并用楔子打紧。节点混凝土浇筑前，应将节点部位清理干净。梁端和柱头存有隔离剂或过于光滑时，应凿毛处理，并在浇筑前用水湿润。

浇筑节点混凝土时，外露柱子的主筋要用塑料套包好，避免粘结灰浆。节点混凝土浇筑及振捣，最好由一人负责一个节点，应采用高频振捣棒，分层浇捣。要加强节点部位混凝土的湿润养护，养护时间不得少于 7d。

（2）叠合层混凝土的浇筑

浇筑前，要将叠合梁上被踏歪斜的外露箍筋扶正，保证负弯矩筋位置正确，并注意钢筋网片的接头和抗震墙下部要甩出连接钢筋。

预制板缝的模板要支撑牢固，浇筑混凝土前要清理湿润基层，同时刷一遍素水泥浆。板缝混凝土宜用 HZ_6P30 型振捣器振捣，或者用钢钎捣实。

（3）现浇剪力墙的施工

模板在安装前，首先在墙下部按轴线作 100mm 高的水泥砂浆导墙，作为模板的下支点，在模板下口与导墙间的缝隙要用泡沫塑料条堵严。

支设墙模时，要反复校正垂直度。模板中部要用穿墙螺栓拉紧，或用钢板条拉带拉紧，避免模板鼓胀，两片模板之间要用钢管或硬塑料管支撑，以确保墙体的厚度。

门洞口四周，钢筋较为密集，绑扎时可错位排列。如果用木模做洞口模板，在浇筑混凝土前应浇水湿透。浇筑混凝土前，最好先浇一遍素水泥浆，然后按墙高分步浇筑混凝土。第一步浇筑高度不大于 500mm。浇筑时要采取人工送料的方法，严禁从料斗中直接卸混凝土入模。电梯井四面墙体在浇筑时，不可以先浇满一面，再浇捣另一面，这样会使墙体模板整体变形、移位。应四面同时分层浇筑。

预制装配式框架结构的质量标准和检验方法按现行《混凝土结构工程施工质量验收规范》（2011 版）（GB 50204—2002）执行。

5.3.2　装配整体式框架结构施工

装配整体式框架结构，通常是指预制梁、板、现浇柱的框架结构（包括框架-剪力墙，剪力墙为现浇），是高层建筑中应用较多的一种工业化建筑体系。这种结构工艺体系，结合了全现浇和预制框架体系的优点，解决了预制梁、柱接头焊接量大和工序复杂的问题，增强了结构节点的整体性，可以适用于有抗震设防要求的高层建筑。

1. 梁、柱节点的构造

现浇柱预制梁板框架结构的梁、柱节点构造如图 5-42 所示，它具有以下特点：

（1）梁端部留有剪力槽，同现浇混凝土咬合后形成剪力键。梁端下部伸入柱内 95mm，梁端下部预留出钢筋，同节点混凝土形成一体，增加梁、柱节点的整体性。

（2）梁端主筋用角钢加强，并且扩大了梁端的承压面。梁节点在二次浇筑后，使混凝土能充满梁底与柱面的空隙，使梁体早期将部分荷载传递给柱。

2. 施工方法

现浇柱预制梁板框架结构的施工特点在于梁、板先预制成型，在施工现场拼装；梁、柱交接处节点与现浇柱同时浇筑混凝土。常见的施工方法有两种：先浇筑柱子混凝土，后吊装预制梁、板；先吊装预制梁、板，后浇筑柱子混凝土。

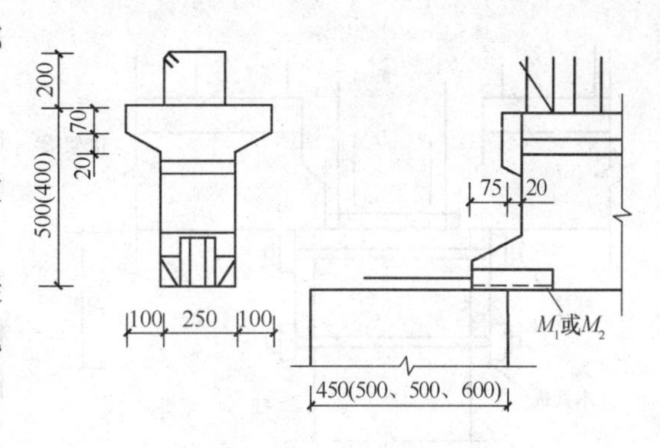

图 5-42　梁、柱节点构造

(1) 先浇筑柱子混凝土，后吊装预制梁、板

这种施工方法是首先绑扎柱子钢筋，然后支设柱模板，再浇筑柱子混凝土到梁底标高，待柱子混凝土强度大于 5N/mm² 时，拆除柱模板，再吊装预制梁、板，再浇筑梁、柱接头混凝土以及叠合层混凝土。预制梁吊装就位后的支托方法，一般有下列两种：

1) 临时支柱法。在横梁两端轴线上，分别支设临时支柱（图 5-43），用以支承横梁、楼板构件自重及施工荷载，再校正支柱的轴线位置和梁顶标高，并在支柱底部用木楔顶紧，再把支柱上端与梁支撑夹紧固定，与此同时将支柱上、下端用连接件与混凝土柱子连接固定，以确保支柱的稳定性。

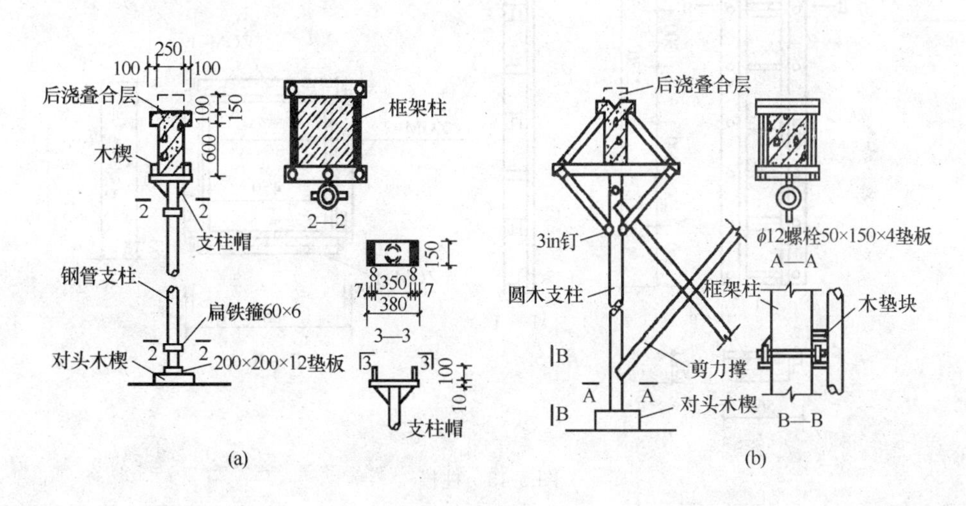

图 5-43　临时支柱

(a) 钢支柱；(b) 木支柱

2) 木夹板承托法。木夹板承托法是指在柱模板拆模后，当混凝土强度不应低于 7.5N/mm² 时，在柱顶、梁底标高处安装木夹板，利用木夹板与混凝土柱子接触面间的摩擦力来支承框架横梁（图 5-44）。

在施工时，通常混凝土柱顶标高应比横梁的设计底标高低 10～20mm，夹板顶标高与横梁底标高相同，用来传递梁端的荷载，木夹板与柱子接触面的摩擦力是靠螺栓施加给木夹板的预压力而产生的。

(2) 先吊装梁、板，后浇筑柱子混凝土

这种施工方法是使用承重柱模板支承安装预制梁、板，然后浇筑柱子混凝土以及梁、柱

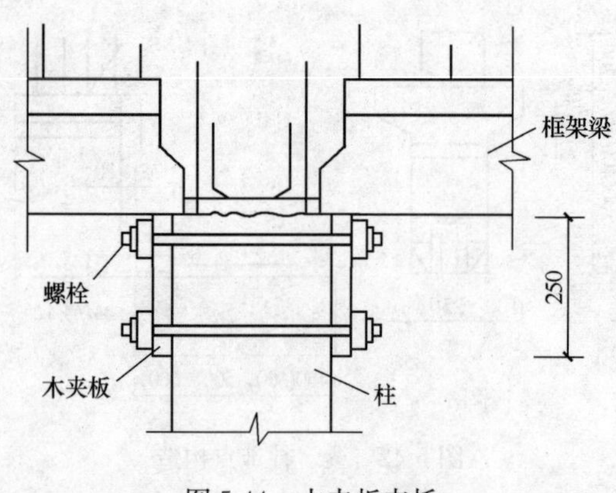

图 5-44　木夹板支托

接头，之后再浇筑叠合层混凝土。

1）承重钢柱模板的构造。承重钢柱模板由柱模、梁支承柱、柱顶小耳模和斜支撑等组成。

柱模是由 4 块侧模组成，其平面尺寸按照柱子尺寸和主、次梁的标高决定。柱体侧模可以用 3mm 厚钢板，四周用 L50×5 角钢，横肋用 5 号槽钢，间距为 600mm（图 5-45）。

梁支承柱通常用 10 号槽钢加固而成，上部焊上支承框架梁的托梁，下部焊上 ϕ38 长 250mm 的可调节高低的顶丝（图 5-46）。

斜支撑的作用是用于调节柱模的垂直度，避免柱模受荷载后产生倾斜和位移（图 5-47）。

小耳模是梁的定位模，四框由角钢组成，中间用 3mm 厚钢板，两边对称设置（图 5-48）。

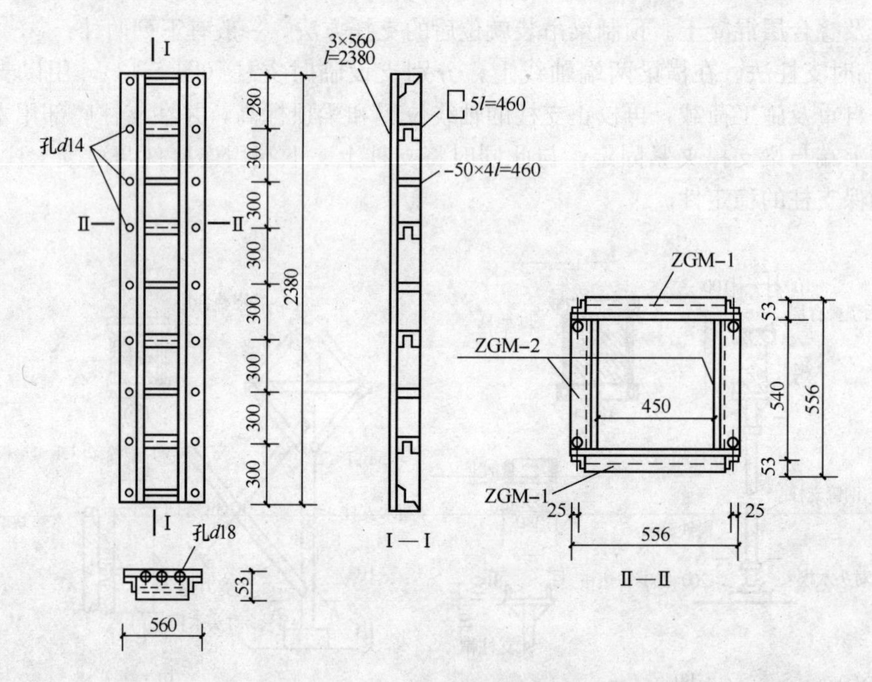

图 5-45　柱模

2）施工工艺

①安装钢柱模。钢柱模可以采用先拼装、后安装就位的方法。钢柱模就位后，用扣件将梁支承柱与柱体侧模连接起来，并且用梁支承柱的顶丝调节其高度。梁支承柱的托板应高出钢柱模 10mm，以避免预制混凝土梁压在柱模上。

②安装预制梁板。吊装预制梁、板时，应先吊主梁，后吊次梁，从一端向另一端推进，并逐间封闭。预制混凝土楼板吊装前，应事先铺好找平层砂浆。楼板在梁上的搁置长度应按照设计规定严格掌握。预制混凝土梁安装后，在其下部应设临时支撑，待叠合层混凝土浇筑养护后，符合规范要求的强度，方可拆除。

③柱子混凝土浇筑。浇筑柱子混凝土时，应按照中、边、角的顺序依次施工，这样有利整体结构的稳定，可避免因浇筑混凝土产生的侧压力而引起梁、柱的倾斜或偏移。

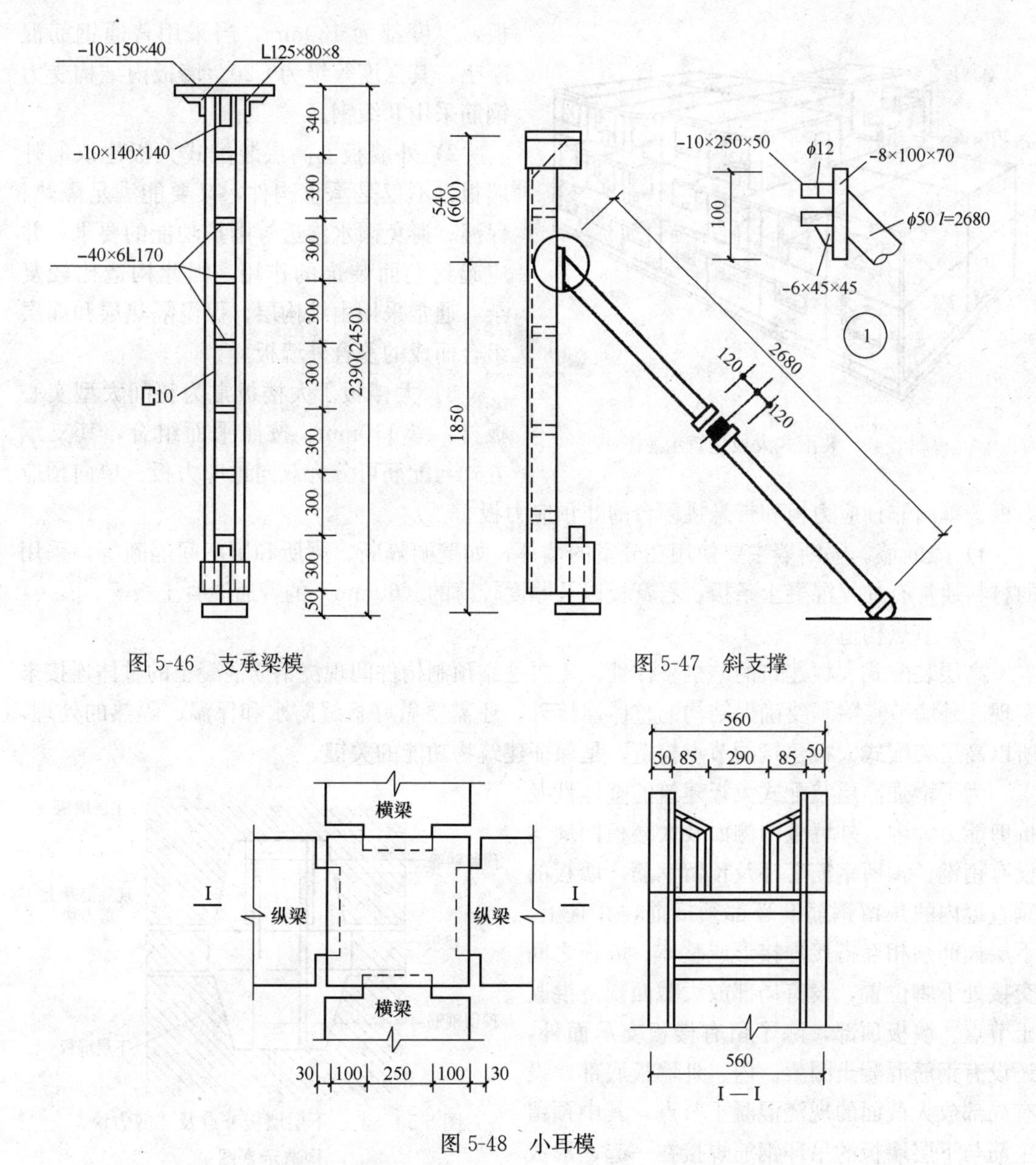

图 5-46　支承梁模

图 5-47　斜支撑

图 5-48　小耳模

④钢柱模板的拆除。钢柱模板拆除时，柱子混凝土强度不得小于 10N/mm²。

5.3.3　装配式大板剪力墙结构工程施工

装配式大板剪力墙结构是我国发展较早的一种工业化建筑体系。这种结构体系的特点是：除基础工程外，结构的内、外墙和楼板全部采用整间大型板材进行预制装配（图 5-49），楼梯、阳台、垃圾和通风道等，亦都采用预制装配。构配件全部由加工厂生产供应，或者有一部分在施工现场预制，在施工现场进行吊装组合成建筑。在北京地区目前已建成的高层建筑为 10～18 层，结构按 8 度抗震设防。

1. 构件类型和节点构造

(1) 构件类型

1) 内墙板。内墙板包括内横墙和内纵墙，是建筑物的主要承重构件，均为整间大型墙

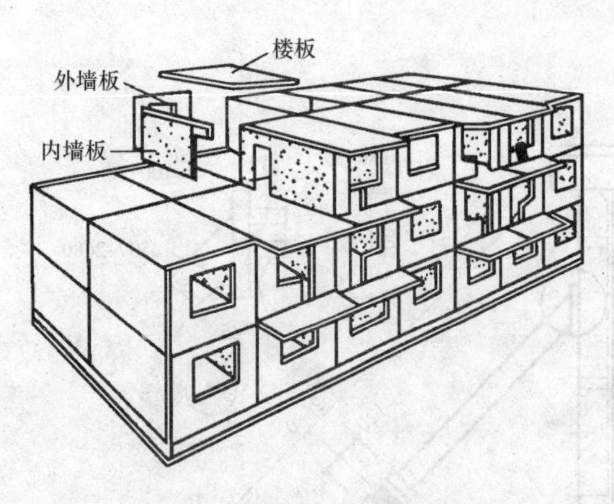

图 5-49　装配式大板建筑示意图

板，厚度都为 180mm，当采用普通钢筋混凝土，其强度等级为 C20。墙板内结构受力钢筋采用Ⅱ级钢。

2）外墙板。高层装配式大板建筑的外墙板，不仅是承重构件，又要能满足隔热、保温、避免雨水渗透等围护功能的要求，并应起到立面装饰的作用，因此构造比较复杂，通常采用由结构层、保温隔热层和面层组合而成的复合外墙板。

3）大楼板。大楼板常为整间大型实心板材，厚 110mm。按照平面组合，其支承方式与配筋可分为双向预应力板、单向预应力板、单向非预应力板和带悬挑阳台的非预应力板。

4）隔断墙。隔断墙主要使用在分室的墙体，如壁橱隔断、厕所和厨房间隔断等，采用的材料通常有加气混凝土条板、石膏板以及厚度较薄的（60mm）的普通混凝土板等。

（2）节点构造

高层装配式大板建筑的结构整体性，主要是靠预制构件间现浇钢筋混凝土的整体连接来实现。外墙节点除了要确保结构的整体连接外，还需要做好板缝防水和保温、隔热的处理，所以高层装配式大板建筑的节点构造，是保证建筑物功能的关键。

为了增强高层装配式大板建筑的整体性及抗剪能力，内、外墙板两侧面及大楼板四周均设有销键、预留钢筋套环及预留钢筋。墙板的垂直缝内的预留钢筋套环都须插筋，并且上、下层插筋须相互搭接焊接形成整体。墙板之间交接处下脚位置，设有局部放大截面现浇混凝土节点。墙板顶部，除了留有楼板支承面外，还设有钢筋混凝土圈梁。内、外墙板底部，设有局部放大截面的现浇混凝土节点，其中预留主筋与下层墙板的吊环钢筋焊接在一起，形成具有抗水平推力的“剪力块”（图 5-50）。

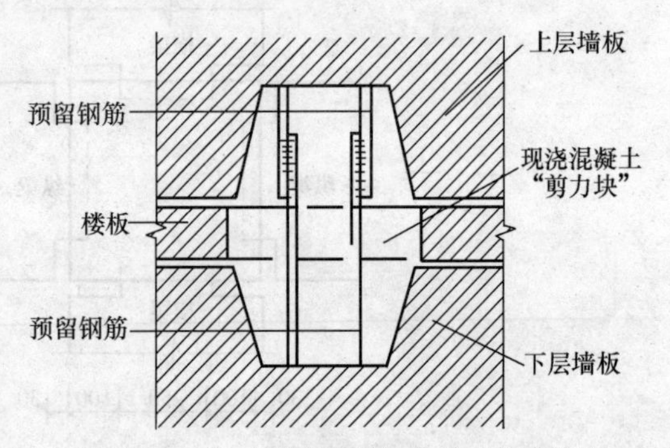

图 5-50　上、下层墙板节点及“剪力块”构造示意图

2. 大板构件的生产制作及运输堆放

（1）生产制作

大板构件的制作通常均在工厂预制，亦可在施工现场集中生产。其方法和成型工艺工厂生产有成组立模法和平模流水法，也可以采用台座法（包括工厂台座法和施工现场塔吊下重叠生产台座法）。

（2）起吊

大板构件起吊，无规定时，墙板构件的脱模起吊强度应不低于设计强度的 65%，楼板不低于设计强度的 75%。制作过程注意减少大板构件间的吸附、黏结力和起吊前注意破坏吸附力是大板构件起吊的重点技术问题。

（3）运输

大板构件（内、外墙板和大楼板），要求在运输过程中结构的受力状态与其安装就位在建筑上的结构受力状态相一致，所以墙板多采用立运，大楼板可以采用平运，也可采用立运。通常采用由牵引车和拖车两部分组成的大型专用运输车运输，拖车分为插放式（图 5-51）和靠放式（图 5-52）两种。

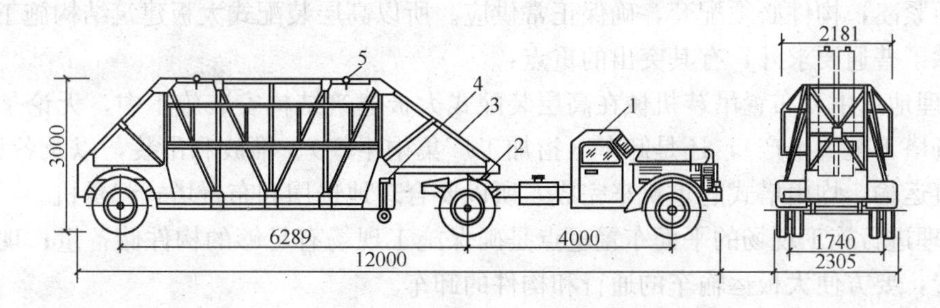

图 5-51　插放式大板运输车

1—牵引车；2—支承连接装置；3—车架；4—支腿；5—大板压紧装置

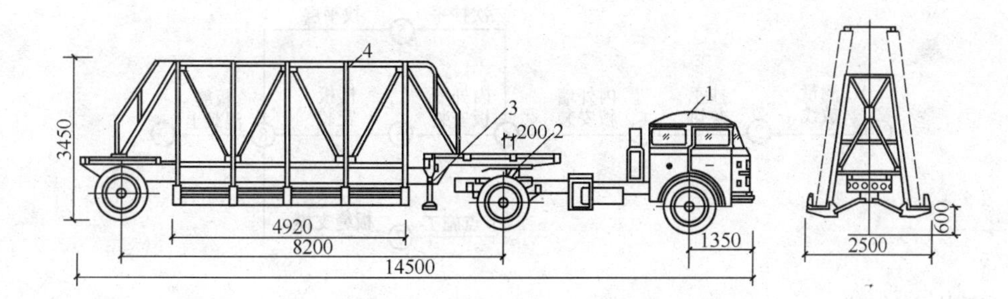

图 5-52　靠放式大板运输车

1—牵引车；2—支承连接装置；3—支腿；4—车架

（4）堆放

施工现场的构件储存堆放，内、外墙板构件大多采用插放方式（图 5-53），大楼板构件则多采用平放方式。如在施工前需要超量储存墙板构件时，也可采用靠放方式（图 5-54）。

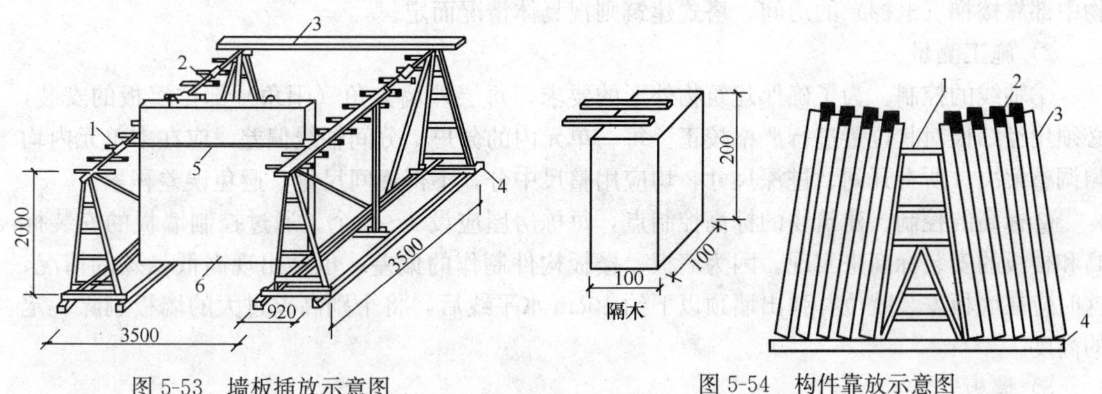

图 5-53　墙板插放示意图

1—活动横杆；2—上横杆；3—走道板；4—垫木；5—水平挡木；6—墙板

图 5-54　构件靠放示意图

1—靠放架；2—隔木；3—墙板；4—垫木

3. 施工工艺

（1）施工准备

高层装配式大板建筑结构施工是以塔式起重机为中心，在塔臂工作半径范围内，组织多工种流水作业的机械化施工过程。因为建筑物的构、配件全部采用了装配式，所以它与全现浇结构、现浇与预制相结合结构具有明显的不同特点，即结构施工工序明确，吊次比较均衡，通常采用的流水作业方式是工序流水而不是通常在建筑施工中采用的区域流水，作业施工节奏快而紧凑，构件必须配套，确保正常供应。所以高层装配式大板建筑结构施工前的准备工作，除了普通要求外，有其突出的重点：

1）合理地选用和布置吊装机械在高层装配式大板建筑结构安装施工中，无论是构件起吊（指现场塔下重叠生产），还是卸车（指加工厂集中生产）、堆放和吊装，以及各种材料、设备的垂直运输，均由塔式起重机来完成，所以要合理地选用和布置塔式起重机。

2）合理进行施工现场的平面布置重点是确保施工现场有足够的构件储备量；现场运输道路的布置，要方便大板运输车的通行和构件的卸车。

（2）施工要点

高层装配式大板建筑结构施工（标准层）的工艺流程为：

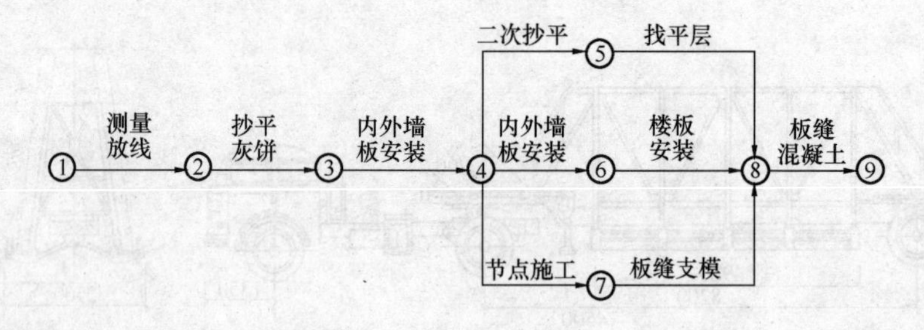

1）安装方法

高层装配式大板建筑的结构安装施工，通常采用储存吊装法，分两班施工。白班按工艺流程进行结构安装施工；夜班按照计划要求进行墙板等构件进场卸板储存工作及提升安全网等作业。

结构安装采用逐间封闭法施工，也就是以每一结构间为单元，先吊装内墙板，然后吊装外墙板。每一楼层的安装作业从标准间开始。标准间的设置，通常板式建筑选择在拟建建筑物中部靠楼梯（电梯）的房间，塔式建筑则视具体情况而定。

2）施工测量

①轴线的控制。为了确保建筑物外形的要求，每层外墙大角（阳角）部位墙板的安装，必须用经纬仪对其位置进行严格校正。每一单元内的分户、分间轴线偏差，应在本单元内均匀调整解决。所有开间、进深尺寸，均应用整尺中分，不得逐间尺量，避免误差积累。

②标高的控制。建筑物的标高控制点，每栋房屋应设1～2个。通过控制墙板的安装标高和楼板的安装标高来实现。因为墙板、楼板构件制作的偏差，也会出现高低悬殊的情况，这时应在墙板安装就位并弹出墙顶以下约10cm水平线后，将个别高差过大的墙板剔除一定的高度。

3）墙板安装

每层结构在找平放线后方可进行墙板构件安装工作，其施工有如下顺序：

操作平台就位。构件吊装前，首先将操作平台（图5-55）吊放在标准间位置。在操作平台两侧的立柱上附设两根测距杆，平时将测距杆附在立柱上，当操作平台安放就位以后，将测距杆放平对准墙板边线，方可一次就位。当在操作平台上部栏杆上附设墙板固定器（图

5-56），当墙板就位后，用墙板固定器固定。

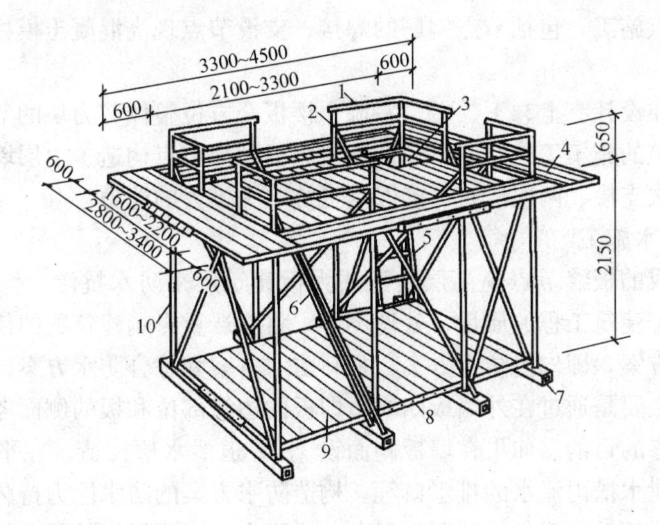

图 5-55　操作平台

1—栏杆；2—吊钩；3—入通道（人孔）；4—平台板；5—铁爬梯；6—斜撑；7—垫木；8—伸缩连接；9—底座；10—立柱

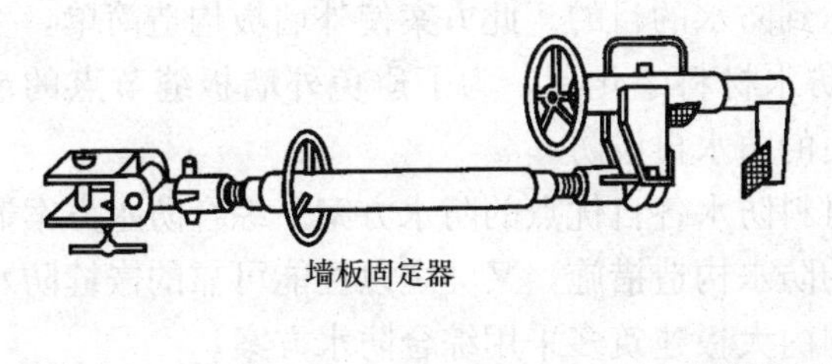

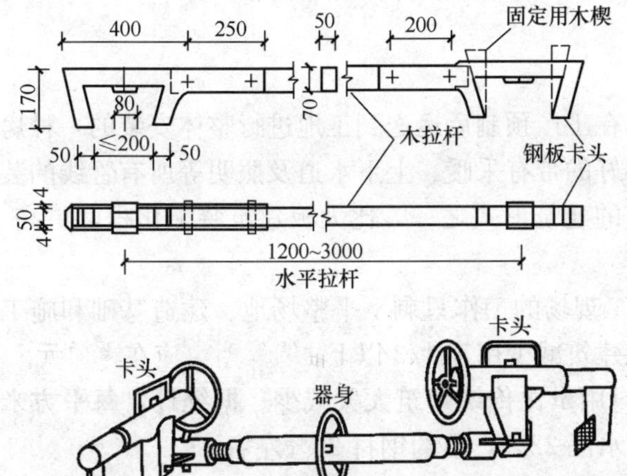

图 5-56　逐间封闭吊装时采用的临时固定工具

铺灰、起吊、就位、校正和塞灰。墙板就位时，应对准墙板边线尽量做到一次就位，以减少撬动。如误差较大时，应将墙板重新起吊调整，尤其是外墙板，严禁用撬棍调整就位位置，避免破坏构造防水线角。

标准间的墙板就位后，用间距尺杆检查墙板顶部的间距，并且随即用操作平台上的墙板固定器做临时固定。再用靠尺测量墙板板面和立缝的垂直度，并检查相邻两块墙板接缝是否平直。如有误差，则摇动墙板固定器上的手轮，通过丝杠调整，或用撬棍作少许调整。

墙板就位经校正、临时固定后，应随即完成焊接工作，焊接作业通常分上、下两部分进行，墙板顶部之间的焊接工作可与墙板安装就位同步进行，墙板下部的焊接工作可错开进行。

当墙板固定后，应马上用 1：2.5 干硬性水泥砂浆（掺 5％防水粉）在墙板下部进行塞灰，捻塞要密实。塞缝应凹进 5mm，以利装修。等砂浆干硬后退出校正时用的垫铁。

4）大楼板安装

当墙板固定并撤除临时固定、吊出操作平台后，方可进行大楼板安装。

5）结构节点施工

高层装配式大板建筑的结构节点，是确保建筑物整体性的关键。每层楼板安装完毕后，方可进行该层的节点施工，包括节点钢筋的焊接、支设节点现浇混凝土模板、浇筑节点混凝土、拆模等工序。

要注意的是，在设计有上、下、左、右墙、楼板全方位整体剪力块的节点部位，应采取一次支模、一次浇筑的施工工艺，而不允许下层墙板顶部节点构造、上层墙板底部节点构造随墙板安装分成两次支模、两次浇筑，确保其抵抗水平推力的能力。

6）外墙节点防水施工

外墙板之间形成的板缝节点是高层装配式大板建筑用来防水抗渗、保温隔热的关键部位，直接影响着整个建筑工程的质量，处理不好，将会严重影响建筑物的使用功能。外墙节点防水主要有三类方案，即构造防水方案、材料防水方案和综合防水方案。

构造防水方案主要是通过在外墙板四周，即板的边缘部位和板的侧面考虑一些构造形式来达到节点防水抗渗的目的。如果在墙板侧面设 1～2 道泄水槽构造；在平、立缝交叉的十字节点处设置截留泄水槽内流水的排水口等。构造防水方案的防水能力持久，防水有较高的确保程度，施工工艺简单，但是构件制作复杂、难度大，对现场构件的成品保护要求高，一旦防水构造被破坏，直接影响防水能力，防水构造的修复困难。

材料防水方案是在外墙板四周板边没有特殊防水构造的情况下，主要靠防水嵌缝材料对板缝节点进行粘结、填塞，阻断水流通路，达到防水的目的。此方案使外墙板构造简单，生产效率高，但材料防水有一定的时效性，在防水材料老化后，为了避免外墙板缝节点的渗漏，需要对整个建筑物外墙板缝节点进行全面的防水再设防。

综合防水方案是一种综合了构造防水和材料防水各自优点的防水方案。综合防水方案通常以构造防水为主，在外墙板四周采取一定的防水构造措施，又辅之以性能可靠的嵌缝防水材料，从而避免了单一防水方案的局限性。国内大板建筑多采用综合防水方案。

5.3.4 高层预制盒子结构施工

盒子结构是把整个房间作为一个构件，在工厂预制后运送到工地进行整体安装的一种房屋结构。每一个盒子构件本身就是一个预制好的带有采暖、上下水道及照明等所有管线的装修完备的房间或单元。它是装配化程度最高的建筑形式之一，比大板建筑装配化程度更高、更为先进。其优点是：

1）装配化程度可提高到 85％以上，施工现场的工作只剩下平整场地、建造基础和施工吊装，所以生产效率大为提高，通常比传统建筑减少用工 1/3 以上。

2）盒子结构是一种薄壁空间结构，材料用量比传统建筑大大减少。据统计，每平方米建筑用混凝土只有 0.3m^2，比传统建筑节约水泥 22％，节约钢材 20％左右。

3）因为节约了材料，建筑物自重可以减轻，与传统建筑相比，建筑物自重可减轻 50％。

目前，盒子结构已多用于建造住宅、旅馆、医院、办公楼等建筑，约有一百多种体系和制作方法。盒子结构已从低层发展到多层和高层，可以用来建造 9、11、18、22 和 25 层的住宅和旅馆等建筑。国外对盒子结构的研究，正趋向于使其重量更轻、具有更大的灵活性和更高的适应性。

但盒子结构建筑的大量作业转移到了工厂，因而预制工厂的投资较高，通常比大板厂高 8％～10％，而且运输和吊装也需要一些配套的机械。

1. 盒子种类

1）盒子构件按大小分为单间盒子和单元盒子。

单间盒子以一个基本房间为一个盒子，长度为进深方向，通常为4～6m，宽度为开间方向，通常为2.4～3.6m，高度为一层，自重约100kN。单元盒子以一个住宅单元为一个盒子，长度通常为9～12m，宽度为1～2个开间，为3～6m，高度也是一层。单间盒子便于运输和吊装，便于推广。单元盒子重量大、体积大，采用较少。

2）盒子构件按材料分为钢、钢筋混凝土、铝、木、塑料等盒子。

3）盒子构件按功能分为设备盒子（如卫生间、厨房）和普通居室盒子。

卫生间、厨房涉及工种多，将其预制成盒子可大大提高工效，故卫生间盒子在世界各国已得到广泛采用，大批量生产。

4）盒子构件按制造工艺分为装配式盒子和整体式盒子。

装配式盒子是在工厂制作墙板、顶板和底板，经装配后用焊接或螺栓组装成盒子。整体式盒子是在工厂用模板或专门设备制成钢筋混凝土的四面或五面体，然后再用焊接或销键把其余构件（底板、顶板或墙板）与其连接起来。整体式盒子节省钢材，缝隙的修饰工作量减少。

整体式盒子分为“罩”、“杯”、“卧杯”、“隧道”型等几种。其中“罩”型和“卧杯”型应用较多。“罩”型是四面墙与顶板整浇的五面体，带肋的底板单独预制后再用电焊连接。“罩”型盒子可以是四角支承，也可以是墙周边支承，四角支承者应用较多。“杯”型是四面墙与底板整浇的五面体，顶板单独预制，用预埋件连接。“卧杯”型是三面墙、带肋的顶板和底板整浇的五面体，外墙板单独制作，再与盒子组装。底板和顶板处有围箍，把盒子的五个面连成一个空间结构。“隧道”型为筒状的四面体，外墙板单独预制，再组装在整浇部分上。

2. 盒子结构体系

盒子结构体系常用的有下列几种：

（1）全盒子体系

全盒子体系是完全由承重盒子或承重盒子与一部分外墙板组成。它的装配化程度高，刚度好，室内装修基本上在预制厂内完成，但是在拼接处出现双层楼板和双层墙，构造比较复杂，如图5-57（a）所示。

（2）板材盒子体系

这种结构体系是将设备复杂的小开间的厨房、卫生间、楼梯间等做成承重盒子，在两个承重盒子之间架设大跨度的楼板，另用隔墙板分隔房间，如图5-57（b）所示。这种体系可以用于住宅和公共建筑，虽然装配化程度较低，但是能使建筑的布局灵活。

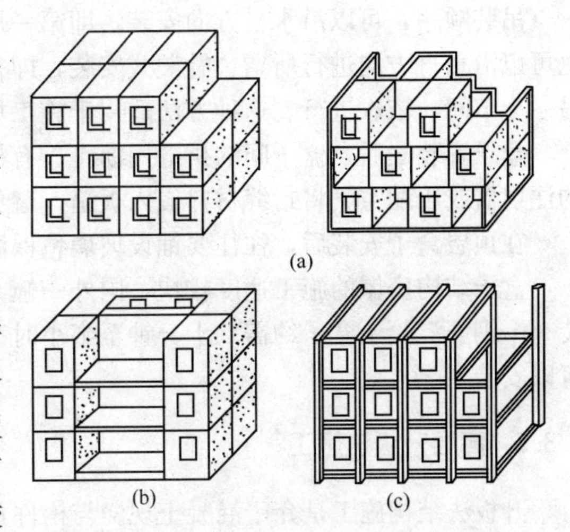

图5-57　盒子结构体系

（a）全盒子体系；（b）板材盒子体系；（c）骨架盒子体系

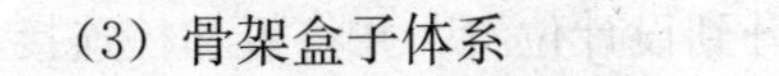
（3）骨架盒子体系

这种结构体系是由钢筋混凝土或钢骨架承重，盒子结构只承受自重，因此可以用轻质材料制作，使运输、吊装和结构的重量大大减轻，宜于建造高层建筑，如图5-57（c）所示。

除上述三种主要体系外，还有一种中心支承盒子体系，类似于悬挂结构，即先建造一个钢筋混凝土中央竖筒（其内可设置电梯竖井或设备用房等），再从中央竖筒挑出悬臂，可用以悬挂盒子或利用盒子上附设的联系件固定在中央竖筒上。此体系也可以用于建造高层建筑。

3. 盒子构件的制作

钢盒子构件多采用焊接式轻型钢框架，在专门的工厂制作。

装配式钢筋混凝土盒子，是先在工厂预制各种类型的大型板材（墙板、底板、顶板），再组装成空间结构的盒子，它可利用大板厂的设备进行生产。装配式钢筋混凝土盒子也可以在施工现场附近的场地上制作和组装。

整体式钢筋混凝土盒子的制作，不同种类的盒子采用不同的方法。按照混凝土浇筑方法分，有盒式法、层叠法、活动芯子法、真空盒式法等。按照生产组织方式分，有台架式、流水联动式和传送带式，传送带式是比较先进的能大规模生产盒子的生产方式。

国外浇筑整体式钢筋混凝土盒子多用成型机。成型机通常有两种：芯模固定、套模活动；套模固定、芯模活动。成型机的侧模、底模和芯模均有蒸汽腔，可以通过蒸汽进行养护。脱模后，再装配隔断和外墙板，然后送去装修，经过若干道装修工序后，即成为一个装修完毕的成品盒子构件。

4. 盒子构件的运输和安装

正确选择运输设备和安装方法对盒子结构的施工速度和造价有一定的影响。

对于高层盒子结构的房屋，多用履带式起重机、汽车式起重机和塔式起重机进行安装。国外多用大吨位的汽车式起重机和履带式起重机进行安装，如果用重38t的盒子组成的21层的旅馆，即用履带式起重机进行安装，该起重机在极限伸距时的起重量达50t。

盒子构件多有吊环，使用横吊梁或吊架进行吊装。我国北京丽都饭店的五层盒子结构是用起重量40t的轮胎式起重机进行安装，吊具是使用钢管焊成的同盒子平面尺寸一样大的矩形吊架。

吊装顺序，可以沿水平方向安装，即第一层安装完毕再安装第二层，一层层进行安装；也可以沿垂直方向进行所谓“叠”式安装，即在一个节间内从底层一直安装至顶层，再安装另一个节间，依次进行。这种方法适用于施工场地狭窄而房屋又不十分高的情况。

盒子安装之后，盒子间的拼缝用沥青、有机硅或其他防水材料进行封缝，通常是用特制的注射器或压缩空气将封缝材料嵌入板缝，避免雨水渗入。

在顶层盒子安装后，往往要铺设玻璃毡保温层，再浇一薄层混凝土，然后再做防水层。

盒子结构房屋的施工速度较快，国外一幢9层的盒子结构房屋，仅用3个月就完工。安装一个钢筋混凝土盒子约需二十分钟至半小时。金属盒子或钢木盒子，最快时一个机械台班可以安装50个。

5.3.5 高层升板法施工

升板法结构施工是介于混凝土现浇与构件预制装配之间的一种施工方法。这种施工方法是在施工现场就地重叠制作各层楼板及顶层板，再利用安装在柱子上的提升机械，用吊杆将已达到设计强度的顶层板及各层楼板按照提升程序逐层提升到设计位置，并将板和柱连接，形成结构体系。

升板法施工可节约大量模板，减少高空作业，有利安全施工，可以缩小施工用地，对周围干扰影响小，尤其适用于现场狭窄的工程。

高层建筑升板法施工，主要是柱子接长问题。因为受起重机械和施工条件限制，通常不能采用预制钢筋混凝土柱和整根柱吊装就位的方法，一般采用现浇钢筋混凝土柱。施工时，可利用升板设备逐层制作，无需大型起重设备，也可采用预制柱和现浇柱结合施工的方法，先预制一段钢筋混凝土柱，再采用现浇混凝土柱接高。

1. 升板设备

高层升板施工的关键设备是升板机，主要分为电动和液压两大类。

(1) 电动升板机

电动升板机是国内应用最多的升板机（图 5-58）。通常以 1 台 3kW 电动机为动力，带动 2 台升板机，安全荷载约 300kN，单机负荷 150kN，提升速度约 1.9m/h。电动升板机构造较简单，使用管理方便，造价较低。

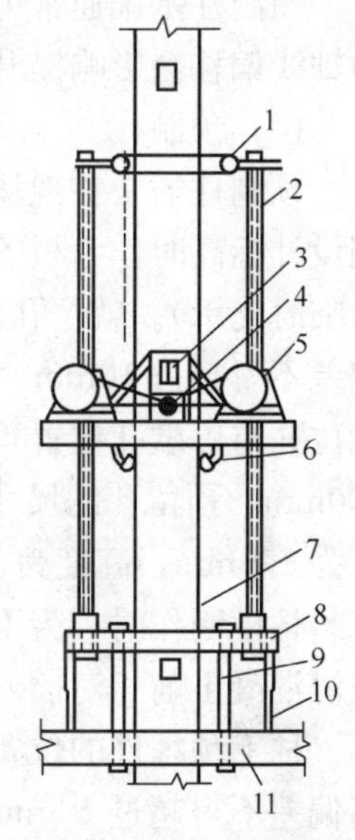

图 5-58　电动升板机构造

1—螺杆固定架；2—螺杆；3—承重锁；4—电动螺杆千斤顶；5—提升机组底盘；6—导向轮；7—柱子；8—提升架；9—吊杆；10—提升架支撑；11—楼板

电动升板机的工作原理为：当提升楼板时，升板机悬挂在上面一个承重销上。电动机驱动，用链轮和蜗轮、蜗杆传动机构，使螺杆上升，从而带动吊杆和楼板上升，当楼板升过下面的销孔后，插上承重销，把楼板搁置其上，并将提升架下端的四个支撑放下顶住楼板。把悬挂升板机的承重销取下，再开动电动机反转，使螺母反转，这时螺杆被楼板顶住不能下降，只能迫使升板机沿螺杆上升，待机组升到螺杆顶部，过上一个停歇孔时，停止电机，装入承重销，把升板机挂上，如此反复，让楼板与升板机不断交替上升，如图 5-59 所示。

(2) 液压升板机

液压升板机可以提供较大的提升能力，目前我国的液压升板机单机提升能力已达到 500～750kN，但是设备一次投资大，加工精度和使用保养管理要求高。液压升板机通常由液压系统、电控系统、提升工作机构和自升式机架组成，如图 5-60 所示。

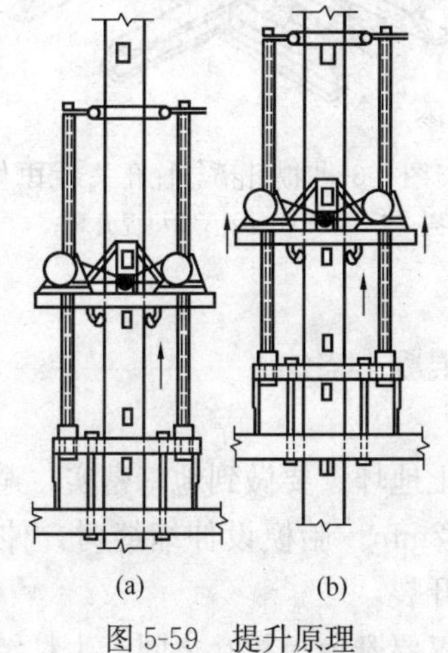

图 5-59　提升原理

(a) 楼板提升；(b) 提升机组自升

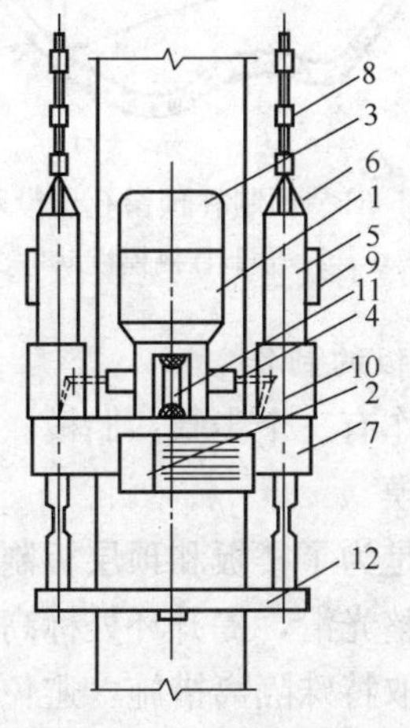

图 5-60　液压升板机构造简图

1—油箱；2—油泵；3—配油体；4—随动阀；5—油缸；6—上棘爪；7—下棘爪；8—竹节杠；9—液压锁；10—机架；11—停机销；12—自升随动架

2. 施工前期工作

(1) 基础施工

预制柱基础通常为钢筋混凝土杯型基础。施工中必须严格控制轴线位置和杯底标高，因为轴线偏移会影响提升环位置的准确性；杯底标高的误差会导致楼板位置差异。

(2) 预制柱

预制柱通常在现场浇筑。当采用叠层制作时不宜超过三层。柱上要留设就位孔（当板升到设计标高时作为板的固定支承）和停歇孔（在升板过程中悬挂提升机和楼板中途停歇时作为临时支承）。就位孔的位置根据楼板设计标高确定，偏差不得超过±5mm，孔的大小尺寸偏差不得超过10mm，孔的轴线偏差不得超过5mm。停歇孔的位置按照提升程度确定。如就位孔与停歇孔位置重叠，则就位孔兼作停歇孔。柱子上下两孔之间的净距通常不宜小于300mm。预留孔的尺寸应按照承重销来确定。承重销常用10、12、14号工字钢，则孔的宽度为100mm，高度为160～180mm。

柱模制作时，为不使预留孔遗漏，可以在侧模上预先开孔，用钢卷尺检查位置无误后，在浇混凝土前相对插入两个木楔（图5-61），如漏放木楔，混凝土会流出来。

柱上预埋件的位置也要正确。对于剪力块承重的埋设件，中线偏移不得超过5mm，标高偏差不得超过±3mm。预埋铁件表面应平整，不允许有扭曲变形。承剪埋设件的楔口面应与柱面相平，不得凹进，凸出柱面不得超过2mm。

柱吊装前，应将各层楼板和屋面板的提升环依次叠放在基础杯口上，提升环上的提升孔与柱子上承重销孔方向要相互垂直（图5-62）。预制柱可以按照其长度采用二点或三点绑扎起吊。柱插入杯口后，要用两台经纬仪校正其垂直度并对中，校正完用钢楔临时固定，分两次浇筑细石混凝土进行最后固定。

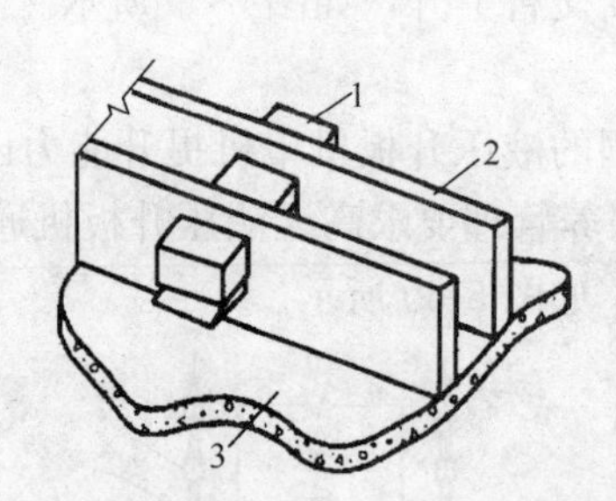

图5-61 预制柱预留孔留设示意图

1—木楔块；2—预制柱侧模板；3—预制柱底板

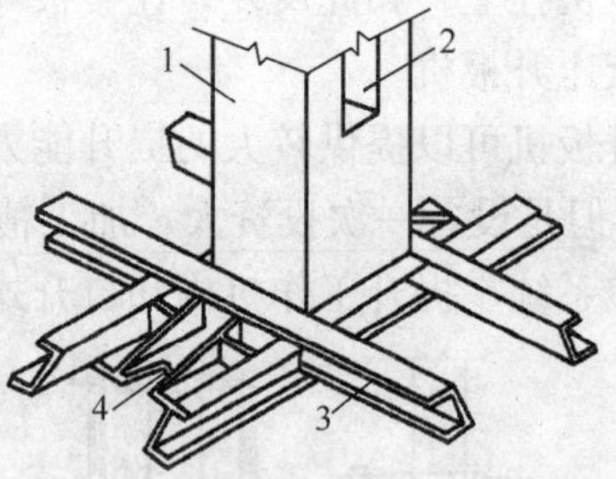

图5-62 提升环与柱孔关系图

1—预制柱；2—柱上预留孔；3—提升环；4—吊杆孔

3. 楼层板的制作

板的制作有三个步骤：胎模、提升环放置和板混凝土浇筑。

(1) 胎模

胎模就是为了楼板和顶层板制作而铺设的混凝土地坪。要做到地基密实，避免不均匀沉降。面层平整光滑，提升环处标高偏差不得超过±2mm。胎模设伸缩缝时，伸缩缝与楼板接触处应采取特殊隔离措施，避免板受温度影响而开裂。

胎模表面以及板与板之间应设置隔离层。它不仅要避免板相互之间产生粘结，还应具有耐磨、防水和易于清除等特点。

(2) 提升环放置

提升环是配置在楼板上柱孔四周的构件。它既抗剪又抗弯，所以又称剪力环，是升板结构的特有组成部分，也是主要受力构件。提升时，提升环引导楼板沿柱子提升，板的重量由提升环传给吊杆。使用时，提升环把楼板自重和承受的荷载传递给柱，并对因开孔而被削弱的楼板强度起到了加强作用。一般常用的提升环有型钢提升环和无型钢提升环两种（图 5-63）。

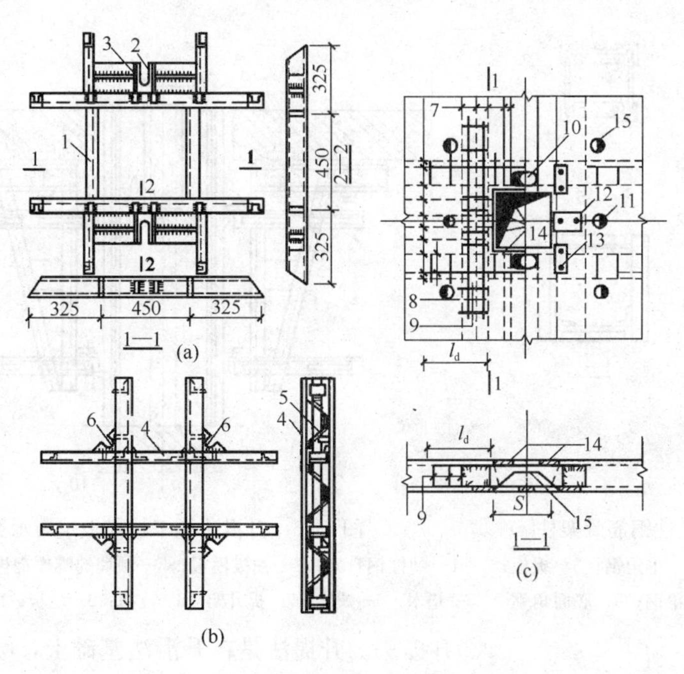

图 5-63　提升环构造图

（a）槽钢提升环；（b）角钢桁架式提升环；（c）无型钢提升环

1—槽钢；2—提升孔；3—加劲板；4—角钢；5—圆钢；6—提升孔；

7—板内原有受力钢筋；8—附加钢筋；9—箍筋；10—提升杆通过孔；

11—灌筑销钉孔；12—支承钢板；13—吊耳；14—预埋钢板；15—吊筋

（3）板混凝土浇筑

浇筑混凝土前，应对板柱间空隙和板（包括胎模）的预留孔进行填塞。每个提升单元的每块板应一次浇筑完成，不留施工缝。当下层板混凝土强度达到设计强度的 30%时，方能浇筑上层板。

密肋板浇筑时，先在底模上弹线，安放好提升环，然后砌置填充材料或采用塑料、金属等工具式模壳或混凝土芯模，随后绑扎钢筋及网片，最后浇筑混凝土。密肋板在柱帽区宜做成实心板，这样不但能增强抗剪抗弯能力，且适合用无型钢提升环。格梁楼板的制作要点与密肋板相同。预应力平板制作要求同预应力预制构件。

4. 升板施工

升板施工阶段包括现浇柱的施工、板的提升就位以及板柱节点的处理等。

（1）现浇柱的施工

现浇柱有两种，劲性配筋柱和柔性配筋柱。

1）劲性配筋柱。劲性配筋柱是由四根角钢及腹板组焊而成的钢构架，也作为柱中的钢筋骨架（图 5-64），可以采用升滑法或升提法进行施工。

①升滑法。升滑法是将升板和滑模两种工艺结合。柱模板的组装示意如图 5-65 所示。在施工期间用劲性钢骨架代替钢筋混凝土柱作承重导架，在顶层板下组装柱子的滑模设备，

以顶层板作为滑模的操作平台，在提升顶层板过程中浇筑柱子的混凝土，当顶层板提升达到一定高度并停放后，就提升下面各层楼板，如此反复，逐步将各层板提升到各自的设计标高，同时也完成了柱子的混凝土浇筑工作，最后浇筑柱帽形成固定节点。

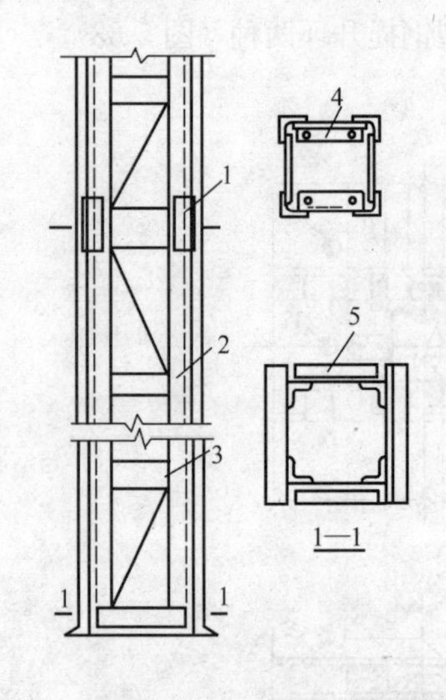

图 5-64　劲性钢筋骨架柱

1—帮焊角钢；2—主角钢；3—缀板；4—带拼装孔的角钢；5—底面角钢

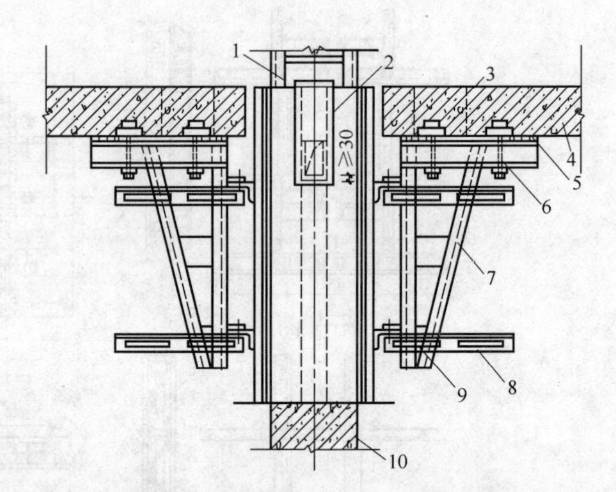

图 5-65　升滑法施工柱模板组装示意图

1—劲性钢骨架；2—抽拔模板；3—预埋的螺帽钢板；4—顶层板；5—垫木；6—螺栓；7—提升架；8—支撑；9—压板；10—已浇筑的柱子

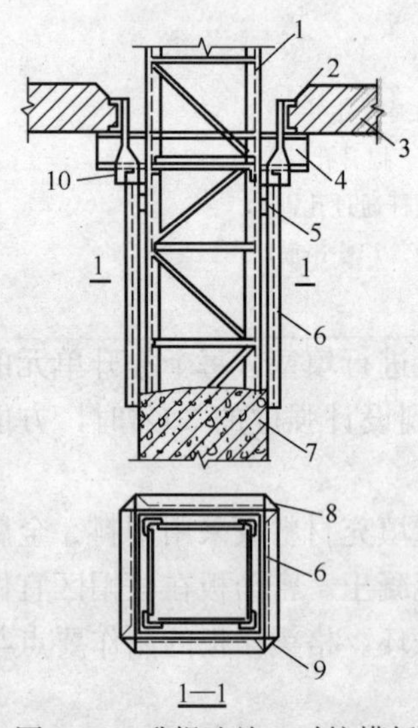

图 5-66　升提法施工时柱模板组装示意图

1—劲性钢筋骨架；2—提升环；3—顶层板；4—承重销；5—垫块；6—模板；7—已浇筑的柱子；8—螺栓；9—销子；10—吊板

②升提法。升提法是在升滑法基础上，吸取大模板施工的优点而发展形成的方法。施工时，在顶层板下组装柱子的提升模板（图 5-66）。每提升一次顶层板，重新组装一次模板，浇筑一次柱子混凝土。与升滑法的不同之处在于，升滑法是边提升顶层板边浇筑柱子混凝土，而升提法是在顶层板提升并固定后，再组装模板并浇筑柱子混凝土。

2）柔性配筋柱。采用劲性配筋柱的缺点是柱子的用钢量大，因此可改用柔性配筋柱，即常规配筋骨架，因为柔性钢筋骨架不能架设升板机，必须先浇筑有停歇孔的现浇混凝土柱，其方法有滑模法和升模法两种。

①滑模法。柔性配筋柱滑模方法施工时，在顶层板上组装浇筑柱子的滑模系统（图 5-67），首先用滑模方法浇筑一段柱子混凝土，当所浇柱子的混凝土强度≥15MPa 时，再将升板机固定到柱子的停歇孔上，进行板的提升。依次交替，循序施工。

②升模法。柔性配筋柱用逐层升模方法施工时，需要在顶层板上搭设操作平台、安装柱模和井架（图 5-68）。操作平台、柱模和井架都随顶层板的逐层提升而上升。每当顶层板提升一个层高后，及时施工上层柱，并且利用柱子浇筑后的养护期，提升下面各层楼板。当所浇筑柱子的混凝土的强度≥15MPa 时，才可以作为支承用来悬挂提升设备继续板的提升，依次交替，循序施工。

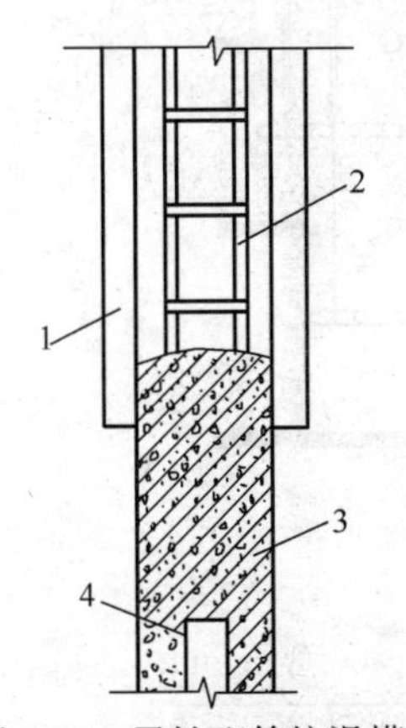

图 5-67　柔性配筋柱滑模法施工柱子示意图

1—滑模模板；2—柔性配筋柱（柱内钢筋骨架）；3—已浇筑的柱子；4—预留孔

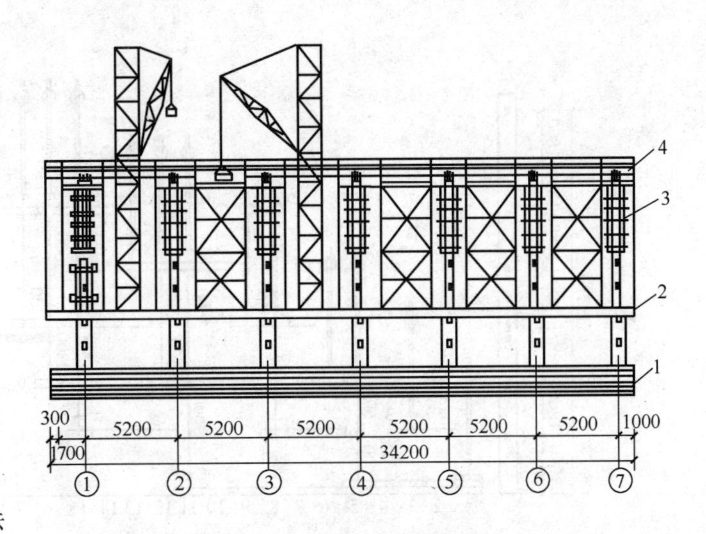

图 5-68　柔性配筋柱逐层升模法浇筑柱子示意图

1—叠浇板；2—顶层板；3—柱模板；4—操作平台

（2）划分提升单元和确定提升程序

升板工程施工中，一次提升的板面过大，提升差异并不容易消除，板面也容易出现裂缝，而且还要考虑提升设备的数量、电力供应情况和经济效益，因此要按照结构的平面布置和提升设备的数量，把板划分为若干块，每一板块为一提升单元。提升单元的划分，要使每个板块的两个方向尺寸大致相等，不宜划成狭长形；要避免出现阴角，提升阴角处易出现裂缝。为便于控制提升差异，提升单元以不超过 24 根柱子为宜。各单元间留设的后浇板带位置必须在跨中。

升板前必须编制提升程序图。

对于两吊点提升的板，在提升下层板时，因为吊杆接头无法通过已升起的上层板的提升孔，所以除考虑吊杆的总长度外，还必须按照各层提升顺序，正确排列组合各种长度吊杆，避免提升下层板时，吊杆接头被上层板顶起。

采用四吊点升板时，板上提升孔在柱的四周，而在柱的两侧板上通过吊杆的孔洞可留大些，允许吊杆接头通过，所以只要考虑在提升不同标高楼板时的吊杆总长度就可以了。

现以电动穿心式提升机为例，设螺杆长度为 3.2m，一次可以提升高度为 1.8m，吊杆长度取 3.6m、2.3m、0.5m 三种，某三层楼的提升程序及吊杆排列如图 5-69 所示。

提升程序说明：

1）设备自升到第二停歇孔。

2）屋面板升到第一停歇孔。

3）设备自升到第四停歇孔。

4）屋面板升到第二停歇孔。

5）设备升到第五停歇孔，接 3600mm 吊杆。

6）三层楼板升到第一停歇孔。

7）屋面板升到第四停歇孔。

8）设备自升到三层就位孔。

9）三层楼板提升到第二停歇孔。

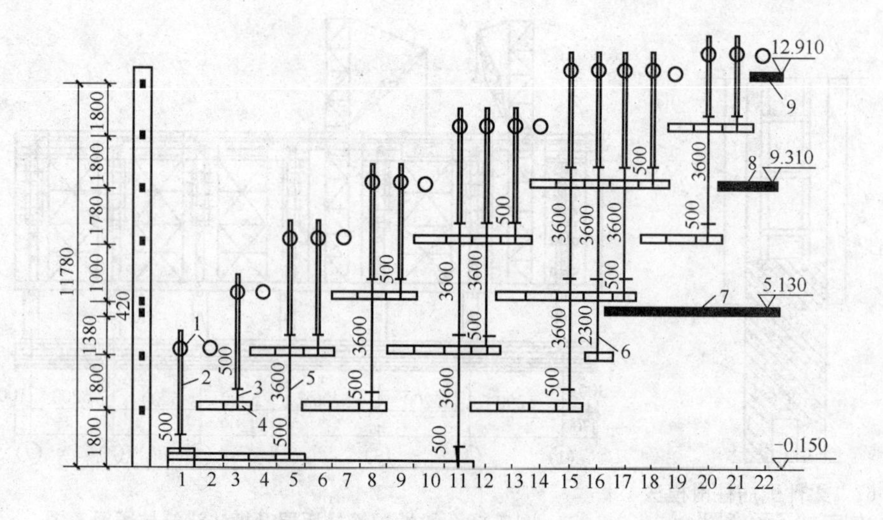

图 5-69　三层楼升板提升程序和吊杆排列图

1—提升机；2—螺杆；3—500mm 吊杆；4—待提升楼板；

5—3600mm 吊杆；6—2300mm 吊杆；7—已固定的二层楼板；

8—已固定的三层楼板；9—已固定的屋面板

10）屋面板提升到第五停歇孔。

11）设备自升到第七停歇孔，再接 3600mm 吊杆，以此类推。

（3）板的提升

板正式提升前应按照实际情况，可以按角、边、中柱的次序或由边向里逐排进行脱模。每次脱模提升高度不宜大于 5mm，使板顺利脱开。

板脱模后，启动全部提升设备，提升到 30mm 左右停止。调整各点提升高度，使板保持水平，并且将各观察提升点上升高度的标尺定为零点，同时检查各提升设备的工作情况。

提升时，板在相邻柱间的提升差异不得超过 10mm，搁置差异不得超过 5mm。承重销一定要放平，两端外伸长度一致。在提升过程中，应经常检查提升设备的运转情况、磨损程度以及吊杆套筒的可靠性。观察竖向偏移情况。板搁置停歇的平面位移不得超过 30mm。

板不宜在中途悬挂停歇，如遇特殊情况不能在规定的位置搁置停歇时，应采取必要措施进行固定。

在提升时，如果需利用升板提运材料、设备，应经过验算，并在允许范围内堆放。

板在提升过程中，升板结构不能作为其他设施的支承点或缆索的支点。

（4）板的就位

升板到位后，用承重销临时搁置，再做板柱节点固定。板的就位差异：通常提升不得超过 5mm，平面位移不得超过 25mm。板就位时，板底与承重销（或剪力块）间应平整严密。

（5）板的最后固定

提升到设计标高的板，要进行最后固定。板在永久性固定前，应尽可能消除搁置差异，以消除永久性的变形应力。

板的固定方法通常可采用后浇柱帽节点和无柱帽节点两类。后浇柱帽节点能提高板柱连接的整体性，减少板的计算跨度，降低节点耗钢量，是目前升板结构中常用的节点形式。无柱帽节点有剪力块节点、承重销节点、齿槽式节点、预应力节点及暗销节点等。

5. 其他高层升板方法

(1) 升层法

升层法是在升板法的基础上发展起来的，在准备提升的板面上，应先进行内外墙和其他竖向构件的施工，还可包括门窗和一部分装修设备工程的施工，再整层向上提升，自上而下，逐层进行，直至最下一层就位。升层法的墙体可以采用装配式大板，也可以采用轻质砌块或其他材料和制品。

升层结构在提升过程中重心提高，形成头重脚轻，迎风面大，一定要采取措施解决稳定问题。

(2) 分段升板法

分段升板法是为适应高层及超高层建筑而发展起来的一种新升板技术。它是将高层建筑从垂直方向分成若干段，每段的最下一层楼板采用箱形结构，作为承重层，在各承重层上浇筑该段的各层楼板，到规定强度后进行提升，这样，就将高层建筑的许多层楼板分成若干承重层同时进行施工，比通常采用的全部楼板在地面浇筑和提升要快得多。

5.4 钢结构高层建筑施工

5.4.1 钢结构构件安装前的准备工作

钢结构构件安装前的准备工作有：钢构件的制作与堆放；钢构件的预检；柱基检查和标高块设置与柱底灌浆等。

1. 钢构件的制作与堆放

(1) 钢构件的制作

1) 用于钢构件制作的钢材规格品种，都应符合设计文件的要求，并附有出厂证明书。对钢材应按照规定进行抽样复验，核对实物与提供的数据资料是否相等，对无出厂证明或钢材浇铸混淆不明者，应按照产品所在国的现行标准进行检验，通过复验或检验等手续，符合要求的才可以使用。

2) 钢构件的制作必须按照钢结构制作图进行。高层建筑钢结构图大都是按两个阶段进行的：第一阶段出设计图，确定钢构件的选材、截面尺寸、构件分类、单价估算、用料和总重、安装连接形式等；第二阶段出具体制造图，通常由钢结构制造厂负责设计（或委托专业设计单位部门负责）。

3) 钢结构制造厂应按照制造图和设计质量标准的要求，结合生产规模、装备能力和相关规范规程，编制钢构件制造方案和确保质量组织体系，充分做好生产前的一切准备工作。

4) 钢构件制作过程中的放样、号料、矫正、切割、边缘加工、开孔、焊接及连接、拼装、清洗喷砂等每道工序一定要严格遵守工艺规模进行，实行工艺交接制度，确保制造质量。

5) 制造中如因材料规格、加工差异等各种因素，可以对制作图进行修改，必须得到原设计单位的许可，办理手续，出修改图或技术签证单。

6) 钢构件制造完毕，制造单位质量部门应对产品进行检验，合格者正式在构件上注明编号、标记并堆放。

7) 钢结构制造厂应提供产品出厂证明文件交订货单位，其主要内容包括下列内容。

①钢构件编号清单（包括型号、数量、单件重、总重等）。

②设计变更修改图及签证文件。

③钢材质确保名单及复验文件。

④焊接检查记录、透视结果以及超声波检验记录。

⑤厂部质检部门的出厂检验记录。

⑥其他。

(2) 钢构件的堆放

根据安装流水顺序由中转堆场配套运入现场的钢构件，利用现场的装卸机械尽可能将其就位到安装机械的回转半径内。因为运转造成的构件变形，在施工现场均要加以矫正。现场用地紧张，但是在结构安装阶段现场必要的用地还是必须安排的，如构件运输道路、地面起重机行走道路、辅助材料堆放地、工作棚、部分构件堆放地等。通常情况下，结构安装用地面积宜为结构工程占地面积的 1.0～1.5 倍，否则很难顺利进行安装。

2. 钢构件的预检

1) 钢构件在出厂前，制造厂应按照制作标准的有关规范、规定以及设计图的要求进行产品检验，填写质量报告和实际偏差值。钢构件交付结构安装单位后，结构安装单位在制造厂质量报告的基础上，按照构件性质分类，再进行复检或抽查。

2) 预检钢构件的计量工具和标准应事先统一，质量标准也应统一，尤其是对钢卷尺的标准要十分重视，有关单位（业主、土建、安装、制造）应各执统一标准的钢卷尺，制造厂按此尺制造钢构件，土建施工单位按此尺进行柱基定位施工，安装单位按照此尺进行框架安装，业主按照此尺进行结构验收。标准钢卷尺由业主提供，钢卷尺需要同标准基线进行足尺比较，确定各地钢卷尺的误差值以及尺长方程式，应用时按照标准条件实测。钢卷尺应用的标准条件为：拉力用弹簧称量，30m 钢卷尺拉力值用 98.06N 测定，50m 钢卷尺拉力值用 147.08N 测定；温度为 20℃；水平丈量时钢卷尺要保持水平，挠度要加托。使用时，实际读数按上述条件，按照当时气温按其误差值、尺长方程式进行换算。但实际应用时如全部按上述方法进行，计算量太大，通常是关键钢构件（如柱、框架大梁）的长度复检和长度大于 8m 的构件按上法，其余构件均可以实读数为依据。

3) 结构安装单位对钢构件预检的项目，主要是同施工安装质量和工效直接有关的数据，如几何外形尺寸、螺孔大小和间距、预埋件位置、焊接坡口、节点摩擦面、附件数量规格等。构件的内在制作质量应以制造厂质量报告为准。

预检数量通常是关键构件全部检查，其他构件抽检 10%～20%，应记录预检数据。

4) 钢构件预检是复杂而细致的工作，预检时要有一定的条件，构件预检时间放在钢构件中转堆场配套时进行，优点是可省去因预检而进行构件翻堆所耗费的机械和人工，缺点是发现问题进行处理的时间比较紧迫。

5) 构件预检最好由结构安装单位和制造厂联合派人参加，同时也应组织构件处理小组，把预检出的偏差及时给予修复，严禁不合格的构件运到工地现场，更不能将不合格构件送到高空去处理。

6) 现场施工安装应按照预检数据，采取相应措施，以确保安装顺利进行。

7) 钢构件的质量与施工安装有直接的关系，要充分认识钢构件预检的必要性，具体方法应按照工程的不同条件而定。由结构安装单位派驻厂代表来掌握制作加工过程中的质量，将质量偏差清除在制作过程中等办法也是可取的。

3. 柱基检查

第一节钢柱是直接安装在钢筋混凝土柱基底顶上的。钢结构的安装质量和工效同柱基的定位轴线、基准标高直接有关。安装单位对柱基的预检重点是定位轴线间距、柱基面标高和地脚螺栓预埋位置。

(1) 定位轴线检查

定位轴线从基础施工起就应引起重视，先要做好控制桩。待基础浇筑混凝土后再按照控制桩将定位轴线引渡到柱基钢筋混凝土底板面上，然后预检定位轴线是否同原定位轴线重合、封闭，每根定位线总尺寸误差值是否超过控制数，纵、横定位轴线是否垂直、平行。定位轴线预检在弹过线的基础上进行。预检应由业主、土建、安装三方联合进行，对检查数据应统一认可签证。

(2) 柱间距检查

柱间距检查是在定位轴线认可的前提下进行的，采用标准尺实测柱距（应是通过计算调整过的标准尺)。柱距偏差值应严格控制在±3mm范围内，一定不能超过±5mm。柱距偏差超过±5mm，则必须调整定位轴线。因为定位轴线的交点是柱基中心点，是钢柱安装的基准点，钢柱竖向间距以此为准，框架钢梁连接螺孔的孔洞直径通常比高强度螺栓直径大1.5～2.0mm，如果柱距过大或过小，将直接影响整个竖向框架梁的安装连接和钢柱的垂直，安装中还会有安装误差。

(3) 单独柱基中心线检查

检查单独柱基的中心线同定位轴线之间的误差，调整柱基中心线使其同定位轴线重合，然后，以柱基中心线为依据，检查地脚螺栓的预埋位置。

(4) 柱基地脚螺栓检查

检查柱基地脚螺栓，其内容如下：

1) 检查螺栓长度螺栓的螺纹长度应确保钢柱安装后螺母拧紧的需要。

2) 检查螺栓垂直度如误差超过规定必须矫正，矫正方法可以用冷校法或火焰热校法。

检查螺纹是否损坏，检查合格后在螺纹部分涂上油，盖好帽盖加以保护。

3) 检查螺栓间距实测独立柱地脚螺栓组间距的偏差值，绘制平面图表明偏差数值和偏差方向。再检查地脚螺栓相对应的钢柱安装孔，按照螺栓的检查结构进行调查，如有问题，应事先扩孔，以确保钢柱的顺利安装。

4) 地脚螺栓预埋的质量标准是任何两只螺栓之间的距离允许偏差为1mm；相邻两组地脚螺栓中心线之间距离的允许偏差值为3mm。实际上因为柱基中心线的调整修改，工程中有相当一部分不能达到上述标准，但是通过地脚螺栓预埋方法的改进，情况能大大改善。

5) 目前高层钢结构工程柱基地脚螺栓的预埋方法有直埋法和套管法两种。

①直埋法就是用套板控制地脚螺栓相互之间的距离，立固定支架控制地脚螺栓群不变形，在柱基底板绑扎钢筋时埋入，控制位置，同钢筋连成一体，整浇混凝土，一次固定，难以再调整。采用此法实际上产生的偏差较大。

②套管法就是先安套管（内径比地脚螺栓大2～3倍)，在套管外制作套板，焊接套管并且立固定架，并将其埋入浇筑的混凝土中，待柱基底板上的定位轴线和两柱中心线检查无误后，再在套管内插入螺栓，使其对准中心线，通过附件或焊接加以固定，之后在套管内注浆锚固螺栓，见图5-70。注浆材料按一定级配制成。此法对确保地脚螺栓的质量有利，但施工费用较高。

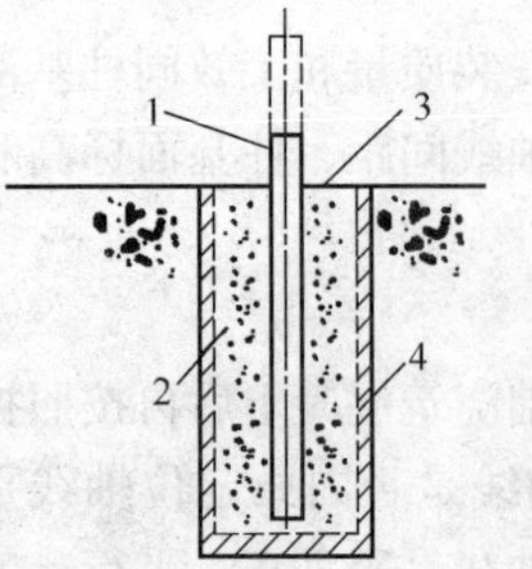

图 5-70　套管法

1—套埋螺栓；2—无收缩砂浆；3—混凝土面；4—套管

（5）基准标高实测

在柱基中心表面和钢柱底面之间，考虑到施工因素，在设计时，留有一定的间隙作为钢柱安装时的柱高调整，该间隙通常规定为 50～70mm，我国的规范规定为 50mm。基准标高点通常设置在柱基底板的适当位置，四周加以保护，作为整个高层钢结构工程施工阶段标高的依据。以基准标高点为依据，对钢柱柱基表面进行标高实测，将测得的标高偏差用平面图来表示，作为临时支撑标高块调整的依据。

4. 标高块设置与柱底灌浆

（1）标高块设置

柱基表面采取设置临时支撑标高块的方法来确保钢柱安装控制标高。要按照荷载大小和标高块材料强度来计算标高块的支撑面积。标高块通常用砂浆、钢垫板和无收缩砂浆制作。通常砂浆强度低，只用于装配钢筋混凝土柱杯形基础找平。钢垫块耗钢多，加工复杂，无收缩砂浆，是高层钢结构标高块的常用材料，因有一定的强度，而且柱底灌浆也用无收缩砂浆，传力均匀。临时支撑标高块的埋设方法如图 5-71 所示。柱基边长小于 1m，设一块；柱基大于 1m，边长小于 2m 时，设十字形块；柱基边长大于 2m 时，设多块。

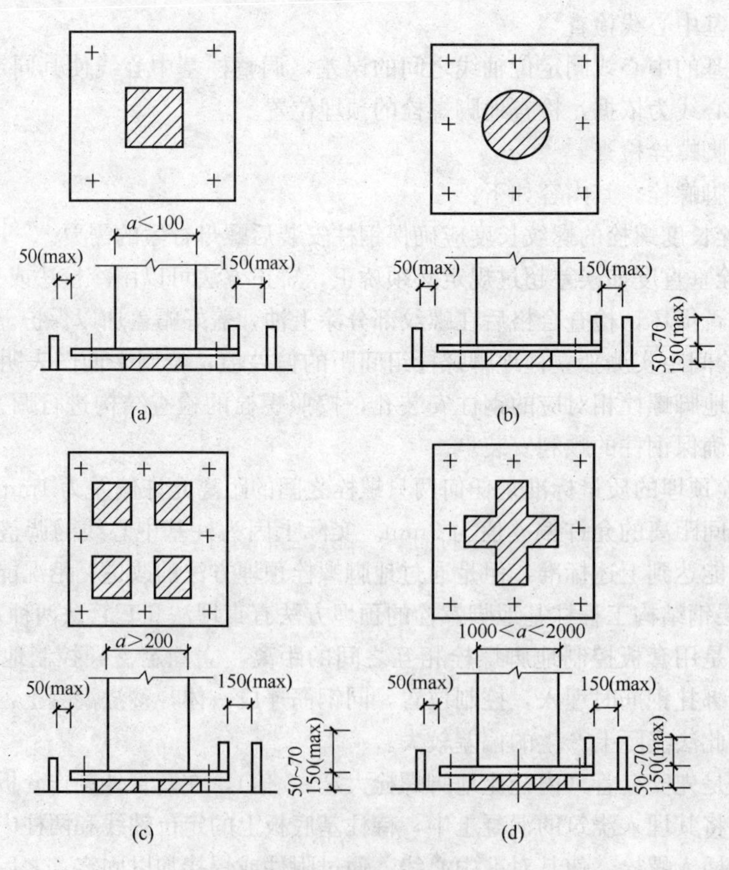

图 5-71　临时支撑标高块的埋设方法

（a）单独一块；（b）单独一圆块；（c）四块；（d）十字

标高块的形状，圆、方、长方、十字形都可以。为了确保表面平整，标高块表面可增设预埋钢板。

标高块用无收缩砂浆时，其材料强度应大于或等于 300MPa。

（2）柱底灌浆

通常在第一节钢框架安装完成后方可开始紧固地脚螺栓并进行灌浆。灌浆前必须对柱基进行清理，立模板，用水冲洗并除去水渍，螺孔处须擦干，再用自流砂浆连续浇灌，一次完成。流出的砂浆应清洗干净，加盖草包养护。砂浆一定要做试块，到时试压，作为验收资料。

5.4.2 钢结构构件的连接

1．高强度螺栓连接

（1）高强度螺栓施工

1）摩擦面处理。对高强度螺栓连接的摩擦面通常在钢构件制作时应进行处理，处理方法是使用喷砂、酸洗后涂无机富锌涂料或贴塑料纸加以保护。但是因为运输或长时间暴露在外，安装前应进行检查。如摩擦面有锈蚀、污物、油污、涂料等，须加以清除处理使之达到要求。常用的处理工具有铲刀、钢丝刷、砂轮机、除漆剂、火焰等，可以结合实际情况选择。施工中应对摩擦面的处理十分重视，摩擦面将直接影响节点的传力性能。

2）螺栓穿孔。安装高强度螺栓时应尽可能做到孔眼对准，如发生错孔现象，应进行扩孔处理，确保螺栓顺利穿孔，严禁锤击穿孔。螺栓同连接板的接触面之间一定要确保平整。高强度螺栓不宜作为临时安装螺栓使用。要正确使用垫圈，一个节点的螺栓穿孔方向必须一致。

3）螺栓紧固。高强度螺栓一经安装，应马上进行初拧，初拧值通常取终拧值的 60%～80%，在一个螺栓群中进行初拧时应要求先后顺序。终拧紧固采用终拧电动扳手。按照操作要求，如图 5-72 所示，尾端螺杆的短杆剪断，终拧即完成。有些部位不能使用终拧扳手时可以用长柄测力扳手，按照额定终拧扭矩进行紧固，并做记录。

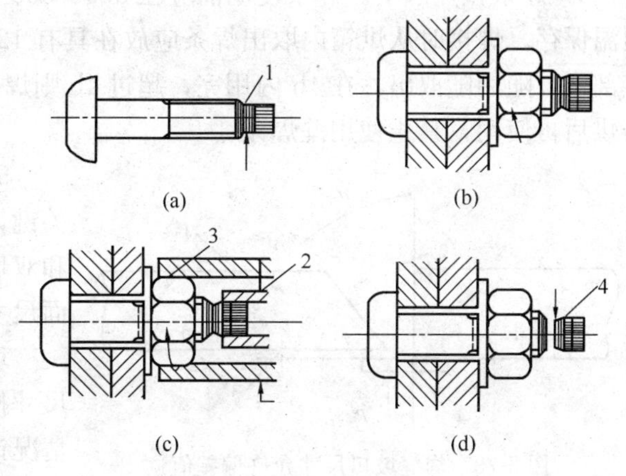

图 5-72 螺栓紧固

(a) 高强度螺栓的螺杆；(b) 初拧；(c) 进行终拧；(d) 终拧结束

1—力矩控制槽；2—电动力矩扳手的啮合式内套管；

3—电动力矩扳手的齿合式外套管；4—外露螺杆被剪断

（2）高强度螺栓检验

1）螺栓制造质量检验。在高强度螺栓施工过程中，应对螺栓制造质量进行检验。检验方法是每 15d 左右在包装桶内随机抽出不同规格螺栓各一套进行检验，验证紧固力是否同出厂的质量证明书的规定一致。

2）螺栓紧固后的检验。是观察高强度螺栓末端小螺母是否扭下，连接板接触面之间是否有空隙，螺纹是否穿过螺母而突出，垫圈是否安装在螺母一侧，用测力扳手紧固的螺栓是否有标记，再在此基础上进行抽查。按照《钢结构工程施工质量验收规范》（GB 50205—

2001）及国外有关规范均无时间的具体规定，提出时间问题主要是紧固后的螺栓是否会随时间的延续而影响检验。由于检验是用测力扳手逆转螺母实测扭矩值来鉴定螺栓质量是否符合要求，对高强度螺栓扭矩值同紧固力关系的计算公式 $M=KP$ 进行分析，P 是螺栓的预拉力即紧固力，因螺栓预拉存在着应力松弛现象，随时间延长通常会降低 8%～10%，规范中已规定允许扭矩值的误差值为±10%；K 是综合系数，同螺栓的加工精度、润滑材料、螺母与支撑面垫圈之间的光滑程度有关，随着时间延长而变化的可能性是存在的，为此，拧后的螺栓检验以尽快为宜。

2. 焊接连接

（1）焊接前的准备工作

1）检验焊条、垫板和引弧板焊条必须符合设计规定的规格，保管要妥当，应存放在仓库内保持干燥。焊条的药皮如有剥落、变质、污垢、受潮生锈等都不得使用。垫板和引弧板应按照规定的规格制造加工，确保其尺寸、坡口要符合标准。

2）检查焊接操作条件。焊工操作平台、脚手架、防风设施等都安装到位，确保必要的操作条件。

3）检查工具、设备和电流焊机型号正确，焊机要完好，必要的工具应配备齐全，放在设备平台上的设备排列应符合安全规定，电源线路要合理和安全可靠，要装置稳压器，事先放好设备平台，保证能焊接所有部位。

4）焊条预热烘干。焊条使用前应在 300～350℃的烘箱内焙烘 1h，然后在 100℃温度下恒温保存。焊接时从烘箱内取出焊条应放在具有 120℃保温功能的手提式保温桶内携带到焊接部位，随用随取出，在 4h 内用完，超过 4h 则焊条必须重新焙烘，当天用不完的焊条重新焙烘后再使用，禁止使用湿焊条。

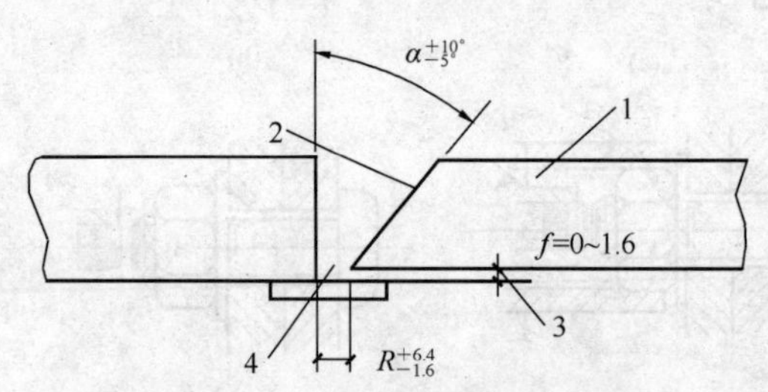

图 5-73　焊缝坡口尺寸允许偏差值

1—钢构件母材；2—坡口角度；3—底部母材；4—坡口根部间隙

5）焊缝坡口检查。焊缝坡口尺寸是焊接关键，通常全部进行检查。坡口形式有单坡口和双坡口。一般采用的是单坡口形式，坡口断面尺寸如超过图 5-73 所示尺寸应予修正。

坡口经检查修正后，应将所有焊缝的实际尺寸按构件编号绘制图表列明。焊接量按实际情况计算，以此安排任务和组织焊接。

6）焊工的岗位培训。焊工必须事先培训和考核，考核内容同规范一致。考核合格后发合格操作证（发证单位须具有发证资格），严禁无证操作。

（2）焊接工艺流程和框架焊接顺序

1）现场焊接方法的选择。高层钢结构的节点连接大多采用焊接，是因为焊接施工通过一定的工艺措施，可以使焊缝质量可靠，并有科学的检测手段进行检验。柱与柱的连接用横坡口焊，柱与梁的连接用平坡口焊。现场焊接方法通常有手工焊接和半自动焊接两种。焊接母材厚度不大于 30mm 时采用手工焊，焊接母材厚度大于 30mm 时采用半自动焊，另外尚需按照工程焊接量的大小和操作条件等来确定。手工焊的最大优点是灵活方便、机动性大，缺点是焊工技术素质要求高，劳动强度大，影响焊接质量的因素多。半自动焊质量可靠、工效高，但操作条件相应比手工焊要求高，并且需要同手工焊结合使用。

2）焊缝的焊接工艺流程。按照高层钢结构框架的施工特点，焊接设备采用集中堆放，为此要设置设备平台，搁置在框架楼层中，翻搁层数按需要确定。

在焊接设备定位就绪后，进行现场焊接工作，焊接工艺流程如图5-74所示。

3）钢框架流水段的焊接顺序。每一个安装流水段的焊接工作在框架流水段校正和高强度螺栓紧固后进行。焊接人数按照焊接工程量、焊接部位条件和焊接工的工效确定。每个框架流水段的安装周期确定后，就可确定焊接需要的人数。因为工程中各节框架的焊接量不等，所以焊接人数不宜绝对固定。

钢结构框架的焊接流水顺序以保证安装周期不受影响为原则，图5-75所示的是用内爬式塔式起重机安装时的焊接顺序。

每一节框架安装流水段的工期最好同焊接的工期合拍，时间上要有交叉，交叉流水作业可使整个工期不受影响，不然不是焊接等安装就是安装等焊接，都会影响工期。安排焊接力量时要充分考虑到各种客观因素的影响，如构件的供应和处理、设备平台的翻设和气候影响等。所以在焊接力量配备上要留有余地，要配备一定的辅助工人，以使焊工的工效处于最佳状态。

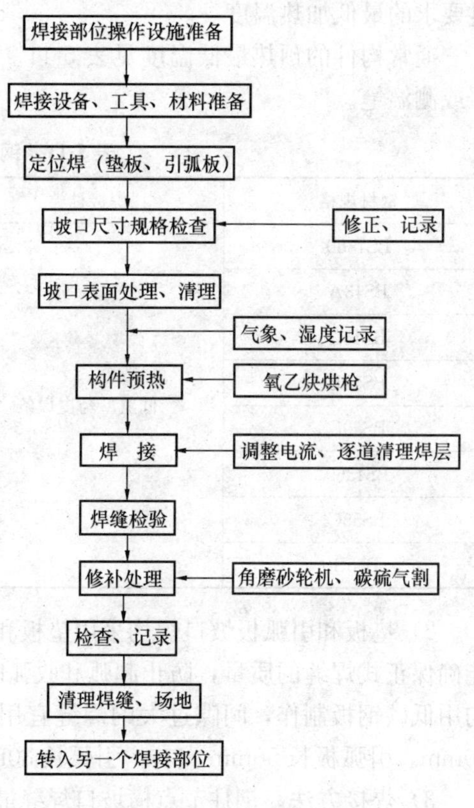

图5-74　焊接工艺流程

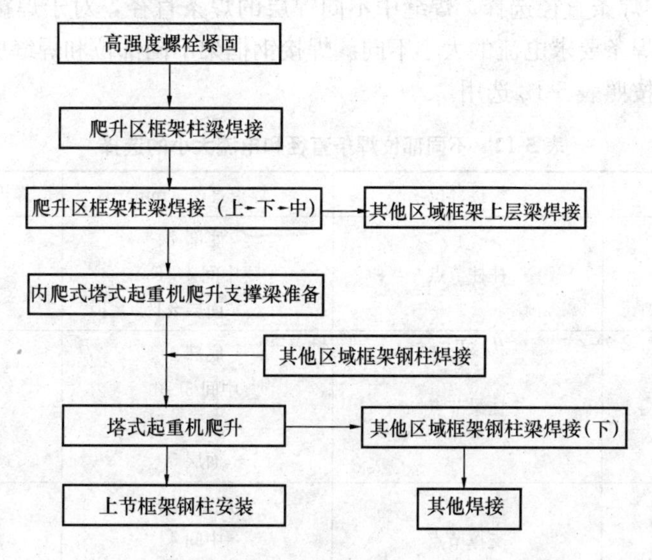

图5-75　用内爬式塔式起重机安装时的焊接顺序

（3）焊接施工

1）母材预热。对进行焊接部位的母材应按照要求的温度在焊点或焊缝四周100mm范围内预热，焊接前应在焊点或焊缝外不得小于75mm处实测预热温度，确保温度达到或超过要求的最低加热温度。

通常构件的预热最低温度见表 5-11。预热可以采用氧乙炔火焰，温度测定可以用测温器或测温笔。

表 5-11　钢构件的加热最低温度

钢材规格	焊接种类	焊接点构件板厚（mm）	最低加热温度（℃）
BS4360	低氢型药皮焊条	$t<19$	不加热
BS43A		$19<t<38$	10
BS43C		$19<t<38$	10
BS50B		$38<t<64$	66
BS50C		$38<t<64$	66
BS4360		$t<19$	19
BS55C		$19<t<38$	66
B55S		$38<t<64$	107

2）垫板和引弧板坡口焊均采用垫板和引弧板，目的是使底层焊透，确保质量。引弧板能确保正式焊缝的质量，防止起弧和收弧时对焊接件增加初应力和导致缺陷。垫板和引弧板均用低碳钢板制作，间隙过大的焊缝宜用紫铜板。垫板尺寸通常厚度为 6～8mm，宽度为 50mm。引弧板长 50mm 左右，引弧长 30mm。

3）焊接方法。钢柱节点横坡口焊缝最好采用两人对称焊，电流、焊条直径和焊接速度力求相同；柱梁平坡口焊接两端对称焊，应设法减少收缩应力，避免产生焊裂。每层焊道结束应及时清渣。

4）不同焊缝的焊条直径选择。焊缝中不同焊层的焊条直径，对于焊接工效和质量都有影响。不同直径的焊条要求电流的大小不同。焊接钢框架不同部位和焊缝所应采用的焊条直径和电流大小，可按照表 5-12 选用。

表 5-12　不同部位焊条直径和电流大小的选择

焊缝形式	焊接部位	焊条直径（mm）	焊机选用电流范围（A）
坡口焊	柱柱节点	底部 4 中间 4～5 面层 5	150（110～180） 190（150～240） 185（150～230）
平坡口	柱梁节点	底部 4 中间 5～6 面层 5	150（110～180） 210（150～240） 280（250～310） 210（150～240）
斜坡口	支撑节点	底部 3.2 中间 4 面层 4	130（80～130） 160（110～180） 160（110～180）
立角焊	剪力墙板	4	140（110～180）
仰角焊	剪力墙板	底部 5 中间 5 面层 4	180（110～180） 170（150～240） 140（110～180）

5）焊接操作要求。试焊时，焊缝根部打底焊层通常选用的焊条直径规格宜小些，操作引弧方法以齿形为宜；中部叠焊层选用的焊条直径宜大些，可提高工效，焊接中要注意清渣；盖面对应为1.0～1.5mm深的坡口槽，再进行盖面焊，盖面焊的高度比母材表面高一些，从最高处逐步向母材表面过渡，凸高的高度应不大于3.2mm，同母材边缘接触处咬边不得超过0.25mm，盖面焊缝的边缘应超过母材边缘线2mm左右。

6）焊接的停止和间歇。每条焊缝一经施焊，原则上要连续操作一次完成。大于4h焊接量的焊缝，其焊缝一定要完成2/3以上才能停焊，然后再二次施焊完成。间歇后的焊缝，开始工作后中途不能停止。

7）气候对焊接的影响。要确保焊接操作条件，气候对焊接影响很大。雨雪天原则上应停止焊接，除非采取相应措施。风速超过10m/s以上不得焊接。通常情况下为了充分利用时间，减少气候影响，多采用防雨雪设施和挡风措施。严寒季节在温度－10℃情况下，焊缝应采取保温措施，延长降温时间。

（4）焊缝检验

1）外观检查。对所有焊缝都应进行外观检查。焊缝都应符合有关规定的焊接质量标准。平面平整，焊缝外凸部分不得超过焊接板面的3.2mm，无裂缝，无缺陷，无气孔夹渣现象。

2）超声波探伤是检查焊缝质量的一种方法，有专门的规范和判别标准。应按照指定的探伤设备进行检测，检测前应将焊缝两侧150mm范围内的母材表面打磨清理，确保探头移动平滑自由，超声波不受干扰，按照实测的记录判定合格与否。

超声波探伤在高层钢结构工程中，主要是检查主要部位焊缝，如钢柱节点焊缝、框架梁的受拉翼缘等，通常部位的焊缝和受压、受剪部分的焊缝则进行抽检，这些均由设计单位事先提出具体要求。

3）焊缝的修补。凡经过外观检查和超声波检验不合格的焊缝，都必须进行修补，对不同的缺陷采用不同的修补方法。

①焊缝出现瘤，对超过规定的突出部分须进行打磨。

②出现超过规定的咬边、低洼缺陷，先应清除熔渣，然后重新补焊。

③产生气孔过多、熔渣过多、熔渣差等，应打磨缺陷处，重新补焊。

④利用超声波探伤检查出的质量缺陷如气孔过大、裂纹、夹渣等，应标明部位，用碳弧气刨机将缺陷处及周围50mm的完好部位全部刨掉，重新修补。

⑤修补工作按原定的焊接工艺进行，完成后仍应按照上述检验方法进行检验。

⑥全部修补工作都应做好记录。

3. 柱状螺栓施工

高层钢结构框架工程中，楼板都采用钢筋混凝土结构，为了使楼板同钢梁之间更好地连接，目前都采用在钢梁上埋设柱状螺栓、现浇钢筋混凝土的办法。埋入混凝土中的柱状螺栓起预埋件的作用。柱状螺栓因为数量多，通常都采用专门的焊机来施工，所以成为高层钢结构施工中的内容之一。

（1）柱状螺栓的材料

1）机械强度。抗拉强度4950MPa，屈服强度3875MPa。

2）形状尺寸如图5-76所示。

3）防弧座圈。焊接时螺栓端部与翼缘板之间应垫防弧座圈，如去氧平弧耐热陶瓷座圈。

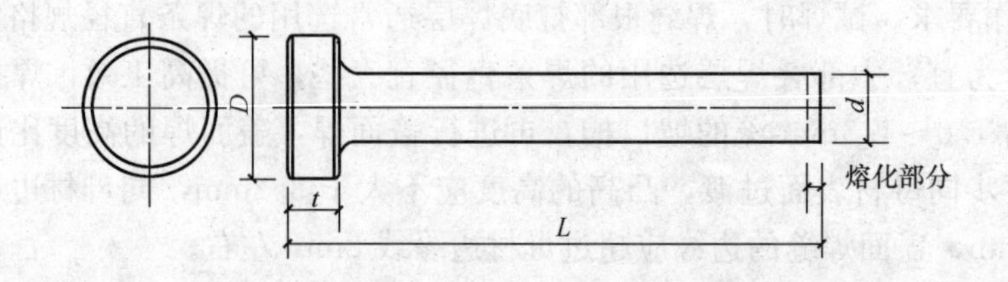

图 5-76 柱状螺栓

D—头部直径，mm，允许偏差±0.4mm；d—螺杆直径，mm，允许偏差±0.4mm；t—头部直径，mm，允许偏差±1.0mm；L—制造长度（包括熔化部分），mm，允许偏差±1.6mm

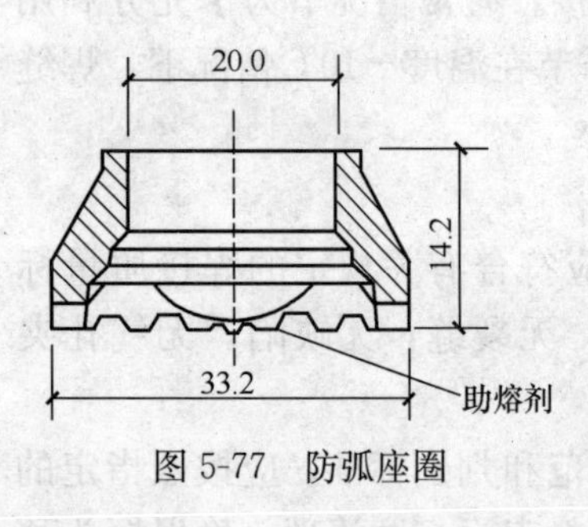

图 5-77 防弧座圈

YN-19FS 的具体尺寸如图 5-77 所示。

（2）柱状螺栓的焊接条件与有关参数

柱状螺栓的焊接条件与有关参数见表 5-13。

（3）柱状螺栓的焊接施工

1）焊接工艺。将焊机同相应焊枪电流接通，将柱状螺栓套在焊枪上，防弧座圈放在母材上，柱状螺栓对准防弧座圈，掀动焊枪开关，电流即熔断防弧座圈开始产生闪光，定时器调整在适当时间，经过一定时间闪光，柱状螺栓以预定的速度顶紧母材而熔化，电流短路。关闭开关即焊接完成。最后清除座圈碎片，全部焊接结束。

表 5-13 柱状螺栓的焊接条件与有关参数

栓钉	适用栓钉直径	ϕ（mm）	13	16	19	22
	栓钉头部直径	D（mm）	25	29	32	35
	栓钉头部厚	T（mm）	9	12	12	12
	栓钉标准长度	L（mm）	80，100，130		80，100，130，150	
	栓钉单位质量	（g）	159（L=130）	245（L=130）	345（L=130）	450（L=130）
	栓钉每增减 10mm 质量	（g）	10	16	22	30
	栓钉焊最低长度	（mm）	50	50	50	50
	适用母材最低厚度	（mm）	5	6	8	10
焊接药座	FS：一般标准型		YN-13FS	YN-16FS	YN-19FS	YN-22FS
	焊接药座尺寸	直径（±0.2）（mm）	23.0	28.5	34.0	33.0
		高（±0.2）（mm）	10.0	12.5	14.5	16.5
焊接条件	标准条件（向下焊接）	焊接电流（A）	900～1100	1030～1270	1350～1650	1470～1800
		弧光时间（s）	0.7	0.9	1.1	1.4
		熔化量（mm）	2.0	2.5	3.0	3.5
	焊接方向		全方向	全方向	下横向	下向
	最小用电容量（kV·A）		90	90	100	120

2）焊接要求。

①同一电源上接出 2 个或 3 个以上的焊枪，使用时必须将导线连接起来，以确保同一时间内只能由 1 只焊枪使用，并且使电源在完成每只柱状螺栓焊接后，迅速恢复到准备状态，进行下次焊接。

②焊接时应保持正确的焊接姿势，紧固前不能摇动，直到熔化的金属凝固为止。

③螺栓应保持无锈、无油污，被焊母材的表面要进行处理，做到无杂质、无锈、无油漆，如有需要须用砂轮打磨。

④母材金属温度低于－18℃或在雨雪潮湿状态下不能施工。

⑤观察焊接后的柱状螺栓焊层外形，焊层外形不可出现的情况如图 5-78 所示的四种状态。如有缺陷时，修正操作方法，按照能达到理想均匀焊层的方法来修正施工工艺，此后即按照此工艺进行施工。

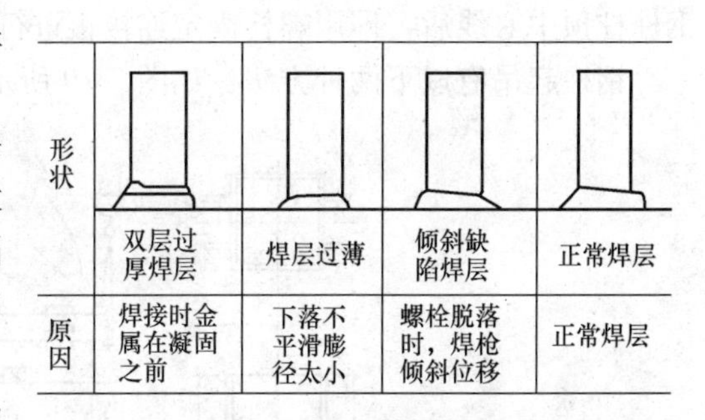

图 5-78　外观和质量分析

3）焊接方法有高空焊接和地面焊接两种形式，而就其效果而言各有利弊。

①高空焊接是将钢构件先安装成钢框架，然后在钢梁上进行焊接柱状螺栓。其优点是安装过程中梁面平整，操作人员行走方便安全，不受预埋螺栓的影响；缺点是高空焊接工效不高，不易确保焊接质量，操作人员焊接技术要求高，需搭设操作脚手架等。

②地面焊接就是钢梁在安装前先将柱状螺栓焊接上，然后再安装。其工效高，操作条件好，质量易确保，但会给其他工种操作人员带来不安全和不方便。

上述两种焊接法可按照实际情况来选择，目前工程中两种方法均用。

另有一种方法，就是安装阶段暂不焊柱状螺栓，在现浇混凝土楼板安装模板和绑扎钢筋阶段插入交叉进行焊接柱状螺栓，方可克服安装阶段的安全威胁，又能提高工效。但是如焊接柱状螺栓由专业安装单位进行，按照目前施工阶段划分，应完成安装项目并验收合格后再进行下道工序，这种方法就不能使用。

（4）柱状螺栓检验

1）外观检查。检查螺杆是否垂直和焊层四周焊熔是否均匀，如焊层全熔化且均匀可判为合格。

2）弯曲检验。按照每天的焊接数量抽检，抽检率为 1/500，采用锤击法将螺栓击穿 15°，其焊层无裂断现象可视为合格。

3）如有熔化不均匀的焊层，仍用锤击法进行检验，锤击方向为缺陷的反方向，如锤击弯曲 15°时，焊层无断裂仍可判为合格。

4）检验出的不合格柱状螺栓，可以在其旁侧补焊一只柱状螺栓，该不合格螺栓可不进行处理。

5）检验合格的柱状螺栓，其弯曲部分不需进行调直处理。

6）目前国内外对柱状螺栓的检验主要有五项内容：外观检查；锤击检查；拉伸试验；反弯曲试验；剪切试验。其中前两项为现场对柱状螺栓的质量检验，后三项为焊接前的工艺试验。所以在进行柱状螺栓的焊接前应先做好工艺试验，条件应同实际情况基本相符，通过工艺试验得出该工程的工艺操作要点，实际焊接时即按此执行。

5.4.3 高层钢结构安装

1. 钢结构构件的安装工艺

（1）钢柱安装

第一节钢柱是安装在柱基临时标高支撑块上的，钢柱安装前应将登高扶梯和挂篮等临时固定好。钢柱起吊后对准中心轴线就位，固定地脚螺栓，校正垂直度。其他各节钢柱都安装在下节钢柱的柱顶（采用对接焊），钢柱两侧装有临时固定用的连接板，上节钢柱对准下节钢柱柱顶中心线后，即用螺栓固定连接板进行临时固定。

钢柱起吊有以下两种方法，如图 5-79 所示。

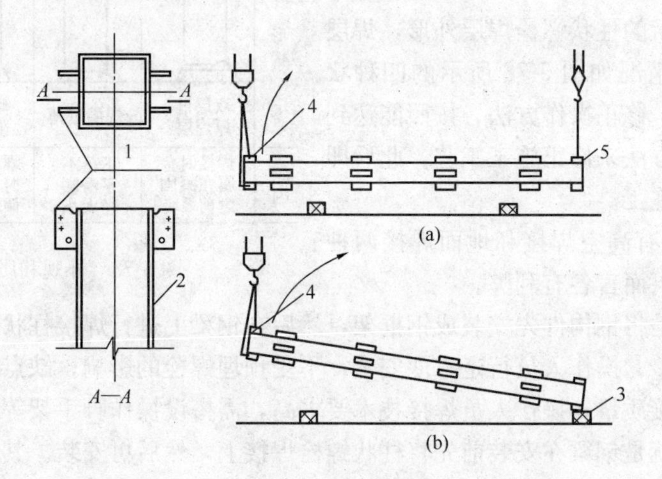

图 5-79 钢柱吊装工艺

(a) 双机抬吊；(b) 单机吊装

1—钢柱吊耳（接柱连接板）；2—钢柱；3—垫木；4—上吊点；5—下吊点

1）双机抬吊法，特点是两台起重机悬高起吊，柱根部不着地摩擦。

2）单机吊装法，特点是钢柱根部必须用垫木垫实，以回转法起吊，严禁柱根拖地。

钢柱就位后，先对钢柱的垂直度、轴线、牛腿面标高进行初校，然后安装临时固定螺栓，再拆除吊索。钢柱起吊回转过程中应注意防止同其他已吊好构件相碰撞，吊索应具有一定的有效高度。

柱子安装的允许偏差应符合表 5-14 的规定。

（2）框架钢梁安装

钢筋在吊装前，应于柱子牛腿处检查标高和柱子间距。主梁吊装前，应在梁上装好扶手杆和扶手绳，待主梁吊装就位后，将扶手绳与钢柱系牢，以确保施工人员的安全。

钢梁采用两点吊，通常在钢梁上翼缘处开孔，作为吊点。吊点位置取决于钢梁的跨度。为加快吊装速度，对质量较小的次梁和其他小梁，多利用多头吊索一次吊装数根。

水平桁架的安装基本同框架梁，但吊点位置选择应按照桁架的形状而定，须确保起吊后平直，便于安装连接。安装连接螺栓时严禁在情况不明时任意扩孔，连接板必须平整。

钢主梁、次梁及受压杆件的垂直度和侧向弯曲矢高的允许偏差应符合表 5-15 中有关钢屋（托）架允许偏差的规定。

表 5-14　柱子安装的允许偏差　（单位：mm）

项　目	允许偏差	图　例
底层柱柱底轴线对定位轴线偏移	3.0	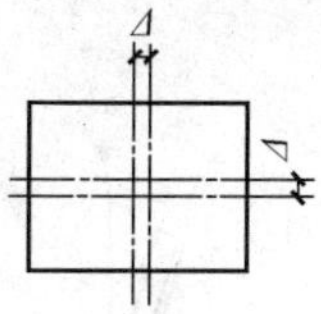
柱子定位轴线	1.0	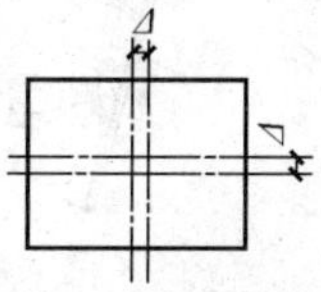
单节柱的垂直度	$h/1000$，且不应大于 10.0	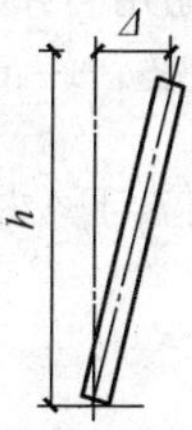

注：h 为单节柱柱高。

表 5-15　钢屋（托）架、桁架、梁及受压杆件垂直度和侧向弯曲矢高的允许偏差　（单位：mm）

项　目	允许偏差		图　例
跨中的垂直度	$h/250$，且不应大于 15.0		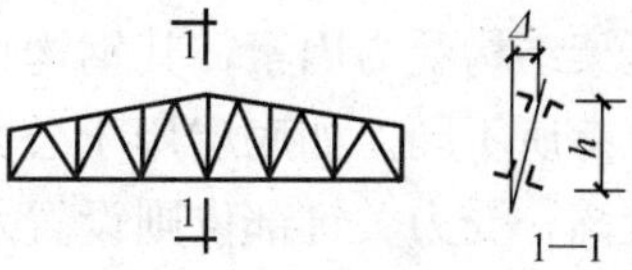
侧向弯曲矢高 f	$l\leqslant30$m	$l/1000$，且不应大于 10.0	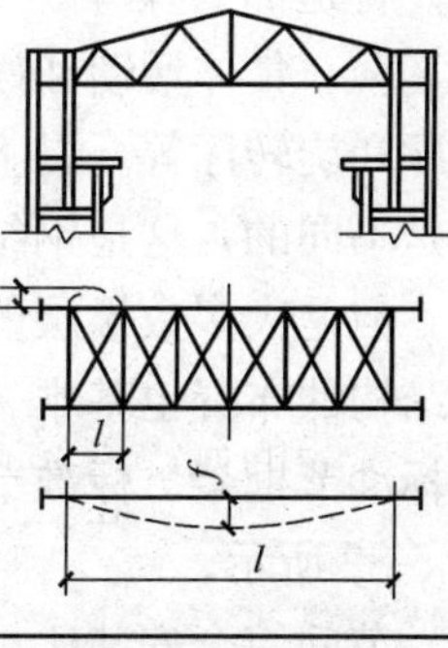
	30m$<l\leqslant60$m	$l/1000$，且不应大于 30.0	
	$l\leqslant60$m	$l/1000$，且不应大于 50.0	

(3) 剪力墙板安装

装配式剪力墙板安装在钢柱和楼层框架梁之间，剪力墙板有钢制墙板和钢筋混凝土墙板两种。安装方法多采用以下两种：

1）先安装好框架，然后再装墙板。进行墙板安装时，选用索具吊到就位部位附近临时搁置，之后调换索具，在分离器两侧同时下放对称索具绑扎墙板，然后起吊安装到位。这种方法安装效率不高，临时搁置尚需采取一定的措施，如图 5-80 所示。

2）先同上部框架梁组合，再安装。剪力墙板是四周与钢柱和框架梁用螺栓连接再用焊接固定的，安装前在地面先将墙板与上部框架梁组合，之后一并安装，定位后再连接其他部位，组合安装效率高，是个较合理的安装方法，如图 5-81 所示。

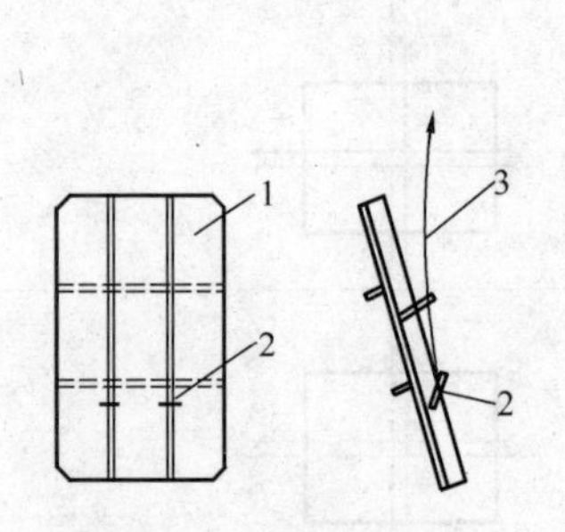

图 5-80　剪力墙板吊装方法之一

1—墙板；2—吊点；3—吊索

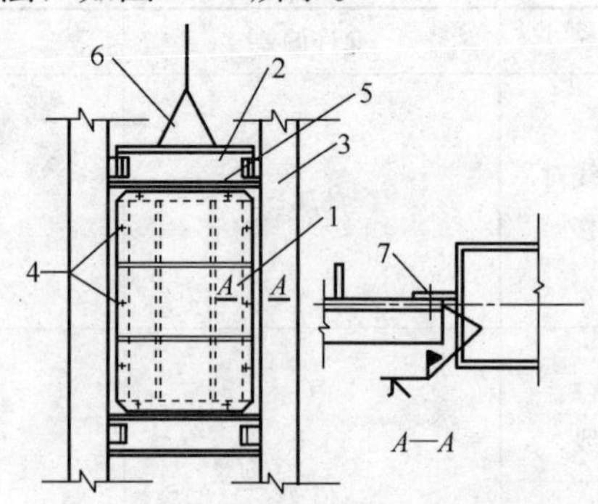

图 5-81　剪力墙板吊装方法之二

1—墙板；2—框架梁；3—钢柱；4—安装螺栓；5—框架梁与墙板连接处（在地面先组合成一体）；6—吊索；7—墙板安装时与钢柱连接部位

剪力支撑安装部位与剪力墙板吻合，安装时也应采用剪力墙板的安装方法，尽可能组合后再进行安装。

（4）钢扶梯安装

钢扶梯通常以平台部分为界限分段制作，构件是空间体，与框架同时进行安装，再进行位置和标高调整。在安装施工中常作为操作人员在楼层之间的工作通道，安装工艺简便，定位固定较复杂。

2. 标准节框架安装方法

高层钢结构中，因为楼层使用要求不同和框架结构受力因素，其钢构件的布置和规格也有所不同。如底层用于公共设施，则楼层较高；受力关键部位则设置水平加强结构的楼层；管道布置集中区则增设技术楼层；为便于宴会、集体活动和娱乐等需设置大空间宴会厅和旋转厅等。以上楼层的钢构件的布置都是不同的，这是钢结构安装施工的特点之一。但是大多数楼层的使用要求是一样的，钢结构的布置也基本一致，称为钢结构框架的标准节框架。标准节框架安装流水顺序如图 5-82 所示。

（1）节间综合安装法

此法是在标准节框架中，先选择一个节间作为标准间。在安装 4 根钢柱后立即安装框架梁、次梁和支撑等，由下而上逐间构成空间标准间，并且进行校正和固定。然后以此标准间为依靠，按照规定方向进行安装，逐步扩大框架，每立两根钢柱，就安装一个节间，直至该施工层完成。国外大多采用节间综合安装法，随吊随运，现场不设堆场，

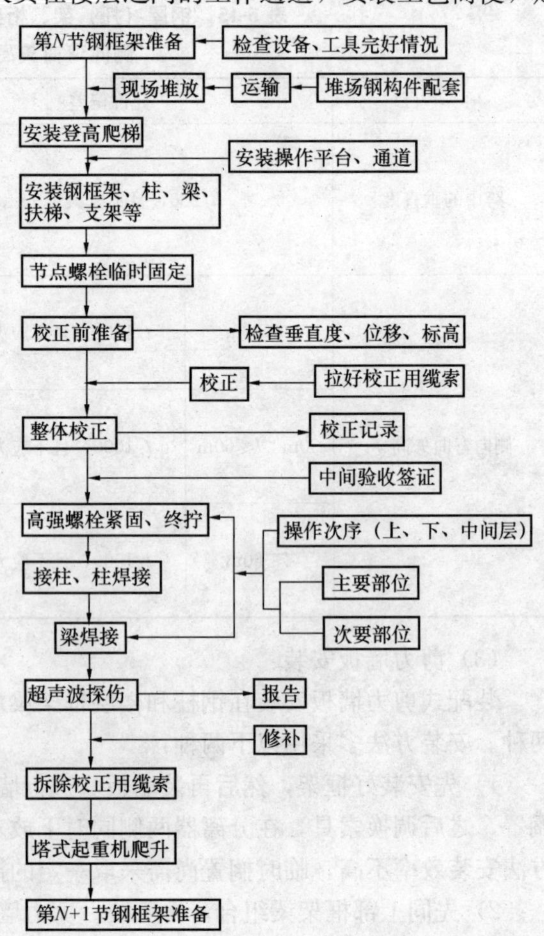

图 5-82　一个安装流水段内的安装流水顺序

每天提出供货清单，每天安装完毕。这种安装方法对现场管理要求严格，供货交通必须保证畅通，在构件运输确保的条件下能获得最佳的效果。

(2) 按构件分类大流水安装法

此法是在标准节框架中先安装钢柱，再安装框架梁，之后安装其他构件，按层进行，从下到上，最终完成框架。国内目前大多采用此法，主要原因如下：

1) 影响钢构件供应的因素多，不能按综合安装供应钢构件。

2) 在构件不能按计划供应时，还可继续进行安装，有机动的余地。

3) 管理和生产工人容易适应。

两种不同的安装方法，各有利弊，但只要构件供应能保证，构件质量又合格，其生产工效的差异不大，可按照实际情况进行选择。

在标准节框架安装中，要进一步划分主要流水区和次要流水区，划分原则是以框架可进行整体校正。塔式起重机爬升部位为主要流水区，其余为次要流水区，安装施工工期的长短取决于主要流水区。通常主要流水区内构件由钢柱和框架梁组成，其间的次要构件可后安装，主要流水区构件一经安装完成，即开始框架整体校正。安装施工周期的进度安排见表 5-16。

表 5-16　安装施工周期的进度安排

项　目	天数														
	2	4	6	8	10	12	14	16	18	20	22	24	26	28	30
主流水区框架吊装															
次流水区框架吊装															
主流水区框架校正															
次流水区框架校正															
主流水区螺栓紧固															
次流水区螺栓紧固															
主流水区电　焊															
次流水区电　焊															
塔吊爬升															
金属压形板安装															
柱状螺栓电　焊															

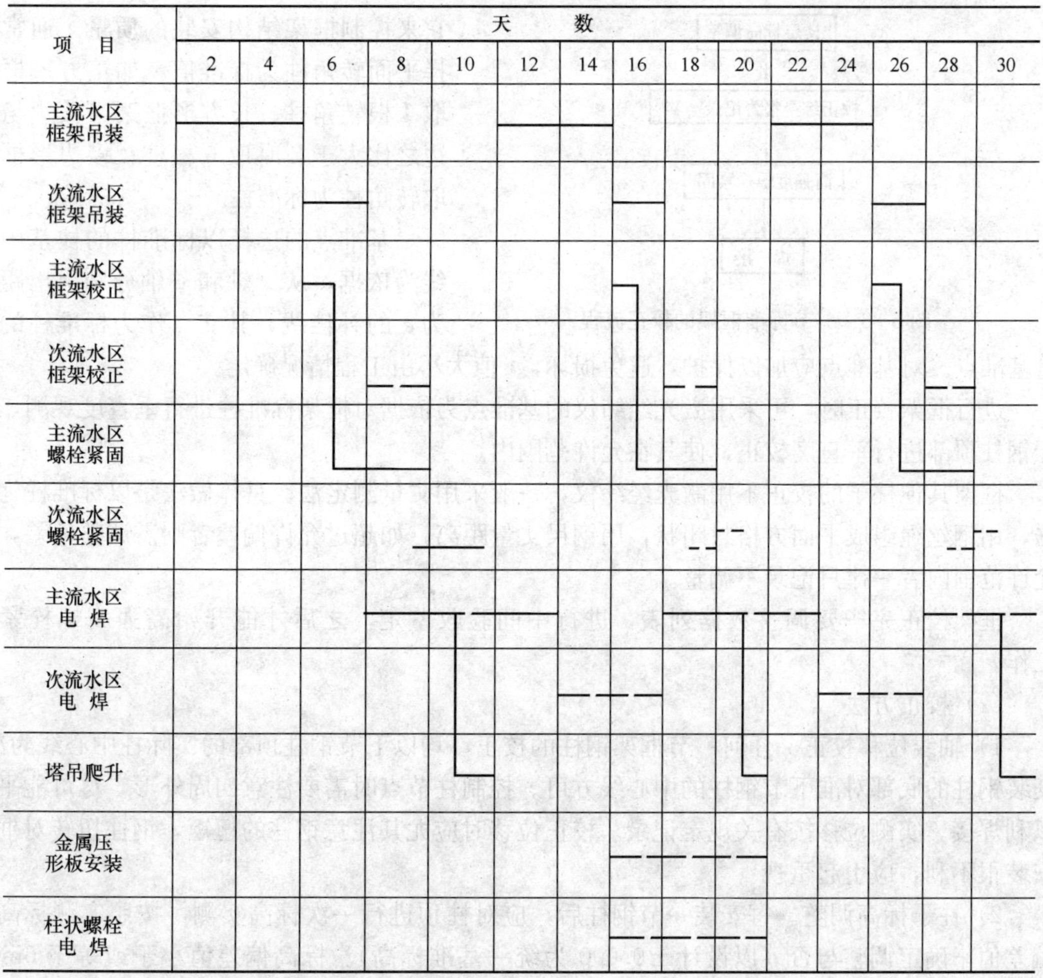

注：虚线为次要工序，在表中可表示，也可不表示。

从表 5-16 中可以看出，划分主要和次要流水区的目的是争取交叉施工，以缩短安装施工的总工期。

3. 高层钢框架的校正

(1) 基本原理

1) 校正流程框架整体校正是在主要流水区安装完成后进行的。一节标准框架的校正流程如图 5-83 所示。

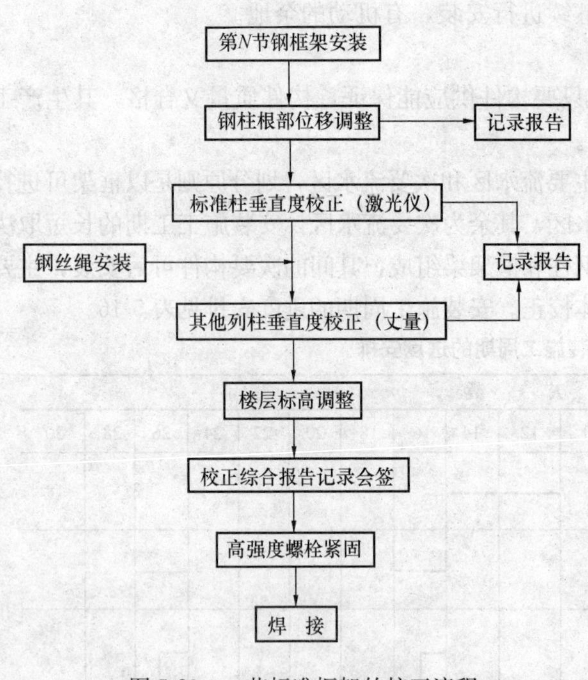

图 5-83　一节标准框架的校正流程

2) 校正时的允许偏差。我国目前在高层钢结构工程安装中尚无明显的规范可循，现有的建筑钢结构施工规范只适用于普通钢结构工程，所以目前只能针对具体工程由设计单位参照有关规定提出校正的质量标准和允许偏差，供高层钢结构安装实施。

3) 标准柱和基准点选择。标准柱是能控制框架平面轮廓的少数柱子，用它来控制框架结构安装的质量。通常选择平面转角柱为标准值。如正方形框架取 4 根转角柱；长方形框架当长边与短边之比大于 2 时取 6 根柱；多边形框架取转角柱为标准柱。

基准点的选择以标准柱的柱基中心线为依据，从 x 轴和 y 轴分别引出距离为 e 的补偿线，其交点作为标准柱的测量基准点。对基准点应加以保护，避免损坏，e 值大小由工程情况确定。

进行框架校正时，可采用激光经纬仪的基准点为依据对框架标准柱进行垂直度观测，对于钢柱顶部进行垂直度校正，使其在允许范围内。

框架其他柱子的校正不用激光经纬仪，一般采用丈量测定法。具体做法是以标准柱为依据，用钢丝绳组成平面方格封闭状，用钢尺丈量距离，如超过允许偏差者则需调整偏差，在允许范围内者一律只记录不调整。

框架校正完毕要调整数据列表，进行中间验收鉴定，之后才能开始高强度螺栓紧固工作。

(2) 校正方法

1) 轴线位移校正。任何一节框架钢柱的校正，均以下节钢柱顶部的实际柱中心线为准，安装钢柱的底部对准下节钢柱的中心线方可。控制柱节点时需要注意四周外形，尽可能平整以利焊接。实测位移按有关规定记录。校正位移时应尤其注意钢柱的扭矩，钢柱扭转对框架安装很不利，应引起重视。

2) 柱子标高调整。每安装一节钢柱后，应对柱顶进行一次标高实测，按照实测标高的偏差值来确定调整与否（以设计±0.000 为统一基准标高）。标高偏差值小于或等于 6mm，只记录不调整，超过 6mm 需进行调整。调整标高用低碳钢板垫到规定要求。钢柱标高调整应注意以下事项：

偏差过大（大于20mm）不宜一次调整，可先调整一部分，待下一步再调整。原因是一次调整过大会影响支撑的安装和钢梁表面的标高。

中间框架柱的标高宜稍高些，通过实际工程的观察证明，中间列柱的标高通常均低于边柱标高，这主要是因为钢框架安装工期长，结构自重不断增大，中间列柱承受的结构荷载较大，所以中间列柱的基础沉降值也大。

3）垂直度校正用一般的经纬仪难以满足要求，应采用激光经纬仪来测定标准柱的垂直度。测定方法是将激光经纬仪中心放在预定的基准点上，使激光经纬仪光束射到事先固定在钢柱上的靶标上，光束中心同靶标中心重合，表明钢柱垂直度无偏差。激光经纬仪须经常检验以确保仪器本身的精度，如图5-84所示。当光束中心与靶标中心不重合时，表明有偏差。偏差超过允许值应校正钢柱。

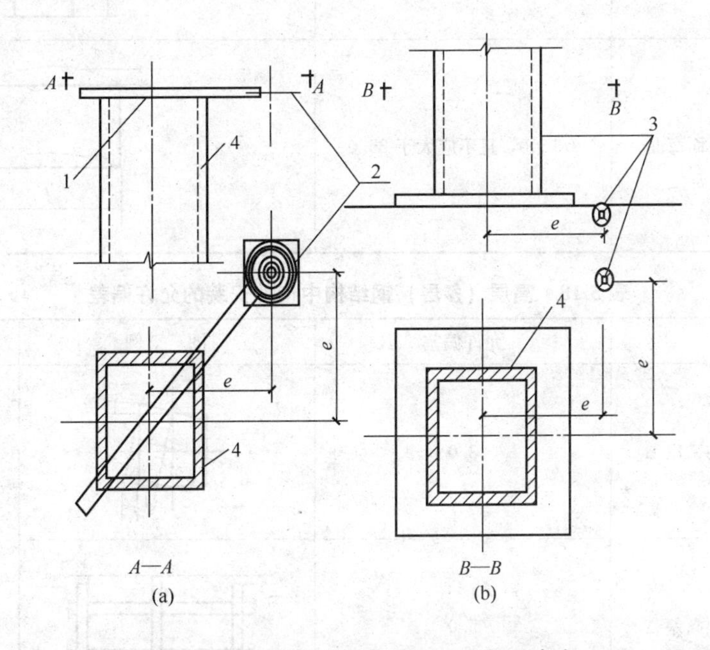

图5-84　用激光经纬仪测量钢柱的垂直度

（a）钢柱顶部；（b）钢柱底部

1—钢柱顶部标靶夹具；2—激光靶标；3—柱底基准点；4—钢柱

测量时，为了减少仪器误差的影响，可以采用四点投射光束法来测定钢柱的垂直度，就是在激光经纬仪定位后，旋转经纬仪水平度盘，向靶标投射四次光束（按0°→90°→180°→270°位置），将靶标上四次光束的中心用对角线连接，其对角线交点即为正确位置。以此为准检验钢柱垂直与否，决定钢柱是否需要校正。

4）框架梁面标高校正。用水准仪、标尺进行实测，测定框架梁两端标高误差情况，超过规定时应进行校正，方法是扩大端部安装连接孔。

4．高层（多层）钢结构安装的质量标准

（1）整体垂直度和整体平面弯曲质量

高层（多层）钢结构主体结构的整体垂直度和整体平面弯曲的允许偏差应符合表5-17的规定。

（2）钢构件安装的质量

高层（多层）钢结构中构件安装的允许偏差应符合表5-18的要求。

(3) 主体结构总高度的质量

高层（多层）钢结构主体结构总高度的允许偏差应符合表 5-19 的要求。

表 5-17　整体垂直度和整体平面弯曲的允许偏差　(单位：mm)

项　目	允许偏差	图　例
主体结构的整体垂直度	(H/2500+10.0)，且不应大于 50.0	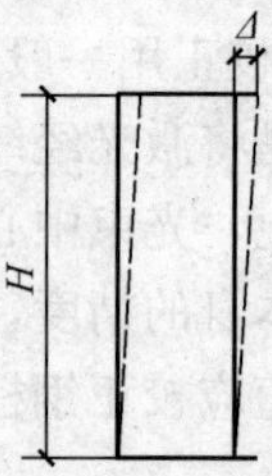
主体结构的整体平面弯曲	l/1500，且不应大于 25.0	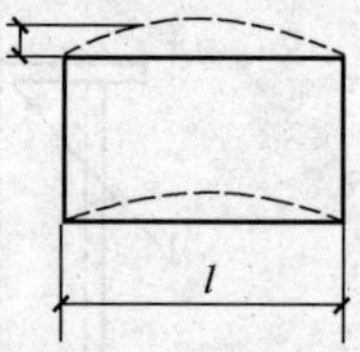

表 5-18　高层（多层）钢结构中构件安装的允许偏差　(单位：mm)

项　目	允许偏差	图　例	检验方法
上、下柱连接处的错口 Δ	3.0	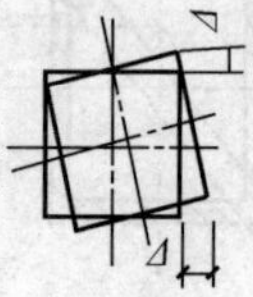	用钢尺检查
同一层柱的各柱顶高差 Δ	5.0	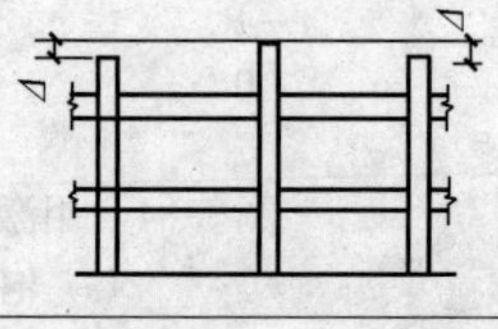	用水准仪检查
同一根梁两端顶面的高差 Δ	l/1000 且不应大于 10.0	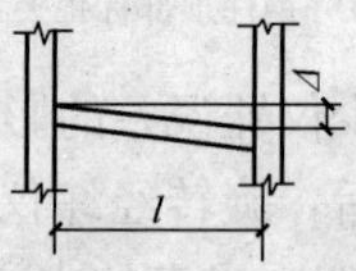	用水准仪检查
主梁与次梁表面的高差 Δ	±2.0	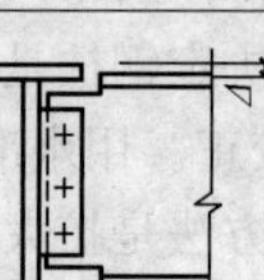	用直尺和钢尺检查
金属压形板在钢梁上相邻列的错位 Δ	15.00	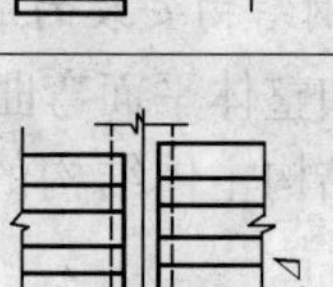	用直尺和钢尺检查

表 5-19　高层（多层）钢结构主体结构总高度的允许偏差　　（单位：mm）

项　目	允许偏差	图　例
用相对标高控制安装	$\pm\Sigma(\Delta_h+\Delta_z+\Delta_w)$	H
用设计标高控制安装	$H/1000$，且不应大于 30.0 $-H/1000$，且不应小于-30.0	

注：Δ_h 为每节柱子长度的制造允许偏差；Δ_x 为每节柱子长度受荷载后的压缩值；Δ_w 为每节柱子接头焊接的收缩值。

5.4.4　钢结构防腐涂料涂装施工

1. 施工准备

（1）材料要求

1）建筑钢结构工程防腐材料的选用应符合要求，其防腐材料有底漆、中间漆、面漆、稀释剂和固化剂等。

防腐涂料有油性酚醛涂料、醇酸涂料、高氯化聚乙烯涂料、氯化橡胶涂料、氯磺化聚乙烯涂料、环氧树酯涂料、无机富锌涂料、有机硅涂料、过氯乙烯涂料等。

2）防腐涂料由不挥发组分和挥发组分两部分组成。不挥发组分即涂料的固体组分，又分为主要、次要和辅助成膜物质三种。

3）涂料产品以基料中主要成膜物质划分为 17 类，其类别代号如表 5-20 所示。

表 5-20　涂料类别代号

序号	代号	涂料类别	序号	代号	涂料类别
1	Y	油脂漆类	10	X	烯树脂漆类
2	T	天然树脂漆类	11	B	丙烯酸漆类
3	F	酚醛树脂漆类	12	Z	聚酯漆类
4	L	沥青漆类	13	H	环氧树脂漆类
5	C	醇酸树脂漆类	14	S	聚氨酯漆类
6	A	氨基树脂漆类	15	W	元素有机漆类
7	Q	硝基漆类	16	J	橡胶漆类
8	M	纤维素漆类	17	E	其他漆类
9	G	过氯乙烯漆类			

4）其辅助材料有 5 种，其代号如表 5-21 所示。

表 5-21　涂料辅助材料代号

序 号	代号	辅助材料名称	序 号	代号	辅助材料名称
1	X	稀释剂	4	T	脱漆剂
2	F	防潮剂	5	H	固化剂
3	G	催干剂			

5）质量要求

①各种防腐蚀材料应符合国家有关技术指标的规定，应具有产品出厂合格证明。当有特殊要求时应有相应的检验报告。

②防腐蚀涂料的品种、规格及颜色选用应符合设计要求。

（2）作业条件

1）油漆工施工作业应持有特殊工种作业操作证。

2）防腐涂装工程前，钢结构工程已检查验收并符合设计要求。

3）涂装时的环境温度和相对湿度应符合产品说明书的要求，当产品说明书无要求时，环境温度宜在5～38℃之间，相对湿度不应大于85％。

4）露天防腐施工作业应选择适当的天气，遇大风、雨、严寒等均不应作业。

2. 施工工艺

（1）工艺流程

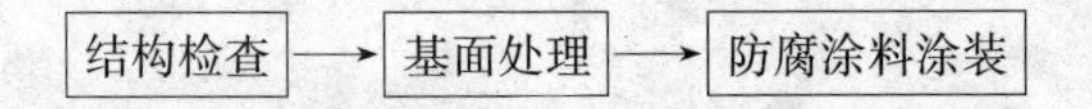

（2）结构检查

1）防腐涂装工程应在钢结构构件组装、预拼装或钢结构安装工程检验批的施工质量验收合格后进行。

2）涂装时构件表面不应有结露；涂装后4h内应保护免受雨淋。

（3）基面清理

1）油漆涂刷前，应采取适当的方法将需要涂装部位的铁锈、焊接药皮、焊接飞溅物、油污、尘土等杂物清理干净。

2）为了保证涂装质量，根据不同需要可以分别选用除锈工艺。油污的清除采用溶剂清洗或碱液清洗。方法有槽内浸洗法、擦洗法、喷射清洗和蒸汽法等。

3）钢构件表面除锈方法。根据要求不同可采用手工、机械、喷射、酸洗除锈等方法，见表5-22。

表5-22 各种除锈方法的特点

除锈方法	设备工具	优　点	缺　点
手工、机械	砂布、钢丝刷、铲刀尖锤、平面砂轮机、动力钢丝刷等	工具简单、操作方便、费用低	劳动强度大、效率低、质量差，只能满足一般的涂装要求
喷射	空气压缩机、喷射机、油水分离器等	工作效率高、除锈彻底，能控制质量、获得不同要求的表面粗糙度	设备复杂，需要一定操作技术，劳动强度较高、费用高、有一定的污染
酸洗	酸洗槽、化学药品、厂房等	效率高，适用大批件，质量较高，费用较低	污染环境、废液不易处理，工艺要求较严

4）处理后的钢材表面不应有焊渣、焊疤、灰尘、油污、水和毛刺等。

5）涂装工艺的基面除锈质量等级应符合设计文件的规定要求，用铲刀检查和用现行国家标准《涂覆涂料前钢材表面处理　表面清洁度的目视评定　第1部分：未涂覆过的钢材表面和全面清除原有涂层后的钢材表面的锈蚀等级和处理等级》（GB/T 8923.1—2011）规定的图片对照检查。

（4）防腐涂料涂装

1）涂料涂装方法

①合理的施工方法，对保证涂装质量、施工进度、节约材料和降低成本有很大的作用，所以正确选择涂装方法是涂装施工管理工作的主要组成部分，常用涂料的方式方法见表5-23。

表5-23　常用涂料的方式方法

施工方法	适用涂料的特性			被涂物	使用工具或设备	主要优缺点
	干燥速度	黏度	品种			
刷涂法	干性较慢	塑性小	油性漆、酚醛漆、醇酸漆等	一般构件及建筑物，各种设备管道等	各种毛刷	投资少，施工方法简单，适于各种形状及大小面积的涂装；缺点是装饰性较差，施工效率低
手工滚涂法	干性较慢	塑性小	油性漆、酚醛漆、醇酸漆等	一般大型平面的构件和管道等	辊子	投资少、施工方法简单，适用大面积物的涂装；缺点是装饰性较差，施工效率低
浸涂法	干性适当，流平性好，干燥速度适中	触变性好	各种合成树脂涂料	小型零件、设备和机械部件	浸漆槽、离心及真空设备	设备投资较少，施工方法简单，涂料损失少，适用于构造复杂构件；缺点是流平性不太好，有流挂现象，污染现场，溶剂易挥发
空气喷涂法	挥发快和干燥适中	黏度小	各种硝基漆、橡胶漆、建筑乙烯漆、聚氨酯漆等	各种大型构件及设备和管道	喷枪、空气压缩机、油水分离器等	设备投资较小，施工方法较复杂，施工效率比刷涂法高；缺点是消耗溶剂量大，污染现象，易引起火灾
雾气喷涂法	具有高沸点溶剂的涂料	高不挥发分，有触变性	厚浆型涂料和高不挥发分涂料	各种大型钢结构、桥梁、管道、车辆和船舶等	高压无气喷枪、空气压缩机等	设备投资较大，施工方法较复杂，效率比空气喷涂法高，能获得厚涂层；缺点是也要损失部分涂料，装饰性较差

②刷涂法施工工艺要求

a. 油漆刷的选择：刷涂底漆，调和漆和磁漆时，应选用扁形和歪脖形弹性大的硬毛刷；刷涂油性清漆时，应选用毛刷较薄、弹性较好的猪鬃或羊毛等混合制作的板帽和圆刷；涂刷树脂漆时，应选用弹性好、刷毛前端柔软的软毛刷或歪脖形刷。

b. 涂刷时，应采用直握方法，用腕力进行操作；应蘸少量涂料，刷毛浸入油漆的部分为毛长的1/3～1/2。

c. 对于干燥较快的涂料，应从被涂物一边按一定的顺序快速连续刷平和修饰，不宜反复涂刷；动作应按从上而下、从左向右、先里后外、先斜后直、先难后易的原则，使漆膜均匀、致密、光滑和平整；涂刷垂直平面时，最后一道应由上向下进行；刷涂水平表面时，最后一道应按光线照射的方向进行。

d. 刷涂完毕后，应将油漆刷妥善保管，若长期不用，须用溶剂清洗干净，晾干后用塑料薄膜包好，存放在干燥的地方，以便再用。

③滚涂法施工工艺要求

a. 涂料应装入有滚涂板的容器内，将滚子的一半浸入涂料，然后提起在滚涂板上来回滚涂几次，使滚子全部均匀浸透涂料，并把多余的涂料排除。

b. 把滚子按 W 形轻轻滚动，将涂料大致地涂布于被涂物上，然后滚子上下密集滚动，将涂料均匀地分布开，最后使滚子按一定的方向滚平表面并修饰。

c. 滚动时，初始用力要轻，以防流淌，随后逐渐用力，使涂层均匀。

d. 滚子用后，应尽量排除涂料，或使用稀释剂洗净，晾干后保存备用。

④浸涂法施工工艺要求

浸涂法就是将被涂物放入油漆槽中浸渍，经一定时间后取出吊起，让多余的涂料尽量滴净，再晾干或烘干的涂漆方法。适用于形状复杂的骨架状被涂物，适用于烘烤型涂料。建筑中应用较少，在此不赘述。

⑤空气喷涂法施工工艺要求

a. 空气喷涂法是利用压缩空气的气流将涂料带入喷枪，经喷嘴吹散成雾状并喷涂到被涂物表面上的一种涂装方法。

b. 进行喷涂时，必须将空气压力、喷出量和喷雾幅度等参数调整到适当程度，以保证喷涂质量。

c. 喷涂距离控制：喷涂距离过大，油漆易落散，造成漆膜过薄而无光；喷涂距离过近，漆膜易产生流淌和橘皮现象。喷涂距离应根据喷涂压力和喷嘴大小来确定，一般使用大口径喷枪的喷涂距离为 200～300mm，使用小口径喷枪的喷涂距离为 150～250mm。

d. 喷涂时，喷枪的运行速度应控制在 30～60cm/s 范围内，并应运行稳定。

e. 喷枪应垂直于被涂物表面。如喷枪角度倾斜，漆膜易产生条状条纹和斑痕；喷幅搭接的宽度，一般为有效喷雾幅度的 1/4～1/3，并保持一致。

f. 暂停时，应将喷枪端部浸泡在溶剂里，以防堵塞。用完后，应立即用溶剂清洗干净，可用木钎疏通堵塞，但不应用金属丝类疏通，以防损坏喷嘴。

⑥无气喷涂法施工工艺要求

a. 无气喷涂法是利用特殊形式的气动或其他动力驱动的液压泵，将涂料增至高压，当涂料经由管路通过喷枪的喷嘴喷出后，使喷出的涂料体积骤然膨胀而雾化，高速地分散在被涂物表面上，形成漆膜。

b. 喷枪嘴与被涂物表面的距离，一般应控制在 300～380mm 之间；喷幅宽度，较大物件 300～500mm 为宜，较小物件 100～300mm 为宜，一般为 300mm。

c. 喷嘴与物件表面的喷射角度为 30°～80°。喷枪运行速度为 30～100cm/s。喷幅的搭接宽度应为喷幅的 1/6～1/4。

d. 无气喷涂法施工前，涂料应经过过滤后才能使用。喷涂过程中，吸入管不得移出涂料液面，应经常注意补充涂料。暂停施工时，应将喷枪端部置于溶剂中。

e. 发生喷嘴堵塞时，应关枪，取下喷嘴，先用刀片在喷嘴口切割数下（不得用刀尖凿）用毛刷在溶剂中清洗，然后再用压缩空气吹通或用木钎捅通。

f. 喷涂结束后，将吸入管从涂料桶中提起，使泵空载运行，将泵内、过滤器、高压软管和喷枪内剩余涂料排出，然后利用溶剂空载循环，将上述各器件清洗干净。

g. 高压软管弯曲半径不得小于50mm，且不允许重物压在上面。高压喷枪严禁对准操作人员或他人。

2）涂装施工工艺及要求

①涂装施工环境条件的要求

a. 环境温度：应按照涂料产品说明书的规定执行。环境湿度：一般应在相对湿度小于85％的条件下进行。具体应按照涂料产品说明书的规定执行。

b. 控制钢材表面温度与露点温度：钢材表面的温度必须高于空气露点温度3℃以上，方可进行喷涂施工。露点温度可根据空气温度和相对湿度从表5-24中查得。

表5-24　露点值查对

环境温度（℃）	相对湿度（％）								
	55	60	65	70	75	80	85	90	95
0	−7.9	−6.8	−5.8	−4.8	−4.0	−3.0	−2.2	−1.4	−0.7
5	−3.3	−2.1	−1.0	0.0	0.9	1.8	2.7	3.4	4.3
10	1.4	2.6	3.7	4.8	5.8	6.7	7.6	8.4	9.3
15	6.1	7.4	8.6	9.7	10.7	11.5	12.5	13.4	14.2
20	10.7	12.0	13.2	14.4	15.4	16.4	17.4	18.3	19.2
25	15.6	16.9	18.2	19.3	20.4	21.3	22.3	23.3	24.1
30	19.9	21.4	22.7	23.9	25.1	26.2	27.2	28.2	29.1
35	24.8	26.3	27.5	28.7	29.9	31.1	32.1	33.1	34.1
40	29.1	30.7	32.2	33.5	34.7	35.9	37.0	38.0	38.9

②在雨、雾、雪和较大灰尘的环境下，必须采取适当的防护措施，方可进行涂装施工。

③设计要求或钢结构施工工艺要求禁止涂装的部位，为防止误涂，在涂装前必须进行遮蔽保护。如地脚螺栓和底板、高强度螺栓结合面、与混凝土紧贴或埋入的部位等。

④涂料开桶前，应充分摇匀。开桶后，原漆应不存在结皮、结块、凝胶等现象，有沉淀应能搅起，有漆皮应除掉。

⑤涂装施工过程中，应控制油漆的黏度、稠度、稀度，兑制时应充分地搅拌，使油漆色泽、黏度均匀一致。调整黏度必须使用专用稀释剂，如需代用，必须经过试验。

⑥涂刷遍数及涂层厚度应执行设计要求规定。

⑦涂装间隔时间根据各种涂料产品说明书确定。

⑧涂刷第一层底漆时，涂刷方向应该一致，接槎整齐。

⑨钢结构安装后，进行防腐涂料二次涂装。涂装前，首先利用砂布、电动钢丝刷、空气压缩机等工具将钢构件表面处理干净，然后对涂层损坏部位和未涂部位进行补涂，最后按照设计要求规定进行二次涂装施工。

⑩涂层有缺陷时，应分析并确定缺陷原因，及时修补。修补的方法和要求与正式涂层部分相同。

3）二次涂装的表面处理和后补

①二次涂装，一般是指由于作业分工在两地或分两次进行施工的涂装。待前道漆涂完

后，超过一个月以上再涂下一道漆时，也应按二次涂装的工艺进行处理。

②对如海运产生的盐分，陆运或存放过程中产生的灰尘都要除干净，方可涂下道漆。如果涂漆间隔时间过长，前道漆膜可能老化而粉化（特别是环氧树脂类），要求进行“打毛”处理，使表面干净和增加粗糙度来提高附着力。

③后补漆和补漆，后补所用的涂料品种、涂层层次与厚度、涂层颜色应与原要求一致。表面处理可采用手工机械除锈方法，但要注意油脂及灰尘的污染。修补部位与不修补部位的边缘处，宜有过渡段，以保证搭接处的平整和附着牢固。对补涂部位的要求也应如此。

3. 质量标准

（1）主控项目

1）涂装前钢材表面除锈应符合设计要求和国家现行有关标准的规定。处理后的钢材表面不应有焊渣、焊疤、灰尘、油污、水和毛刺等。当设计无要求时，钢材表面除锈等级应符合表 5-25 的规定。

表 5-25　各种底漆或防锈漆要求最低的除锈等级

涂 料 品 种	除锈等级
油性酚醛、醇酸等底漆或防锈漆	St2
高氯化聚乙烯、氯化橡胶、氯磺化聚乙烯、环氧树脂、聚氨酯等底漆或防锈漆	Sa2
无机富锌、有机硅、过氯乙烯等底漆	Sa2 $\frac{1}{2}$

2）涂料、涂装遍数、涂层厚度均应符合设计要求。当设计对涂层厚度无要求时，涂层干漆膜总厚度：室外应为 150μm，室内应为 125μm，其允许偏差为－25μm。每遍涂层干漆膜厚度的允许偏差为－5μm。

（2）一般项目

1）构件表面不应误涂、漏涂，涂层不应脱皮和返锈等。涂层应均匀，无明显皱皮、流坠、针眼和气泡等。

2）当钢结构处在有腐蚀介质环境或外露且设计有要求时，应进行涂层附着力测试，在检测范围内，当涂层完整程度达到 70%以上时，涂层附着力达到合格质量标准的要求。

3）构件补刷漆按涂装工艺分层补漆，漆膜应完整。

4）涂装完成后，构件的标志、标记和编号应清晰完整。

5.4.5　钢结构防火涂料涂装施工

1. 施工准备

（1）材料要求

1）钢结构防火涂料的粘结强度、抗压强度应符合国家现行标准《钢结构防火涂料应用技术规范》（CECS 24—1990）的规定。

2）防火涂料按照涂层厚度可划分为两类：

B类：薄涂型钢结构防火涂料，涂层厚度一般为 2～7mm，有一定的装饰效果，高温时涂层膨胀增厚，具有耐火隔热作用，耐火极限可达 0.5～2h，又称为钢结构膨胀防火涂料。

H类：厚涂型钢结构防火涂料，涂层厚度一般为8～50mm，粒状表面，密度较小，热导率低，耐火极限可达0.5～3h，又称为钢结构防火隔热材料。

3）防火涂料

①钢结构的防火设计原则是在设计所采用的防火措施条件下，能保证构件在所规定的耐火极限时间内，其承载力仍不小于各种作用产生的组合效应。建筑物等级所要求的承重构件耐火时限见表5-26。

表5-26 承重构件耐火时限 （单位：h）

规范	《高层民用建筑设计防火规范》			《建筑设计防火规范》				
构件 耐火等级	柱	梁	楼板、屋顶承重构件	支承多层的柱	支承单层的柱	梁	楼板	屋顶承重构件
一级	3.0	2.0	1.5	3.0	2.5	2.0	1.5	1.5
二级	2.5	1.5	1.0	2.5	2.0	1.5	1.0	0.5
三级				2.5	2.0	1.0	0.5	

②各类防火涂料的特性及适用范围见表5-27。

表5-27 各类防火涂料的特性及适用范围

类别	特性	厚度（mm）	耐火时限（h）	适用范围
超薄涂型防火涂料	附着力强，可以配色，一般不需要外保护层	2～7	1.5	工业与民用建筑楼盖与屋盖钢结构，如LB型、SG-1型、SS-1型
薄型防火涂料	附着力强，干燥快，可配色，有装饰效果，不需外保护层	3～5	2.0～2.5	工业民用建筑梁、柱等钢结构，如SB-2型、BTCB-1型、ST1-A型
厚涂型防火涂料	喷涂施工，密度小，物理强度及附着力低，需装饰面层隔护	8～50	1.5～3.0	有装饰面层的民用建筑钢结构柱、梁，如LG型、ST-1型、ST1-A型
露天用防火涂料	喷涂施工，有良好的耐候性	薄涂3～10 厚涂25～40	0.5～2.0 3.0	露天环境中的框架、构架等钢结构，如ST1-B型、SWH型、SWB型（薄涂）

③质量要求，各种防火涂料应符合国家有关技术指标的规定，应具有产品出厂合格证。

（2）作业条件

1）防火涂料涂装施工作业应由经消防部门批准的施工单位负责施工。

2）防火涂料涂装前，钢结构工程已检查验收合格，并符合设计要求。

3）防火涂装前，钢构件表面除锈及防锈底漆应符合设计要求和国家现行有关规范规定，应彻底清除钢构件表面的灰尘、油污等杂物。

4）防火涂装前，应对钢构件防锈涂层碰损或漏涂部位补刷防锈漆，防锈漆涂装经验收合格后，方可进行防火涂料涂装。

5）钢结构防火涂料涂装应在室内装饰之前和不被后续工程所损坏的条件下进行。施工前，对不需要进行防火保护的墙面、门窗、机械设备和其他构件应采用塑料布遮挡保护。

6）涂装施工时，环境温度宜保持在5～38℃，相对湿度不宜大于85%，空气应流动。露天涂装施工作业应选择适当的天气，遇大风、雨、严寒等均不应作业。

2. 施工工艺

（1）工艺流程

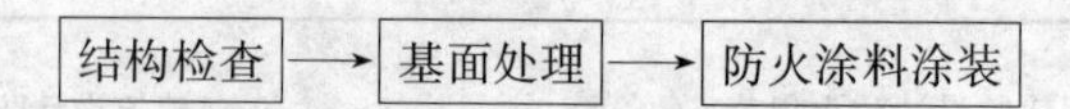

（2）结构检查

1）防腐涂装工程应在钢结构构件组装、预拼装或钢结构安装工程检验批的施工质量验收合格后进行。

2）防火涂料涂装前钢材表面除锈底漆涂装已检验合格。

（3）基面处理

1）清理基层表面的油污、灰尘和泥砂等污垢。

2）涂装时构件表面不应有结露，涂装后4h内应保护免受雨淋。

3）施工前应对基面处理进行检查验收。

（4）防火涂料涂装

1）一般采用喷涂方法涂装，面层装饰涂料可以采用刷涂、喷涂或滚涂等方法，局部修补或小面积构件涂装。不具备喷涂条件时，可采用抹灰刀等工具进行手工抹涂方法。

机具为重力式喷枪，配备能够自动调压的空压机，喷涂底层及主涂层时，喷枪口径为4～6mm，空气压力为0.4～0.6MPa；喷涂面层时，喷枪口径为1～2mm，空气压力为0.4MPa左右。

2）涂装准备

①一般采用喷涂方法涂装，机具为压送式喷涂机，配备能够自动调压的空压机，喷枪口径为6～12mm，空气压力为0.4～0.6MPa。

②局部修补和小面积构件采用手工抹涂方法施工，工具是抹灰刀等。

3）涂料配制

①单组分湿涂料，现场采用便携式搅拌器搅拌均匀；单组分干粉涂料，现场加水或其他稀释剂调配，应按照产品说明书的规定配比混合搅拌；双组分涂料，按照产品说明书规定的配比混合搅拌。

②防火涂料配制搅拌，应边配边用，当天配制的涂料必须在说明书规定时间内使用完。

③搅拌合调配涂料，使之均匀一致且稠度适宜，既能在输送管道中流动畅通，而喷涂后又不会产生流淌和下坠现象。

4）涂装施工工艺及要求

①喷涂应分若干层完成，第一层喷涂以基本盖住钢材表面即可，以后每层喷涂厚度为5～10mm，一般为7mm左右为宜。

②在每层涂层基本干燥或固化后，方可继续喷涂下一层涂料，通常每天喷涂一层。

③喷涂保护方式、喷涂层数和涂层厚度应根据防火设计要求确定。喷涂时，喷枪要垂直于被喷涂钢构件表面，喷距为6～10mm，喷涂气压保持在0.4～0.6MPa。喷枪运行速度要

保持稳定，不能在同一位置久留，避免造成涂料堆积流淌。喷涂过程中，配料及往喷涂机内加料均要连续进行，不得停顿。

④施工过程中，操作者应采用测厚针检测涂层厚度，直到符合设计规定的厚度，方可停止喷涂。喷涂后，对于明显凹凸不平处，采用抹灰刀等工具进行剔除和补涂处理，以确保涂层表面均匀。

5）质量要求

①涂层应在规定时间内干燥固化，各层间粘结牢固，不出现粉化、空鼓、脱落和明显裂纹。

②钢结构接头、转角处的涂层应均匀一致，无漏涂出现。涂层厚度应达到设计要求，否则应进行补涂处理，使之符合规定的厚度。

（5）薄涂型钢结构防火涂料涂装工艺及要求

1）底层涂装施工工艺及要求

①底涂层一般应喷涂 2～3 遍，待前一遍涂层基本干燥后再喷涂后一遍。第一遍喷涂以盖住钢材基面 70％即可，二、三遍喷涂每层厚度不超过 2.5mm。

②喷涂保护方式、喷涂层数和涂层厚度应根据防火设计要求确定。

③喷涂时，操作工手握喷枪要稳定，运行速度保持稳定。喷枪要垂直于被喷涂钢构件表面，喷距为 6～10mm。

④施工过程中，操作者应随时采用测厚针检测涂层厚度，确保各部位涂层达到设计规定的厚度要求。

⑤喷涂后，喷涂形成的涂层是粒状表面，当设计要求涂层表面平整光滑时，待喷涂完最后一遍应采用抹灰刀等工具进行抹平处理，以确保涂层表面均匀平整。

2）面层涂装工艺及要求

①当底涂层厚度符合设计要求并基本干燥后，方可进行面层涂料涂装。

②面层涂料一般涂刷 1～2 遍。如第一遍是从左至右涂刷，第二遍则应从右至左涂刷，以确保全部覆盖住底涂层。面层涂装施工应保证各部分颜色均匀一致，接槎平整。

3. 质量标准

（1）主控项目

1）防火涂料涂装前钢材表面除锈及防锈底漆涂装应符合设计要求和国家现行有关标准的规定。

2）钢结构防火涂料的粘结强度、抗压强度应符合国家现行标准《钢结构防火涂料应用技术规程》（CECS 24—1990）的规定。

3）薄涂型防火涂料的涂层厚度应符合有关耐火极限的设计要求。厚涂型防火涂料涂层的厚度 90％及以上面积应符合有关耐火极限的设计要求，且最薄处厚度不应低于设计要求的 85％。

4）薄涂型防火涂料涂层表面裂纹宽度不应大于 0.5mm；厚涂型防火涂料涂层表面裂纹宽度不应大于 1mm。

（2）一般项目

1）防火涂料涂装基层不应有油污、灰尘和泥砂等污垢。

2）防火涂料不应有误涂、漏涂，涂层应闭合，无脱层、空鼓、明显凹陷、粉化松散和浮浆等外观缺陷，乳突已剔除。

浮浆等外观缺陷，乳突已剔除。

上岗工作要点

1. 上岗前，应掌握现浇钢筋混凝土结构钢筋连接、混凝土浇筑、组合模板、大模板、滑升模板的施工工艺和质量要求。

2. 钢结构高层建筑施工在主体结构施工中占有比重较大的比例，因此，在高层建筑施工中，应注意掌握涉及多层及高层钢结构安装的施工细节，侧重掌握高层钢结构安装、钢结构防腐涂料涂装施工以及钢结构防火涂料涂装施工的施工工艺与质量标准。

思 考 题

1. 高层现浇框架结构施工常采用哪些模板形式？它们各自有何特点？
2. 什么是高层装配整体式框架结构？其施工方法有几种？各有何特点？
3. 简述高层装配式预制框架结构施工的施工工艺。
4. 高层预制盒子结构体系常用的有哪几种？
5. 高层升板法施工前期工作有哪些？
6. 钢结构构件安装前应做好哪些准备工作？
7. 钢结构构件连接中高强度螺栓检验时的工作有哪些？
8. 简述钢结构防腐涂料涂装施工工艺。
9. 简述钢结构防火涂料涂装施工工艺。

参考文献

［1］ 中华人民共和国建设部、国家质量监督检验检疫总局．民用建筑设计通则（GB 50352—2005）［S］．北京：中国建筑工业出版社，2005.

［2］ 中华人民共和国建设部、国家质量监督检验检疫总局．建筑地基基础工程施工质量验收规范（GB 50202—2002）［S］．北京：中国计划出版社，2004.

［3］ 中华人民共和国建设部. 高层建筑混凝土结构技术规程 JGJ 3—2010［S］北京：中国建筑工业出版社，2010.

［4］ 中华人民共和国建设部、国家质量监督检验检疫总局．混凝土结构工程施工质量验收规范（GB 50204—2002）［S］．北京：中国建筑工业出版社，2002.

［5］ 中华人民共和国建设部. 建筑基坑支护技术规程 JGJ 120—2012［S］北京：中国建筑工业出版社，2012.

［6］ 中华人民共和国建设部. 建筑施工扣件式钢管脚手架安全技术规范 JGJ 130—2011［S］北京：中国建筑工业出版社，2011.

［7］ 中华人民共和国建设部. 钢结构焊接规范 GB 50661—2011［S］北京：中国建筑工业出版社，2011.

［8］ 中华人民共和国建设部、国家质量监督检验检疫总局. 组合钢模板技术规范 GB 50214—2013［S］北京：中国计划出版社，2013.

［9］ 中华人民共和国建设部．钢结构工程施工质量验收规范（GB 50205—2001）［S］．北京：中国计划出版社，2002.

［10］ 江正荣．实用高层建筑施工手册［M］．北京：中国建筑工业出版社，2003.

［11］ 徐伟等．高层建筑施工［M］．武汉：武汉理工大学出版社，2003.

［12］ 杨跃等．高层建筑施工［M］．武汉：华中科技大学出版社，2004.

［13］ 张厚先．建筑施工技术［M］．北京：机械工业出版社，2004.

［14］ 杨嗣信．高层建筑施工手册［M］．北京：中国建筑工业出版社，2003.

［15］ 刘新，时虎．钢结构防腐蚀和防火涂装［M］．北京：化学工业出版社，2005.